高职高专文化基础类规划教材

经济数学(二)

(线性代数、概率统计)

主　编　陈　剑　王　庆

编　者　吴长男　金　霁　陆卫丰
王丽华　徐　兰　潘荣英
徐亚娟　卢亦平　张　娟

苏州大学出版社

图书在版编目(CIP)数据

经济数学.2,线性代数、概率统计/陈剑,王庆主编.—苏州:苏州大学出版社,2012.12(2019.1重印)
高职高专文化基础类规划教材
ISBN 978-7-5672-0196-5

Ⅰ.①经… Ⅱ.①陈… ②王 Ⅲ.①经济数学-高等职业教育-教材②线性代数-高等职业教育-教材③概率统计-高等职业教育-教材 Ⅳ.①F224.0②O151.2③O211

中国版本图书馆CIP数据核字(2012)第253835号

经济数学(二)
陈 剑 王 庆 主编
责任编辑 管兆宁

苏州大学出版社出版发行
(地址:苏州市十梓街1号 邮编:215006)
虎彩印艺股份有限公司印刷
(地址:东莞市虎门镇北栅陈村工业区 邮编:523898)

开本787×960 1/16 印张16.25 字数351千
2012年12月第1版 2019年1月第3次修订印刷
ISBN 978-7-5672-0196-5 定价:28.00元

苏州大学版图书若有印装错误,本社负责调换
苏州大学出版社营销部 电话:0512-67481020
苏州大学出版社网址 http://www.sudapress.com

前 言

高职高专教育是我国高等教育体系的重要组成部分，为适应新形势下高职高专经济数学教学改革的精神及高职高专教育改革的要求，针对高职高专学生学习的特点，并结合编者多年的教学实践经验，我们编写了这套《经济数学》教材，供高职高专院校经济类、管理类、文科类等专业学生使用。

本教材力求反映高职课程和教学内容体系改革方向，以“应用”为目的，以“必须够用”为尺度，在充分考虑数学作为基础工具功能的前提下，注重发挥其文化功能的作用，既为高职学生学习专业课程服务，又为学生的可持续发展打下良好的基础。

本教材具有以下几个方面的特点：

1. 突出高职特色。根据高职高专经济类、管理类各专业对数学的基本要求，根据数学的认知规律，将微积分、线性代数及概率统计的基本内容有机地结合在一起，组织和编排全书内容。在不失数学内容学科特点的情况下，采取模块化的思路，便于教师根据教学时数和专业需求选择教学内容。

2. 贯彻“理解概念、强化应用”的教学原则。以现实、生动的案例引入基本概念，以简明的语言并尽量配合几何图形、数表阐述基本知识、基本理论，注重基本方法和基本技能的训练，并给出求解问题的解题程序。同时注重数学概念、数学方法的实用价值，注意培养学生用定量与定性相结合的方法，综合运用所学知识分析问题、解决问题的能力和创新能力。

3. 体现“案例驱动”的编写特色。全书的每一节内容都采用“案例驱动”方法编写，分成五个小模块：“案例导出”、“相关知识”、“例题精选”、“知识应用”、“知识演练”。由问题引出数学知识，再将数学知识应用于处理各种生活和经济管理的实际问题,加深对概念、方法的理解,培养创新能力。

4. 理论知识与数学实验、数学建模有机融合。在当今科技飞速发展的时代,计算机已经越来越普及,将数学与计算机结合起来解决实际问题,应当成为高职高专学生的一种基本技能。本书以数学实验的形式,结合数学软件包Mathematica,安排了相应数学运算的内容,既有一般的计算性实验,也有综合的应用问题,同时还介绍了数学建模的相关知识。

本教材分两册,分别是《经济数学(一)》和《经济数学(二)》。《经济数学(一)》包括函数与极限、一元函数微积分学、多元函数微分学、二重积分等内容;《经济数学(二)》包括行列式与矩阵、线性方程组、线性规划、概率、数理统计等内容。在两册书中,均加入了与该册书内容相关的数学实验及数学建模的内容。

本套教材由陈卫忠总策划并负责组织实施,本书由陈剑、王庆担任主编。参加本书编写的还有:吴长男、金霁、陆卫丰、王丽华、徐兰、潘荣英、徐亚娟、卢亦平、张娟。全书最后由陈剑、王庆修改定稿。

由于编者水平有限,时间也比较仓促,书中难免有错误和不妥之处,衷心地希望专家、同行和读者批评指正。

编者

目 录

第二篇 线性代数

第五章 行列式与矩阵

第六章 线性方程组

第七章 线性规划

数学实验与实践二

第三篇　概率论与数理统计

第八章　概率论基础知识

第九章 数理统计基础知识

数学实验与实践三

附表

第二篇 线性代数

【引言】 生产总值问题

随着计算机技术的飞速发展和广泛应用，许多实际问题都可以通过离散化的数值计算得到定量的解决，因而作为处理离散问题的线性代数越来越受到关注.它已经从传统的物理领域(包括力学、电子等学科以及土木、机电等工程技术)渗透到非物理领域(人口、经济、金融、生物、统计学、计算机科学、人工智能、系统控制论、信息论、图形图像处理、材料化工和农林医学)的应用前沿，成为了一门独立的理论科学，并在各个领域发挥着应用潜能.

例如，一个城市有三个重要的企业：一个煤矿、一个发电厂和一条地方铁路.若开采一元钱的煤，煤矿必须支付0.25元的运输费；而生产一元钱的电力，发电厂需支付0.65元的煤作燃料，自己亦需支付0.05元的电费来驱动辅助设备及支付0.05元的运输费；而提供一元钱的运输费，铁路需支付0.55元的煤作燃料，0.10元的电费驱动它的辅助设备.某周内，煤矿从外面接到50000元煤的订货，发电厂从外面接到25000元电力的订货，外界对地方铁路没有要求，问这三个企业在那一周内生产总值为多少时才能精确地满足它们本身的要求和外界的要求？

解决这类问题，就可以运用线性代数的知识.

第五章 行列式与矩阵

本章包含下列主题:

- 行列式的定义与计算;
- 矩阵的概念与计算;
- 矩阵的初等行变换;
- 逆矩阵.

5.1 行列式

行列式的概念最早出现在解线性方程组的过程中,是一种速记的表达式.18 世纪,行列式开始作为独立的数学概念被研究,现在已经是数学中一种非常有用的工具,并在许多领域逐渐显现出重要的意义和作用.

5.1.1 行列式的定义

案例导出

案例 1 对于一个二元一次线性方程组

$$\begin{cases} a_{11}x_1+a_{12}x_2=b_1, \\ a_{21}x_1+a_{22}x_2=b_2, \end{cases}$$

在初等代数中,我们就已经会利用加减消元法解此方程了:

当 $a_{11}a_{22}-a_{12}a_{21}\neq 0$ 时,解得

$$x_1=\frac{b_1a_{22}-b_2a_{12}}{a_{11}a_{22}-a_{12}a_{21}},\ x_2=\frac{a_{11}b_2-a_{21}b_1}{a_{11}a_{22}-a_{12}a_{21}}. \tag{5.1}$$

案例 2 一个三元一次线性方程组

$$\begin{cases} a_{11}x_1+a_{12}x_2+a_{13}x_3=b_1, \\ a_{21}x_1+a_{22}x_2+a_{23}x_3=b_2, \\ a_{31}x_1+a_{32}x_2+a_{33}x_3=b_3 \end{cases} \tag{5.2}$$

的求解问题呢?(能否引入三阶行列式的定义,从而简化解的记法呢?)

相关知识

为了便于记忆解的结果，考虑到(5.1)中解的分母 $a_{11}a_{22}-a_{12}a_{21}$ 和方程组中变量 x_1,x_2 系数的位置关系 $\begin{matrix} a_{11} & a_{12} \\ a_{21} & a_{22} \end{matrix}$，引入行列式的定义.

1. 二阶行列式的定义

定义 5.1　$D=\begin{vmatrix} a_{11} & a_{12} \\ a_{21} & a_{22} \end{vmatrix}=a_{11}a_{22}-a_{12}a_{21}$，称为二阶行列式，其中，$a_{ij}(i=1,2;j=1,2)$ 叫做行列式的元素. 元素 a_{ij} 的第一个下标 i 称为行角标，表明该元素位于第 i 行，第二个下标 j 称为列角标，表明该元素位于第 j 列. 例如，元素 a_{12} 位于行列式的第 1 行、第 2 列，而元素 a_{21} 则位于第 2 行、第 1 列. 最右端的 $a_{11}a_{22}-a_{12}a_{21}$ 称为二阶行列式的展开式，此展开式即为行列式中自左上 a_{11} 到右下 a_{22} 的主对角线上的元素之积减去副对角线上元素 a_{12} 与 a_{21} 之积. 其结果即为行列式的值.

有了行列式的定义，(5.1)式中方程组的解 x_1,x_2 的分母可记为 $D=\begin{vmatrix} a_{11} & a_{12} \\ a_{21} & a_{22} \end{vmatrix}$，而它们的分子可分别记为 $D_1=\begin{vmatrix} b_1 & a_{12} \\ b_2 & a_{22} \end{vmatrix}$，$D_2=\begin{vmatrix} a_{11} & b_1 \\ a_{21} & b_2 \end{vmatrix}$，当 $D\neq 0$ 时，(5.1)式可简洁地写成

$$x_1=\frac{D_1}{D},x_2=\frac{D_2}{D}.$$

2. 三阶行列式的定义

定义 5.2

$$D=\begin{vmatrix} a_{11} & a_{12} & a_{13} \\ a_{21} & a_{22} & a_{23} \\ a_{31} & a_{32} & a_{33} \end{vmatrix}=a_{11}a_{22}a_{33}+a_{12}a_{23}a_{31}+a_{13}a_{21}a_{32}- \\ a_{11}a_{23}a_{32}-a_{12}a_{21}a_{33}-a_{13}a_{22}a_{31}, \tag{5.3}$$

称(5.3)的左端为三阶行列式，右端为三阶行列式的展开式.

三阶行列式的展开式共有六项，其中三项带“+”号，三项带“—”号，每项都是三个元素的乘积，且每个元素均处于不同行、不同列. 我们用对角线法则来记忆，主对角线上的元素和与主对角线平行的线上的元素，即在图中用实线连接的三个元素之积带“+”号，副对角线上的元素和与副对角线平行的线上的元素，即用虚线连接的三个元素之积带“—”号.

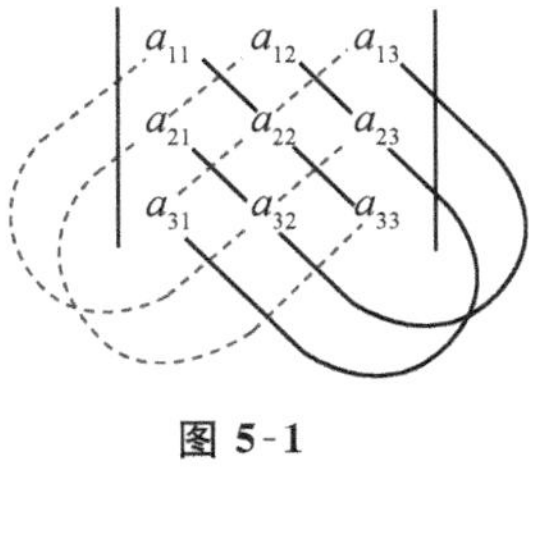

图 5-1

利用对角线法则，我们能更好地记忆行列式的展开式，并通过

对展开式的计算得到行列式的值.

利用三阶行列式的定义，当(5.2)中变量的系数按其位置关系组成的系数行列式 $D=\begin{vmatrix} a_{11} & a_{12} & a_{13} \\ a_{21} & a_{22} & a_{23} \\ a_{31} & a_{32} & a_{33} \end{vmatrix}\neq 0$ 时，它的解可以简洁地表示成，$x_1=\dfrac{D_1}{D}$，$x_2=\dfrac{D_2}{D}$，$x_3=\dfrac{D_3}{D}$，其中的 D_1，D_2，D_3 是将系数行列式中的第一、二、三列的元素分别用方程组中的常数列 $\begin{matrix} b_1 \\ b_2 \\ b_3 \end{matrix}$ 替代后得到的行列式.

3. n 阶行列式和 Cramer 法则

◆ n 阶行列式

定义 5.3 设有 n^2 个数排成 n 行 n 列的数表 $\begin{matrix} a_{11} & a_{12} & \cdots & a_{1n} \\ a_{21} & a_{22} & \cdots & a_{2n} \\ \vdots & \vdots & & \vdots \\ a_{n1} & a_{n2} & \cdots & a_{nn} \end{matrix}$，称 $D=\begin{vmatrix} a_{11} & a_{12} & \cdots & a_{1n} \\ a_{21} & a_{22} & \cdots & a_{2n} \\ \vdots & \vdots & & \vdots \\ a_{n1} & a_{n2} & \cdots & a_{nn} \end{vmatrix}$ 为 n 阶行列式，简记作 $\det(a_{ij})$，它代表的是一个数值.

特别地，当 $n=1$ 时，我们规定一阶行列式：$|a|=a$.

◆ Cramer 法则

回顾一下，对于二、三阶行列式，线性方程组有唯一解时，其解可以用行列式来表示，那么，对于含有 n 个未知量 n 个方程的 n 元线性方程组的解是否有前面类似的结论呢？

定理 5.1 如果线性方程组

$$\begin{cases} a_{11}x_1+a_{12}x_2+\cdots+a_{1n}x_n=b_1, \\ a_{21}x_1+a_{22}x_2+\cdots+a_{2n}x_n=b_2, \\ \qquad\qquad\vdots \\ a_{n1}x_1+a_{n2}x_2+\cdots+a_{nn}x_n=b_n \end{cases} \tag{5.4}$$

的系数行列式 D 不等于零，即 $D=\begin{vmatrix} a_{11} & a_{12} & \cdots & a_{1n} \\ a_{21} & a_{22} & \cdots & a_{2n} \\ \vdots & \vdots & & \vdots \\ a_{n1} & a_{n2} & \cdots & a_{nn} \end{vmatrix}\neq 0$，则方程组有唯一解

$$x_1=\frac{D_1}{D},x_2=\frac{D_2}{D},\cdots,x_j=\frac{D_j}{D},\cdots,x_n=\frac{D_n}{D},$$

其中 $D_j(j=1,2,\cdots,n)$ 是把系数行列式 D 中第 j 列的元素用方程组右端的常数项替代后所得到的行列式，即

$$D_j=\begin{vmatrix} a_{11} & \cdots & a_{1,j-1} & b_1 & a_{1,j+1} & \cdots & a_{1n} \\ a_{21} & \cdots & a_{2,j-1} & b_2 & a_{2,j+1} & \cdots & a_{2n} \\ \vdots & & \vdots & \vdots & \vdots & & \vdots \\ a_{n1} & \cdots & a_{n,j-1} & b_n & a_{n,j+1} & \cdots & a_{nn} \end{vmatrix},$$

其中，D 和 $D_j(j=1,2,\cdots,n)$ 均称为 n 阶行列式.

Cramer 法则给出的结论体现了线性方程组的解与它的系数、常数项之间的关系，很容易记忆，它是 n 阶行列式的一个直接应用.

4. 代数余子式

对于 n 阶行列式 $D=\begin{vmatrix} a_{11} & a_{12} & \cdots & a_{1n} \\ a_{21} & a_{22} & \cdots & a_{2n} \\ \vdots & \vdots & & \vdots \\ a_{n1} & a_{n2} & \cdots & a_{nn} \end{vmatrix}$，把 D 中分别划去 a_{ij} 所在的行和列后剩下的 $(n-1)^2$ 个元素保持原有相对位置所组成的行列式

$$M_{ij}=\begin{vmatrix} a_{11} & \cdots & a_{1,j-1} & a_{1,j+1} & \cdots & a_{1n} \\ \vdots & & \vdots & \vdots & & \vdots \\ a_{i-1,1} & \cdots & a_{i-1,j-1} & a_{i-1,j+1} & \cdots & a_{i-1,n} \\ a_{i+1,1} & \cdots & a_{i+1,j-1} & a_{i+1,j+1} & \cdots & a_{i+1,n} \\ \vdots & & \vdots & \vdots & & \vdots \\ a_{n1} & \cdots & a_{n,j-1} & a_{n,j+1} & \cdots & a_{nn} \end{vmatrix}$$，称为 a_{ij} 的余子式，

并令 $A_{ij}=(-1)^{i+j}M_{ij}$，称为 a_{ij} 的代数余子式.

5. 按某行(或某列)展开

将三阶行列式 $D=a_{11}a_{22}a_{33}+a_{12}a_{23}a_{31}+a_{13}a_{21}a_{32}-a_{11}a_{23}a_{32}-a_{12}a_{21}a_{33}-a_{13}a_{22}a_{31}$ 的展开式整理为

$$D=a_{11}(a_{22}a_{33}-a_{23}a_{32})-a_{12}(a_{21}a_{33}-a_{23}a_{31})+a_{13}(a_{21}a_{32}-a_{22}a_{31}).$$

根据二阶行列式的定义，得

$$D=(-1)^{1+1}a_{11}\begin{vmatrix} a_{22} & a_{23} \\ a_{32} & a_{33} \end{vmatrix}+(-1)^{1+2}a_{12}\begin{vmatrix} a_{21} & a_{23} \\ a_{31} & a_{33} \end{vmatrix}+(-1)^{1+3}a_{13}\begin{vmatrix} a_{21} & a_{22} \\ a_{31} & a_{32} \end{vmatrix}. \tag{5.5}$$

由代数余子式的定义，(5.5)式又可简记为

$$D=a_{11}A_{11}+a_{12}A_{12}+a_{13}A_{13},$$

我们称行列式按 a_{11},a_{12},a_{13} 所在的第一行展开.

三阶行列式 D 的展开式还可以整理为

$$D=-a_{12}(a_{21}a_{33}-a_{23}a_{31})+a_{22}(a_{11}a_{33}-a_{13}a_{31})-a_{32}(a_{11}a_{23}-a_{13}a_{21})$$

$$=(-1)^{1+2}a_{12}\begin{vmatrix}a_{21} & a_{23}\\ a_{31} & a_{33}\end{vmatrix}+(-1)^{2+2}a_{22}\begin{vmatrix}a_{11} & a_{13}\\ a_{31} & a_{33}\end{vmatrix}+$$

$$(-1)^{3+2}a_{32}\begin{vmatrix}a_{11} & a_{13}\\ a_{21} & a_{23}\end{vmatrix}=a_{12}A_{12}+a_{22}A_{22}+a_{32}A_{32},$$

我们称行列式按 a_{12},a_{22},a_{32} 所在的第二列展开.

三阶行列式可以按任意行或列整理为上述形式,即三阶行列式可以按任意行或列展开.因而,在三阶行列式的计算中,我们还可以按任意行或列展开来求值.

与三阶行列式相同的是,n 阶行列式也可以按任意行或列展开,等于任意一行(列)的各元素与其对应的代数余子式的乘积之和,即

$$D=a_{i1}A_{i1}+a_{i2}A_{i2}+\cdots+a_{in}A_{in}\ (i=1,2,3,\cdots,n)$$

或
$$D=a_{1j}A_{1j}+a_{2j}A_{2j}+\cdots+a_{nj}A_{nj}\ (j=1,2,3,\cdots,n).$$

同样地,在 n 阶行列式的计算中,我们也可以按任意行或列展开来求值.

例题精选

例 1 计算三阶行列式 $D=\begin{vmatrix}1 & 2 & 3\\ 4 & 5 & 6\\ 7 & 8 & 9\end{vmatrix}$.

解 用对角线法则,得

$$D=1\times5\times9+2\times6\times7+3\times4\times8-3\times5\times7-2\times4\times9-1\times8\times6=0.$$

例 2 求 $D=\begin{vmatrix}1 & 2 & 3\\ 4 & 5 & 6\\ 0 & -2 & -1\end{vmatrix}$ 的代数余子式 A_{11},A_{32}.

元素 $a_{11}=1$ 的余子式为 $M_{11}=\begin{vmatrix}5 & 6\\ -2 & -1\end{vmatrix}=7$,其代数余子式为 $A_{11}=(-1)^{1+1}M_{11}=7$;

元素 $a_{32}=-2$ 的余子式为 $M_{32}=\begin{vmatrix}1 & 3\\ 4 & 6\end{vmatrix}=-6$,其代数余子式为 $A_{32}=(-1)^{3+2}M_{32}=6$.

例 3 计算三阶行列式 $D=\begin{vmatrix}1 & 2 & 3\\ 4 & 5 & 6\\ 0 & -2 & -1\end{vmatrix}$.

解 用对角线法则,得

$$D=1\times5\times(-1)+2\times6\times0+3\times(-2)\times4-3\times5\times0-2\times4\times(-1)-1\times(-2)\times6=-9.$$

按第三行展开(一般选择零元素最多的某行或某列展开,方便计算):

$$D=0\times A_{31}+(-2)\times A_{32}+(-1)A_{33}=(-2)\times(-1)^{3+2}\begin{vmatrix}1&3\\4&6\end{vmatrix}+(-1)\times(-1)^{3+3}\begin{vmatrix}1&2\\4&5\end{vmatrix}=-9.$$

例 4　求 $D=\begin{vmatrix}1&2&3&4\\-2&0&1&-1\\-3&-4&8&0\\9&7&5&0\end{vmatrix}$ 的代数余子式 A_{23},A_{33}.

元素 $a_{23}=1$ 的余子式为 $M_{23}=\begin{vmatrix}1&2&4\\-3&-4&0\\9&7&0\end{vmatrix}=60$,其代数余子式为 $A_{23}=(-1)^{2+3}M_{23}=-60$;元素 $a_{33}=8$ 的余子式为 $M_{33}=\begin{vmatrix}1&2&4\\-2&0&-1\\9&7&0\end{vmatrix}=-67$,其代数余子式为 $A_{33}=(-1)^{3+3}M_{33}=-67$.

例 5　计算四阶行列式 $D=\begin{vmatrix}9&-1&0&1\\2&0&0&-4\\-2&6&1&0\\6&10&-2&-5\end{vmatrix}$.

解　将其按第二行展开(一般选择零元素最多的某行或某列展开,方便计算),可得

$$\begin{aligned}D&=2\times(-1)^{2+1}\begin{vmatrix}-1&0&1\\6&1&0\\10&-2&-5\end{vmatrix}+(-4)\times(-1)^{2+4}\begin{vmatrix}9&-1&0\\-2&6&1\\6&10&-2\end{vmatrix}\\&=2\times(-1)^{2+1}\left[(-1)\times(-1)^{1+1}\begin{vmatrix}1&0\\-2&-5\end{vmatrix}+1\times(-1)^{1+3}\begin{vmatrix}6&1\\10&-2\end{vmatrix}\right]+\\&\quad(-4)\times(-1)^{2+4}\left[9\times(-1)^{1+1}\begin{vmatrix}6&1\\10&-2\end{vmatrix}+(-1)\times(-1)^{1+2}\begin{vmatrix}-2&1\\6&-2\end{vmatrix}\right]\\&=834.\end{aligned}$$

例 6　计算四阶对角行列式(不在主对角线上的元素均为零的行列式)

$$D=\begin{vmatrix}\lambda_1 & 0 & 0 & 0\\ 0 & \lambda_2 & 0 & 0\\ 0 & 0 & \lambda_3 & 0\\ 0 & 0 & 0 & \lambda_4\end{vmatrix}.$$

解 将行列式按第一行展开，可得 $D=\lambda_1\times(-1)^{1+1}\begin{vmatrix}\lambda_2 & 0 & 0\\ 0 & \lambda_3 & 0\\ 0 & 0 & \lambda_4\end{vmatrix}$，

再将上面的三阶行列式按第一行展开，得

$$D=\lambda_1\times\lambda_2\times(-1)^{1+1}\begin{vmatrix}\lambda_3 & 0\\ 0 & \lambda_4\end{vmatrix}=\lambda_1\lambda_2\lambda_3\lambda_4.$$

一般地，n 阶对角行列式 $D=\begin{vmatrix}\lambda_1 & & \cdots & 0\\ 0 & \lambda_2 & & 0\\ \vdots & & \ddots & \vdots\\ 0 & 0 & \cdots & \lambda_n\end{vmatrix}=\lambda_1\lambda_2\cdots\lambda_n$.

例 7 计算上三角形行列式（每一列中位于主角线元素下方的元素均为零的行列式）

$$D=\begin{vmatrix}a_{11} & a_{12} & \cdots & a_{1n}\\ 0 & a_{22} & \cdots & a_{2n}\\ \vdots & \vdots & \ddots & \vdots\\ 0 & 0 & \cdots & a_{nn}\end{vmatrix}.$$

解 按第一列展开，得到 $D=a_{11}\times(-1)^{1+1}\begin{vmatrix}a_{22} & a_{23} & \cdots & a_{2n}\\ 0 & a_{33} & \cdots & a_{3n}\\ \vdots & \vdots & \ddots & \vdots\\ 0 & 0 & \cdots & a_{nn}\end{vmatrix}$，

将 $n-1$ 阶行列式按第一列展开，得

$$D=a_{11}\times a_{22}\times(-1)^{1+1}\begin{vmatrix}a_{33} & \cdots & a_{3n}\\ \vdots & \ddots & \vdots\\ 0 & \cdots & a_{nn}\end{vmatrix},$$

如此继续，可得 $D=a_{11}a_{22}\cdots a_{nn}$.

同样地，下三角形行列式（每一列中位于主角线元素上方的元素均为零的行列式）

$$\begin{vmatrix}a_{11} & 0 & \cdots & 0\\ a_{21} & a_{22} & \cdots & 0\\ \vdots & \vdots & \ddots & \vdots\\ a_{n1} & a_{n2} & \cdots & a_{nn}\end{vmatrix}=a_{11}a_{22}\cdots a_{nn}.$$

总之，上(下)三角形行列式等于主对角线上元素的乘积.

5.1.2　行列式的性质

案例导出

案例 3　计算三阶行列式 $D=\begin{vmatrix} -1 & 3 & 2 \\ 3 & 5 & -1 \\ 102 & -301 & -194 \end{vmatrix}$.

解　用对角线法则，得

$$\begin{aligned} D &= (-1)\times 5\times(-194)+3\times(-1)\times 102+2\times(-301)\times 3- \\ &\quad [2\times 5\times 102+3\times 3\times(-194)+(-1)\times(-301)\times(-1)] \\ &= -115. \end{aligned}$$

直接利用行列式的定义来计算阶数较小、形式较为简单的行列式是方便的，但要计算数值较大或计算阶数较大的行列式则非常麻烦. 为此，下面介绍一些行列式的性质，利用这些性质来简化行列式的计算.

相关知识

1. 行列式的性质

性质 5.1　行列式 D 与它的转置行列式 D^{T} 相等，即 $D=D^{\mathrm{T}}$.（其中，转置行列式 D^{T} 为行列式 D 对应的行与列互换后得到的新的行列式）

此性质说明了行列式中行与列的地位具有对称性. 即行列式中有关行的性质对其列也成立，反之亦然.

性质 5.2　互换行列式中两行(或两列)，行列式变号，即

$$\begin{vmatrix} a_{11} & a_{12} & \cdots & a_{1n} \\ \vdots & \vdots & & \vdots \\ a_{i1} & a_{i2} & \cdots & a_{in} \\ \vdots & \vdots & & \vdots \\ a_{j1} & a_{j2} & \cdots & a_{jn} \\ \vdots & \vdots & & \vdots \\ a_{n1} & a_{n2} & \cdots & a_{nn} \end{vmatrix} = -\begin{vmatrix} a_{11} & a_{12} & \cdots & a_{1n} \\ \vdots & \vdots & & \vdots \\ a_{j1} & a_{j2} & \cdots & a_{jn} \\ \vdots & \vdots & & \vdots \\ a_{i1} & a_{i2} & \cdots & a_{in} \\ \vdots & \vdots & & \vdots \\ a_{n1} & a_{n2} & \cdots & a_{nn} \end{vmatrix}.$$

推论　如果行列式中有两行(或两列)的对应元素完全相同，则行列式的值为零.

性质 5.3　行列式的某一行(或某一列)中所有元素都乘以数 k，就等于用数 k 乘此行列式. 也就是如果行列式中某一行(或某一列)元素有公因子 k，可以把 k 提到行列式外，即

$$\begin{vmatrix} a_{11} & a_{12} & \cdots & a_{1n} \\ \vdots & \vdots & & \vdots \\ ka_{i1} & ka_{i2} & \cdots & ka_{in} \\ \vdots & \vdots & & \vdots \\ a_{n1} & a_{n2} & \cdots & a_{nn} \end{vmatrix} = k \begin{vmatrix} a_{11} & a_{12} & \cdots & a_{1n} \\ \vdots & \vdots & & \vdots \\ a_{i1} & a_{i2} & \cdots & a_{in} \\ \vdots & \vdots & & \vdots \\ a_{n1} & a_{n2} & \cdots & a_{nn} \end{vmatrix}.$$

反过来，用一个数 k 乘以一个行列式就相当于用数 k 乘以行列式的某一行中的各个元素.

推论 1 行列式中若有某行(或某列)元素全是零，则此行列式的值为零.

推论 2 如果行列式中有两行(或两列)元素对应成比例，则此行列式的值为零.

性质 5.4 如果行列式中某一行(或某一列)各元素均为两项之和，则此行列式等于两个相应行列式之和，即

$$\begin{vmatrix} a_{11} & a_{12} & \cdots & a_{1n} \\ \vdots & \vdots & & \vdots \\ a_{i1}+a'_{i1} & a_{i2}+a'_{i2} & \cdots & a_{in}+a'_{in} \\ \vdots & \vdots & & \vdots \\ a_{n1} & a_{n2} & \cdots & a_{nn} \end{vmatrix} = \begin{vmatrix} a_{11} & a_{12} & \cdots & a_{1n} \\ \vdots & \vdots & & \vdots \\ a_{i1} & a_{i2} & \cdots & a_{in} \\ \vdots & \vdots & & \vdots \\ a_{n1} & a_{n2} & \cdots & a_{nn} \end{vmatrix} + \begin{vmatrix} a_{11} & a_{12} & \cdots & a_{1n} \\ \vdots & \vdots & & \vdots \\ a'_{i1} & a'_{i2} & \cdots & a'_{in} \\ \vdots & \vdots & & \vdots \\ a_{n1} & a_{n2} & \cdots & a_{nn} \end{vmatrix}.$$

性质 5.5 把行列式的某一行(或列)的各元素乘以 k 后加到另一行(或列)对应元素上，行列式的值不变. 即

$$\begin{vmatrix} a_{11} & a_{12} & \cdots & a_{1n} \\ \vdots & \vdots & & \vdots \\ a_{i1} & a_{i2} & \cdots & a_{in} \\ \vdots & \vdots & & \vdots \\ a_{j1} & a_{j2} & \cdots & a_{jn} \\ \vdots & \vdots & & \vdots \\ a_{n1} & a_{n2} & \cdots & a_{nn} \end{vmatrix} = \begin{vmatrix} a_{11} & a_{12} & \cdots & a_{1n} \\ \vdots & \vdots & & \vdots \\ a_{i1}+ka_{j1} & a_{i2}+ka_{j2} & \cdots & a_{in}+ka_{jn} \\ \vdots & \vdots & & \vdots \\ a_{j1} & a_{j2} & \cdots & a_{jn} \\ \vdots & \vdots & & \vdots \\ a_{n1} & a_{n2} & \cdots & a_{nn} \end{vmatrix}.$$

案例 3 中的问题利用行列式的性质 5.4，有

$$D=\begin{vmatrix}-1 & 3 & 2\\ 3 & 5 & -1\\ 102 & -301 & -194\end{vmatrix}=\begin{vmatrix}-1 & 3 & 2\\ 3 & 5 & -1\\ 100+2 & -300-1 & -200+6\end{vmatrix}$$

$$=\begin{vmatrix}-1 & 3 & 2\\ 3 & 5 & -1\\ 100 & -300 & -200\end{vmatrix}+\begin{vmatrix}-1 & 3 & 2\\ 3 & 5 & -1\\ 2 & -1 & 6\end{vmatrix}.$$

由性质 5.3 中推论 2,可知前一项三阶行列式的值为 0,所以

$$D=0+\begin{vmatrix}-1 & 3 & 2\\ 3 & 5 & -1\\ 2 & -1 & 6\end{vmatrix}=-115.$$

2. 行列式表示的约定

在运用行列式性质的过程中约定采用如下标记:

(1) 以 r 代表行,c 代表列;

(2) 第 i 行(列)与第 j 行(列)互换,记作 $r_i\leftrightarrow r_j$($c_i\leftrightarrow c_j$);

(3) 第 i 行(列)中所有元素都乘以 k,记作 $r_i\times k$($c_i\times k$)或 kr_i(kc_i);

(4) 把第 j 行(列)中各元素乘以 k 后加到第 i 行(列)对应元素上,记作 r_i+kr_j(c_i+kc_j).

3. 行列式的计算

(1)"化三角形法".

行列式的基本计算方法之一是根据行列式的特点,利用行列式的性质,把它逐步化为三角形行列式. 由前面结论我们已知三角形行列式等于主对角线上元素的乘积. 这种方法一般叫做"化三角形法".

把行列式化为上(下)三角形行列式的一般步骤:

①通过行的交换,或者将第一行乘以$\dfrac{1}{a_{11}}$,或者某行乘以某数 k 后加到第一行上,把 a_{11} 变换为 1. 注意尽量避免出现分数,以免给后面的计算增加麻烦.

②把第一行的元素分别乘以 $-a_{21}$, $-a_{31}$, $\cdots$, $-a_{n1}$ 加到第 $2,3,\cdots,n$ 行对应元素上去,把第一列中 a_{11} 以下的元素均化为零.

③用类似的方法依次把主对角线元素 a_{22}, a_{33}, $\cdots$, $a_{n-1,n-1}$ 以下的元素全部化为零,这样行列式即可化成上三角形行列式了.

注意 在上述变换过程中,主对角线上的元素 a_{ii}($i=1,2,\cdots,n-1$)不能为零,若出现零,则可通过交换行使得主对角线上元素不为零.

(2)"降阶法".

计算行列式的另一种基本方法是先选择零元素最多的行(列),或用行列式的性质使得

某行(列)尽量多化一些零,然后,按这一行(列)展开. 按此方法逐步降阶,直至计算出结果. 这种方法一般叫做"降阶法".

例题精选

例 8 计算四阶行列式 $D=\begin{vmatrix}1&2&0&1\\1&3&5&0\\0&1&5&6\\1&2&3&4\end{vmatrix}$.

解 利用行列式的性质,将其化为三角形行列式,再求其值.

$$D=\begin{vmatrix}1&2&0&1\\1&3&5&0\\0&1&5&6\\1&2&3&4\end{vmatrix}\xlongequal[r_4+r_1\times(-1)]{r_2+r_1\times(-1)}\begin{vmatrix}1&2&0&1\\0&1&5&-1\\0&1&5&6\\0&0&3&3\end{vmatrix}\xlongequal{r_3+r_2\times(-1)}\begin{vmatrix}1&2&0&1\\0&1&5&-1\\0&0&0&7\\0&0&3&3\end{vmatrix}$$

$$\xlongequal{r_3\leftrightarrow r_4}\begin{vmatrix}1&2&0&1\\0&1&5&-1\\0&0&3&3\\0&0&0&7\end{vmatrix}=21.$$

例 9 计算四阶行列式 $D=\begin{vmatrix}2&7&8&9\\1&3&1&8\\1&7&8&9\\5&4&2&16\end{vmatrix}$.

解 注意到第一行和第三行元素的特点,

$$D=\begin{vmatrix}2&7&8&9\\1&3&1&8\\1&7&8&9\\5&4&2&16\end{vmatrix}\xlongequal{r_1+r_3\times(-1)}\begin{vmatrix}1&0&0&0\\1&3&1&8\\1&7&8&9\\5&4&2&16\end{vmatrix},$$

将其按第一行展开,$D=\begin{vmatrix}3&1&8\\7&8&9\\4&2&16\end{vmatrix}\xlongequal{r_1+r_3\times\left(-\frac{1}{2}\right)}\begin{vmatrix}1&0&0\\7&8&9\\4&2&16\end{vmatrix}$,

再将其按第一行展开,$D=\begin{vmatrix}8&9\\2&16\end{vmatrix}=110$.

通过以上例题,我们可以看到对于行列式的计算有很多种方法. 对于不同的行列式应根据其特点,进行方法的选择. 总之,在计算行列式的值的方法选择上应尽量使计算简便.

知识应用

有了行列式这个工具，我们就可以用 Cramer 法则来解线性方程组了.

例 10 解线性方程组

$$\begin{cases} 2x_1+3x_2+11x_3+5x_4=2, \\ x_1+x_2+5x_3+2x_4=1, \\ -x_2-7x_3=-5, \\ -2x_3+2x_4=-4. \end{cases}$$

解 注意方程组中缺少的未知元的系数为零，故有系数行列式

$$D=\begin{vmatrix} 2 & 3 & 11 & 5 \\ 1 & 1 & 5 & 2 \\ 0 & -1 & -7 & 0 \\ 0 & 0 & -2 & 2 \end{vmatrix}=10.$$

又
$$D_1=\begin{vmatrix} 2 & 3 & 11 & 5 \\ 1 & 1 & 5 & 2 \\ -5 & -1 & -7 & 0 \\ -4 & 0 & -2 & 2 \end{vmatrix}=0, D_2=\begin{vmatrix} 2 & 2 & 11 & 5 \\ 1 & 1 & 5 & 2 \\ 0 & -5 & -7 & 0 \\ 0 & -4 & -2 & 2 \end{vmatrix}=8,$$

$$D_3=\begin{vmatrix} 2 & 3 & 2 & 5 \\ 1 & 1 & 1 & 2 \\ 0 & -1 & -5 & 0 \\ 0 & 0 & -4 & 2 \end{vmatrix}=6, D_4=\begin{vmatrix} 2 & 3 & 11 & 2 \\ 1 & 1 & 5 & 1 \\ 0 & -1 & -7 & -5 \\ 0 & 0 & -2 & -4 \end{vmatrix}=-14.$$

所以，根据 Cramer 法则

$$x_1=\frac{D_1}{D}=0, x_2=\frac{D_2}{D}=\frac{8}{10}=\frac{4}{5}, x_3=\frac{D_3}{D}=\frac{6}{10}=\frac{3}{5}, x_4=\frac{D_4}{D}=\frac{-14}{10}=-\frac{7}{5}.$$

应用 Cramer 法则解线性方程组时要注意以下几点：

①方程组应是标准形式，即类似于(5.4)的形式，方程个数应与未知量个数相等；

②方程组的系数行列式不等于零.

由上我们可以看到，Cramer 法则对方程组的要求较高，计算量也很大，所以实际解线性方程组时一般不用 Cramer 法则，Cramer 法则更多地是具有它的理论意义.

对解线性方程组，我们则需要线性代数中的另一个重要工具——矩阵. 下一节中，我们将具体地介绍矩阵及其相关内容.

知识演练

1. 计算下列行列式：

(1) $\begin{vmatrix} 5 & 7 \\ 2 & 3 \end{vmatrix}$；　(2) $\begin{vmatrix} -2 & 1 \\ 5 & 3 \end{vmatrix}$；

(3) $\begin{vmatrix} 1 & 0 & 7 \\ -2 & 4 & 3 \\ -1 & 2 & 5 \end{vmatrix}$；　(4) $\begin{vmatrix} 3 & 1 & 2 \\ 290 & 106 & 196 \\ 5 & -3 & 2 \end{vmatrix}$；

(5) $\begin{vmatrix} -b & -c & 0 \\ 0 & a & b \\ -a & 0 & c \end{vmatrix}$；　(6) $\begin{vmatrix} a-b & b-c & c-a \\ b-c & c-a & a-b \\ c-a & a-b & b-c \end{vmatrix}$.

2. 用 Cramer 法则解下列线性方程组：

(1) $\begin{cases} 2x_1+x_2-5x_3+x_4=8, \\ x_1-3x_2-6x_4=9, \\ 2x_2-x_3+2x_4=-5, \\ x_1+4x_2-7x_3+6x_4=0; \end{cases}$　(2) $\begin{cases} x_1+x_2+x_3+x_4=-7, \\ x_1-3x_3-x_4=8, \\ x_1+2x_2-x_3+x_4=-2, \\ 2x_1+2x_2+2x_3+x_4=6; \end{cases}$

(3) $\begin{cases} x_1+x_2+x_3+x_4=1, \\ 2x_1+3x_2+4x_3+5x_4=1, \\ 4x_1+9x_2+16x_3+25x_4=1, \\ 8x_1+27x_2+64x_3+125x_4=1. \end{cases}$

3. 当 λ 取何值时，齐次线性方程组 $\begin{cases} x_1+x_2+\lambda x_3=0, \\ -x_1+\lambda x_2+x_3=0, \\ x_1-x_2+2x_3=0 \end{cases}$ 有非零解？

5.2 矩阵的概念

在对许多实际问题进行数学描述时，我们抽象出了一个数学概念——矩阵.

案例导出

案例 1　在市场中有五种食品 A、B、C、D、E，在甲、乙、丙、丁四家商场销售的单价情况分别如下：A 食品在四家商场销售的单价依次为 12,13,12,11；B 食品在四家商场销售的单价依次为 7,6,7,8；C 食品在四家商场销售的单价依次为 10,11,9,12；D 食品在四家商场销售的单价依次为 21,19,20,21;E 食品在四家商场销售的单价依次为 5,5,6,4. 以上信息很繁杂,但如果我们用下面这样一个 5 行 4 列的数表来表示这些信息就很简明了.

$$\begin{pmatrix} 12 & 13 & 12 & 11 \\ 7 & 6 & 7 & 8 \\ 10 & 11 & 9 & 12 \\ 21 & 19 & 20 & 21 \\ 5 & 5 & 6 & 4 \end{pmatrix}$$

实际上,用数表表示一些量或关系的方法在生活和工作中是常用的,如工厂中产量的统计表、物资调运交通信息表等. 我们把这种数表的实际意义隐去之后,抽象出来的就是矩阵.

相关知识

定义 5.4　将 $m\times n$ 个数 $a_{ij}(i=1,2,\cdots,m;j=1,2,\cdots,n)$ 排成 m 行 n 列,用圆括弧(或方括弧)括起来的矩形数表,叫做一个m 行 n 列矩阵,简称$m\times n$ 矩阵,记作

$$\begin{pmatrix} a_{11} & a_{12} & \cdots & a_{1n} \\ a_{21} & a_{22} & \cdots & a_{2n} \\ \vdots & \vdots & & \vdots \\ a_{m1} & a_{m2} & \cdots & a_{mn} \end{pmatrix}. \tag{5.6}$$

横的各排称为矩阵的行,纵的各列称为矩阵的列. 矩阵中的 $m\times n$ 个数叫做矩阵的元素,简称元,a_{ij} 表示位于矩阵第 i 行第 j 列的元素. 通常用大写英文字母 $\boldsymbol{A},\boldsymbol{B},\boldsymbol{C},\cdots$ 或者 $(a_{ij}),(b_{ij}),\cdots$ 来表示矩阵. 有时,为了更清楚地表明矩阵的行数和列数,可以把 $m\times n$ 矩阵记作 $\boldsymbol{A}_{m\times n},\boldsymbol{B}_{m\times n},\cdots$ 或者 $(a_{ij})_{m\times n},(b_{ij})_{m\times n},\cdots$.

下面我们来介绍一些特殊的矩阵.

◆ 结构特殊

① 当 $m=n$,即矩阵的行数和列数相等,都等于 n 时,矩阵称为n 阶矩阵或n 阶方阵,记作 $\boldsymbol{A}_n$,n 称为 $\boldsymbol{A}$ 的阶数. 方阵 $\boldsymbol{A}_n$ 中,连接元素 $a_{11},a_{22},\cdots,a_{nn}$ 的线叫做主对角线,$a_{11},a_{22},\cdots,a_{nn}$ 叫做主对角线元素.

②当 $m=1$,即矩阵 $\boldsymbol{A}$ 只有一行 $(a_{11}\quad a_{12}\quad \cdots\quad a_{1n})$ 时,该矩阵称为行矩阵,又称行向量. 为避免元素间的混淆,行矩阵也记作 $\boldsymbol{A}=(a_{11},a_{12},\cdots,a_{1n})$.

③当 $n=1$,即矩阵 $\boldsymbol{A}$ 只有一列 $\begin{pmatrix} a_{11} \\ a_{21} \\ \vdots \\ a_{n1} \end{pmatrix}$ 时,该矩阵称为列矩阵,又称列向量.

◆ 元素特殊

元素都是零的矩阵称为零矩阵,记作 $\boldsymbol{O}_{m\times n}$. 例如,$\begin{pmatrix}0&0\\0&0\end{pmatrix}$,$\begin{pmatrix}0&0&0\\0&0&0\\0&0&0\\0&0&0\end{pmatrix}$均为零矩阵.

◆方阵中元素特殊

①主对角线以外的元素都是零的方阵称为对角矩阵,即

$$\boldsymbol{A}=\begin{pmatrix}a_1&0&\cdots&0\\0&a_2&\cdots&0\\\vdots&\vdots&&\vdots\\0&0&\cdots&a_n\end{pmatrix},\text{有时也记作 }\operatorname{diag}(a_1,a_2,\cdots,a_n).$$

例如,$\boldsymbol{A}=\begin{pmatrix}3&0&0&0\\0&1&0&0\\0&0&2&0\\0&0&0&-5\end{pmatrix}$为四阶对角矩阵.

②主对角线上的元素都是相同常数的对角矩阵称为数量矩阵.

例如,$\begin{pmatrix}3&0&0&0\\0&3&0&0\\0&0&3&0\\0&0&0&3\end{pmatrix}$为四阶数量矩阵.

③主对角线上的元素都是 1 的数量矩阵称为单位矩阵,一般用 $\boldsymbol{E}_n$ 表示 n 阶单位矩阵.

例如,$\boldsymbol{E}_4=\begin{pmatrix}1&0&0&0\\0&1&0&0\\0&0&1&0\\0&0&0&1\end{pmatrix}$为四阶单位矩阵.

④主对角线下方(或上方)的元素都为零的方阵称为上(或下)三角矩阵. 即

$\begin{pmatrix}a_{11}&a_{12}&\cdots&a_{1n}\\0&a_{22}&\cdots&a_{2n}\\\vdots&\vdots&&\vdots\\0&0&\cdots&a_{nn}\end{pmatrix}$称为上三角矩阵;$\begin{pmatrix}a_{11}&0&\cdots&0\\a_{21}&a_{22}&\cdots&0\\\vdots&\vdots&&\vdots\\a_{n1}&a_{n2}&\cdots&a_{nn}\end{pmatrix}$称为下三角矩阵.

例如,$\begin{pmatrix}3&4&5&6\\0&3&4&5\\0&0&3&4\\0&0&0&3\end{pmatrix}$为上三角矩阵.

知识演练

4. 设矩阵 $\boldsymbol{A}=\begin{pmatrix}1 & -2 & 4 & 2\\ 3 & 0 & -1 & 1\\ 2 & 5 & 8 & -3\end{pmatrix}$，则 $a_{12}=$________，$a_{32}=$________，$a_{22}=$________.

5. 已知 $\boldsymbol{A}=\begin{pmatrix}1 & 2 & y\\ x & 3 & 4\end{pmatrix}$，$\boldsymbol{B}=\begin{pmatrix}1 & 2 & 5\\ -1 & z & 4\end{pmatrix}$，且 $\boldsymbol{A}=\boldsymbol{B}$，则 $x=$________，$y=$________，$z=$________.

5.3 矩阵的运算

矩阵是一个很重要的概念，但是如果仅把矩阵作为一个数表，并不能充分发挥其作用，有时候我们需要将几个矩阵联系起来，为此我们定义矩阵的运算.

案例导出

案例 1　假如有 A、B 两个工厂某年生产甲、乙、丙三种产品的数量（单位：万件）分别为：4，6，8；5，4，3. 它们可表示为矩阵 $\boldsymbol{A}=\begin{pmatrix}4 & 6 & 8\\ 5 & 4 & 3\end{pmatrix}$. 上述三种产品的单价分别为每件 5，10，20 元，纯利润分别为每件 1，2，3 元，表示为 $\boldsymbol{B}=\begin{pmatrix}5 & 1\\ 10 & 2\\ 20 & 3\end{pmatrix}$. 假设生产的产品全部售出，那么全年这两个工厂的总收入可由下列算式给出：

A 厂为　$4\times5+6\times10+8\times20=240$，

B 厂为　$5\times5+4\times10+3\times20=125$.

其总的纯利润可用下列算式给出：

A 厂为　$4\times1+6\times2+8\times3=40$，

B 厂为　$5\times1+4\times2+3\times3=22$.

若总收入、纯利润用 C（第一列为总收入，第二列为纯利润）表示，则上述运算规则可以写成：

$$\boldsymbol{C}=\begin{pmatrix}240 & 40\\ 125 & 22\end{pmatrix}=\begin{pmatrix}4\times5+6\times10+8\times20 & 4\times1+6\times2+8\times3\\ 5\times5+4\times10+3\times20 & 5\times1+4\times2+3\times3\end{pmatrix}.$$

考察 $\boldsymbol{C}$ 和 $\boldsymbol{A}$，$\boldsymbol{B}$ 可以看出：矩阵 $\boldsymbol{C}$ 的第 $i(i=1,2)$ 行第 $j(j=1,2)$ 列元素 c_{ij} 恰是矩阵 $\boldsymbol{A}$ 的

第 i 行元素与矩阵 $\boldsymbol{B}$ 的第 j 列对应元素乘积之和. 譬如，$\boldsymbol{C}$ 的第一行第二列元素 $c_{12}=40=4\times1+6\times2+8\times3$ 是矩阵 $\boldsymbol{A}$ 的第一行元素 4,6,8 与矩阵 $\boldsymbol{B}$ 的第二列对应元素 1,2,3 乘积之和.

相关知识

1. 矩阵相等

定义 5.5 如果两个矩阵的行数和列数分别相等，则称它们为同型矩阵.

定义 5.6 如果 $\boldsymbol{A}=(a_{ij})_{m\times n}$ 与 $\boldsymbol{B}=(b_{ij})_{m\times n}$ 是同型矩阵，并且它们的对应元素相等，即 $a_{ij}=b_{ij}(i=1,2,\cdots,m;j=1,2,\cdots,n)$，那么就称矩阵 $\boldsymbol{A}$ 与矩阵 $\boldsymbol{B}$ 相等，记作 $\boldsymbol{A}=\boldsymbol{B}$.

注意 行列式代表的是数值，所以只要求出的值相等即相等，而两个矩阵要相等，必须既是同型且这两个矩阵的每一个对应元素也要完全相等才行.

2. 矩阵的加法

定义 5.7 设 $\boldsymbol{A}=(a_{ij})_{m\times n}=\begin{pmatrix} a_{11} & a_{12} & \cdots & a_{1n} \\ a_{21} & a_{22} & \cdots & a_{2n} \\ \vdots & \vdots & & \vdots \\ a_{m1} & a_{m2} & \cdots & a_{mn} \end{pmatrix}$，$\boldsymbol{B}=(b_{ij})_{m\times n}=\begin{pmatrix} b_{11} & b_{12} & \cdots & b_{1n} \\ b_{21} & b_{22} & \cdots & b_{2n} \\ \vdots & \vdots & & \vdots \\ b_{m1} & b_{m2} & \cdots & b_{mn} \end{pmatrix}$

都是 $m\times n$ 矩阵，则矩阵

$$\boldsymbol{C}=(c_{ij})_{m\times n}=(a_{ij}+b_{ij})_{m\times n}=\begin{pmatrix} a_{11}+b_{11} & a_{12}+b_{12} & \cdots & a_{1n}+b_{1n} \\ a_{21}+b_{21} & a_{22}+b_{22} & \cdots & a_{2n}+b_{2n} \\ \vdots & \vdots & & \vdots \\ a_{m1}+b_{m1} & a_{m2}+b_{m2} & \cdots & a_{mn}+b_{mn} \end{pmatrix}$$

称为矩阵 $\boldsymbol{A}$ 与 $\boldsymbol{B}$ 的和，记作 $\boldsymbol{C}=\boldsymbol{A}+\boldsymbol{B}$.

注意 只有当两个矩阵是同型矩阵时，这两个矩阵才能进行加法运算，这是矩阵加法的前提条件. 而矩阵的加法就是矩阵对应的元素相加，结果仍为矩阵且与那两个矩阵同型.

矩阵的加法满足下列运算律（$\boldsymbol{A},\boldsymbol{B},\boldsymbol{C},\boldsymbol{O}$ 都是 $m\times n$ 矩阵）：

①交换律：$\boldsymbol{A}+\boldsymbol{B}=\boldsymbol{B}+\boldsymbol{A}$；

②结合律：$\boldsymbol{A}+(\boldsymbol{B}+\boldsymbol{C})=(\boldsymbol{A}+\boldsymbol{B})+\boldsymbol{C}$；

③零矩阵的特性：$\boldsymbol{A}+\boldsymbol{O}=\boldsymbol{O}+\boldsymbol{A}=\boldsymbol{A}$.

3. 数乘矩阵

定义 5.8 设 $\boldsymbol{A}=(a_{ij})_{m\times n}=\begin{pmatrix} a_{11} & a_{12} & \cdots & a_{1n} \\ a_{21} & a_{22} & \cdots & a_{2n} \\ \vdots & \vdots & & \vdots \\ a_{m1} & a_{m2} & \cdots & a_{mn} \end{pmatrix}$，

则矩阵$\begin{pmatrix} \lambda a_{11} & \lambda a_{12} & \cdots & \lambda a_{1n} \\ \lambda a_{21} & \lambda a_{22} & \cdots & \lambda a_{2n} \\ \vdots & \vdots & & \vdots \\ \lambda a_{m1} & \lambda a_{m2} & \cdots & \lambda a_{mn} \end{pmatrix}$称为矩阵$\boldsymbol{A}=(a_{ij})_{m\times n}$与数$\lambda$的数量乘积，记作$\lambda\boldsymbol{A}$或$\boldsymbol{A}\lambda$，即$\lambda\boldsymbol{A}=(\lambda a_{ij})_{m\times n}$. 换句话说，如果矩阵的每个元素都含有公因子$\lambda$，则可以把$\lambda$提到矩阵的前面.

注意　数乘行列式相当于用这个数乘行列式的某一行或某一列，而数乘矩阵是用这个数乘遍矩阵中的每个元素.

数乘矩阵满足下列运算律($\boldsymbol{A},\boldsymbol{B}$为$m\times n$矩阵，$\lambda,\mu$为常数)：

①结合律：$(\lambda\mu)\boldsymbol{A}=\lambda(\mu\boldsymbol{A})$；

②分配律：$\lambda(\boldsymbol{A}+\boldsymbol{B})=\lambda\boldsymbol{A}+\lambda\boldsymbol{B}$，$(\lambda+\mu)\boldsymbol{A}=\lambda\boldsymbol{A}+\mu\boldsymbol{A}$，

显然有$1\boldsymbol{A}=\boldsymbol{A}$，$0\boldsymbol{A}=\boldsymbol{O}$.

定义 5.9　把数-1和矩阵$\boldsymbol{A}=(a_{ij})_{mn}$的乘积

$$\begin{pmatrix} -a_{11} & -a_{12} & \cdots & -a_{1n} \\ -a_{21} & -a_{22} & \cdots & -a_{2n} \\ \vdots & \vdots & & \vdots \\ -a_{m1} & -a_{m2} & \cdots & -a_{mn} \end{pmatrix}$$

叫做矩阵$\boldsymbol{A}$的负矩阵，记作$-\boldsymbol{A}$. 于是有$\boldsymbol{A}+(-\boldsymbol{A})=\boldsymbol{O}$.

定义 5.10　矩阵$\boldsymbol{A}$与矩阵$\boldsymbol{B}$的负矩阵的和称为$\boldsymbol{A}$与$\boldsymbol{B}$的差，记作$\boldsymbol{A}-\boldsymbol{B}$. 即

$$\boldsymbol{A}-\boldsymbol{B}=\boldsymbol{A}+(-\boldsymbol{B}).$$

矩阵的加法和数乘结合起来称为矩阵的线性运算.

4. 矩阵的乘法

定义 5.11　设$\boldsymbol{A}=(a_{ik})_{m\times s}$，$\boldsymbol{B}=(b_{kj})_{s\times n}$，那么矩阵$\boldsymbol{C}=(c_{ij})_{m\times n}$，其中$c_{ij}=a_{i1}b_{1j}+a_{i2}b_{2j}+\cdots+a_{is}b_{sj}=\sum\limits_{k=1}^{s}a_{ik}b_{kj}\ (i=1,2,\cdots,m;j=1,2,\cdots,n)$，称为$\boldsymbol{A}$与$\boldsymbol{B}$的乘积，记作$\boldsymbol{C}=\boldsymbol{AB}$.

注意　①两矩阵只有当左边矩阵$\boldsymbol{A}$的列数与右边矩阵$\boldsymbol{B}$的行数相等时，$\boldsymbol{A}$与$\boldsymbol{B}$才可以相乘得$\boldsymbol{AB}$.

②乘积矩阵$\boldsymbol{C}=\boldsymbol{AB}$的行数等于左矩阵$\boldsymbol{A}$的行数，列数等于右矩阵$\boldsymbol{B}$的列数；乘积矩阵$\boldsymbol{C}$中的第$i$行第$j$列的元素，等于左边矩阵$\boldsymbol{A}$的第$i$行与右边矩阵$\boldsymbol{B}$的第$j$列的对应元素的乘积之和，所以也称其为行乘列法则.

5. 矩阵的转置

定义 5.12 已知 $m\times n$ 矩阵 $\boldsymbol{A}=\begin{pmatrix} a_{11} & a_{12} & \cdots & a_{1n} \\ a_{21} & a_{22} & \cdots & a_{2n} \\ \vdots & \vdots & & \vdots \\ a_{m1} & a_{m2} & \cdots & a_{mn} \end{pmatrix}$,将行与列对应互换后得到的 $n\times m$ 矩阵 $\begin{pmatrix} a_{11} & a_{21} & \cdots & a_{m1} \\ a_{12} & a_{22} & \cdots & a_{m2} \\ \vdots & \vdots & & \vdots \\ a_{1n} & a_{2n} & \cdots & a_{mn} \end{pmatrix}$ 叫做 $\boldsymbol{A}$ 的转置矩阵,记作 $\boldsymbol{A}^{\mathrm{T}}$ 或 $\boldsymbol{A}'$.

例如,$\boldsymbol{A}=\begin{pmatrix} 1 & 0 & -1 & 2 \\ -1 & 1 & 3 & 0 \\ 0 & 5 & -1 & 4 \end{pmatrix}_{3\times 4}$,那么 $\boldsymbol{A}^{\mathrm{T}}=\begin{pmatrix} 1 & -1 & 0 \\ 0 & 1 & 5 \\ -1 & 3 & -1 \\ 2 & 0 & 4 \end{pmatrix}_{4\times 3}$.

定义 5.13 若 n 阶方阵 $\boldsymbol{A}$ 与它的转置矩阵相等,即 $\boldsymbol{A}^{\mathrm{T}}=\boldsymbol{A}$,则称 $\boldsymbol{A}$ 为对称矩阵.

例如,$\begin{pmatrix} 1 & 3 & 7 \\ 3 & 0 & 2 \\ 7 & 2 & -11 \end{pmatrix}$ 即为对称矩阵.

显然,对称矩阵一定是方阵且对任意 i,j 有 $a_{ij}=a_{ji}$,它的元素关于主对角线是对称的.对角矩阵、数量矩阵和单位矩阵都是对称矩阵.

例题精选

例 1 设 $\boldsymbol{A}=\begin{pmatrix} 1 & -1 & 2 \\ 3 & 0 & 2 \end{pmatrix}$,$\boldsymbol{B}=\begin{pmatrix} -1 & 2 & -1 \\ 0 & -5 & 1 \end{pmatrix}$,$\boldsymbol{C}=\begin{pmatrix} 2 & 0 & -4 \\ -2 & 6 & 4 \end{pmatrix}$,求 $\boldsymbol{A}-2\boldsymbol{B}+\frac{1}{2}\boldsymbol{C}$.

解
$$\boldsymbol{A}-2\boldsymbol{B}+\frac{1}{2}\boldsymbol{C}=\begin{pmatrix} 1 & -1 & 2 \\ 3 & 0 & 2 \end{pmatrix}-\begin{pmatrix} -1\times 2 & 2\times 2 & -1\times 2 \\ 0\times 2 & -5\times 2 & 1\times 2 \end{pmatrix}+\begin{pmatrix} 2\times\frac{1}{2} & 0\times\frac{1}{2} & -4\times\frac{1}{2} \\ -2\times\frac{1}{2} & 6\times\frac{1}{2} & 4\times\frac{1}{2} \end{pmatrix}$$
$$=\begin{pmatrix} 1+2+1 & -1-4+0 & 2+2-2 \\ 3-0-1 & 0+10+3 & 2-2+2 \end{pmatrix}=\begin{pmatrix} 4 & -5 & 2 \\ 2 & 13 & 2 \end{pmatrix}.$$

例 2　已知矩阵 $\boldsymbol{A}=\begin{pmatrix}1 & 0\\ 3 & -1\end{pmatrix}$，$\boldsymbol{B}=\begin{pmatrix}1 & 3\\ -1 & 2\end{pmatrix}$，若矩阵 $\boldsymbol{X}$ 满足关系式 $\boldsymbol{A}+2\boldsymbol{X}=3\boldsymbol{B}$，求 $\boldsymbol{X}$.

解　由于 $\boldsymbol{A}+2\boldsymbol{X}=3\boldsymbol{B}$，所以

$$2\boldsymbol{X}=3\boldsymbol{B}-\boldsymbol{A}=3\begin{pmatrix}1 & 3\\ -1 & 2\end{pmatrix}-\begin{pmatrix}1 & 0\\ 3 & -1\end{pmatrix}=\begin{pmatrix}2 & 9\\ -6 & 7\end{pmatrix},$$

$$\boldsymbol{X}=\begin{pmatrix}1 & \frac{9}{2}\\ -3 & \frac{7}{2}\end{pmatrix}.$$

例 3　设 $\boldsymbol{A}=\begin{pmatrix}1 & -1 & 0\\ 2 & 1 & -2\\ -1 & 0 & 1\end{pmatrix}$，$\boldsymbol{B}=\begin{pmatrix}0 & 2\\ -1 & 1\\ 1 & 0\end{pmatrix}$，求 $\boldsymbol{AB}$.

解　因为 $\boldsymbol{A}$ 是 3×3 矩阵，$\boldsymbol{B}$ 是 3×2 矩阵，左矩阵 $\boldsymbol{A}$ 的列数等于右矩阵 $\boldsymbol{B}$ 的行数，所以矩阵 $\boldsymbol{A}$ 与 $\boldsymbol{B}$ 可以相乘，得 $\boldsymbol{AB}$ 是一个 3×2 的矩阵.

$$\boldsymbol{AB}=\begin{pmatrix}1\times0+(-1)\times(-1)+0\times1 & 1\times2+(-1)\times1+0\times0\\ 2\times0+1\times(-1)+(-2)\times1 & 2\times2+1\times1+(-2)\times0\\ (-1)\times0+0\times(-1)+1\times1 & (-1)\times2+0\times1+1\times0\end{pmatrix}=\begin{pmatrix}1 & 1\\ -3 & 5\\ 1 & -2\end{pmatrix}.$$

显然 $\boldsymbol{BA}$ 无意义.

例 4　已知 $\boldsymbol{A}=(1,2,3)$，$\boldsymbol{B}=\begin{pmatrix}1\\ 2\\ 3\end{pmatrix}$，求 $\boldsymbol{AB}$ 与 $\boldsymbol{BA}$.

解　$\boldsymbol{A}$ 为 1×3 矩阵，$\boldsymbol{B}$ 为 3×1 矩阵，则

$$\boldsymbol{AB}=(1,2,3)\begin{pmatrix}1\\ 2\\ 3\end{pmatrix}=(1\times1+2\times2+3\times3)=(14),$$

$$\boldsymbol{BA}=\begin{pmatrix}1\\ 2\\ 3\end{pmatrix}(1,2,3)=\begin{pmatrix}1 & 2 & 3\\ 2 & 4 & 6\\ 3 & 6 & 9\end{pmatrix}.$$

例 5　求矩阵 $\boldsymbol{A}=\begin{pmatrix}1 & -1\\ -1 & 1\end{pmatrix}$，$\boldsymbol{B}=\begin{pmatrix}1 & 1\\ -1 & -1\end{pmatrix}$ 和 $\boldsymbol{C}=\begin{pmatrix}2 & 0\\ 0 & -2\end{pmatrix}$ 的乘积 $\boldsymbol{AB}$，$\boldsymbol{BA}$ 及 $\boldsymbol{AC}$.

解　$\boldsymbol{AB}=\begin{pmatrix}1 & -1\\ -1 & 1\end{pmatrix}\begin{pmatrix}1 & 1\\ -1 & -1\end{pmatrix}=\begin{pmatrix}2 & 2\\ -2 & -2\end{pmatrix}$,

$\boldsymbol{BA}=\begin{pmatrix}1 & 1\\ -1 & -1\end{pmatrix}\begin{pmatrix}1 & -1\\ -1 & 1\end{pmatrix}=\begin{pmatrix}0 & 0\\ 0 & 0\end{pmatrix}$,

$$\boldsymbol{AC}=\begin{pmatrix}1 & -1\\ -1 & 1\end{pmatrix}\begin{pmatrix}2 & 0\\ 0 & -2\end{pmatrix}=\begin{pmatrix}2 & 2\\ -2 & -2\end{pmatrix}.$$

由上述三例可知,矩阵的乘法和我们熟悉的数的乘法运算律有许多不同之处:

①矩阵的乘法不满足交换律,即在一般情况下,$\boldsymbol{AB}\neq\boldsymbol{BA}$,甚至两者不一定都有意义.因而,矩阵相乘时必须注意顺序,不能随意交换(除非是可交换的,对于某些特殊的矩阵,可能有 $\boldsymbol{AB}=\boldsymbol{BA}$,称 $\boldsymbol{A},\boldsymbol{B}$ 是可交换的).

②矩阵乘法的消去律不成立,即当 $\boldsymbol{A}\neq\boldsymbol{O}$ 且 $\boldsymbol{AB}=\boldsymbol{AC}$ 时不一定有 $\boldsymbol{B}=\boldsymbol{C}$,所以一般不能从等式两边直接消去 $\boldsymbol{A}$.

③两个非零矩阵的乘积有可能是零矩阵,换句话说,当 $\boldsymbol{AB}=\boldsymbol{O}$ 时不一定有 $\boldsymbol{A}=\boldsymbol{O}$ 或 $\boldsymbol{B}=\boldsymbol{O}$.

当然矩阵的乘法也有和数的乘法相似的运算律(假设运算都是可行的):

①结合律:$(\boldsymbol{AB})\boldsymbol{C}=\boldsymbol{A}(\boldsymbol{BC})$;

$\lambda(\boldsymbol{AB})=(\lambda\boldsymbol{A})\boldsymbol{B}=\boldsymbol{A}(\lambda\boldsymbol{B})$(其中 λ 是常数);

②分配律:$\boldsymbol{A}(\boldsymbol{B}+\boldsymbol{C})=\boldsymbol{AB}+\boldsymbol{AC}$;(左乘分配律)

$(\boldsymbol{A}+\boldsymbol{B})\boldsymbol{C}=\boldsymbol{AC}+\boldsymbol{BC}$.(右乘分配律)

根据定义,我们规定 n 阶方阵的正整数次幂如下:

$$\boldsymbol{A}^1=\boldsymbol{A},\boldsymbol{A}^2=\boldsymbol{A}^1\boldsymbol{A}^1,\cdots,\boldsymbol{A}^{k+1}=\boldsymbol{A}^k\boldsymbol{A}^1,\text{其中 } k \text{ 为正整数}.$$

特别地,规定 $\boldsymbol{A}^0=\boldsymbol{E}$.

注意两个特殊矩阵:

①对于单位矩阵,如果 $\boldsymbol{A}$ 是 $m\times n$ 矩阵,那么 $\boldsymbol{A}_{m\times n}\boldsymbol{E}_n=\boldsymbol{E}_m\boldsymbol{A}_{m\times n}=\boldsymbol{A}_{m\times n}$.也就是说,任意矩阵与单位矩阵相乘后的积是其本身.由此可见,单位矩阵在矩阵乘法中的作用就类似于1在数的乘法中的作用.

②对于零矩阵,如果 $\boldsymbol{A}$ 与 $\boldsymbol{O}$ 可以相乘,那么 $\boldsymbol{AO}=\boldsymbol{O},\boldsymbol{OA}=\boldsymbol{O}$.也就是说,任意矩阵与零矩阵相乘后的积为零矩阵.由此可见,零矩阵在矩阵乘法中的作用就类似于0在数的乘法中的作用,但又有所不同.

例6 设矩阵 $\boldsymbol{A}=\begin{pmatrix}\lambda & 1 & 1\\ 0 & \lambda & 1\\ 0 & 0 & \lambda\end{pmatrix}$,求 $\boldsymbol{A}^3$.

解 $\boldsymbol{A}^3=\boldsymbol{AAA}=\begin{pmatrix}\lambda & 1 & 1\\ 0 & \lambda & 1\\ 0 & 0 & \lambda\end{pmatrix}\begin{pmatrix}\lambda & 1 & 1\\ 0 & \lambda & 1\\ 0 & 0 & \lambda\end{pmatrix}\begin{pmatrix}\lambda & 1 & 1\\ 0 & \lambda & 1\\ 0 & 0 & \lambda\end{pmatrix}$

$$=\begin{pmatrix}\lambda^2 & 2\lambda & 2\lambda+1\\ 0 & \lambda^2 & 2\lambda\\ 0 & 0 & \lambda^2\end{pmatrix}\begin{pmatrix}\lambda & 1 & 1\\ 0 & \lambda & 1\\ 0 & 0 & \lambda\end{pmatrix}=\begin{pmatrix}\lambda^3 & 3\lambda^2 & 3\lambda^2+3\lambda\\ 0 & \lambda^3 & 3\lambda^2\\ 0 & 0 & \lambda^3\end{pmatrix}.$$

例 7　已知 $\boldsymbol{A}_1=\begin{pmatrix}1&0&0\\0&-2&0\\0&0&3\end{pmatrix}$，$\boldsymbol{A}_2=\begin{pmatrix}2&0&0\\0&3&0\\0&0&-5\end{pmatrix}$，求 $2\boldsymbol{A}_1-\boldsymbol{A}_2$，$\boldsymbol{A}_1\boldsymbol{A}_2$，$\boldsymbol{A}_1^3$.

解　$2\boldsymbol{A}_1-\boldsymbol{A}_2=\begin{pmatrix}2\times1-2&0&0\\0&2\times(-2)-3&0\\0&0&2\times3-(-5)\end{pmatrix}=\begin{pmatrix}0&0&0\\0&-7&0\\0&0&11\end{pmatrix}$，

$$\boldsymbol{A}_1\boldsymbol{A}_2=\begin{pmatrix}1&0&0\\0&-2&0\\0&0&3\end{pmatrix}\begin{pmatrix}2&0&0\\0&3&0\\0&0&-5\end{pmatrix}=\begin{pmatrix}1\times2&0&0\\0&-2\times3&0\\0&0&3\times(-5)\end{pmatrix}$$

$$=\begin{pmatrix}2&0&0\\0&-6&0\\0&0&-15\end{pmatrix},$$

$$\boldsymbol{A}_1^3=\begin{pmatrix}1&0&0\\0&-2&0\\0&0&3\end{pmatrix}\begin{pmatrix}1&0&0\\0&-2&0\\0&0&3\end{pmatrix}\begin{pmatrix}1&0&0\\0&-2&0\\0&0&3\end{pmatrix}=\begin{pmatrix}1^3&0&0\\0&(-2)^3&0\\0&0&3^3\end{pmatrix}$$

$$=\begin{pmatrix}1&0&0\\0&-8&0\\0&0&27\end{pmatrix}.$$

例 8　已知 $\boldsymbol{A}=\begin{pmatrix}1&1&0\\0&-1&2\end{pmatrix}$，$\boldsymbol{B}=\begin{pmatrix}4&-1\\0&2\\-3&2\end{pmatrix}$，求 $(\boldsymbol{AB})^{\mathrm{T}}$，$\boldsymbol{B}^{\mathrm{T}}\boldsymbol{A}^{\mathrm{T}}$.

解　$\boldsymbol{AB}=\begin{pmatrix}1&1&0\\0&-1&2\end{pmatrix}\begin{pmatrix}4&-1\\0&2\\-3&2\end{pmatrix}=\begin{pmatrix}4&1\\-6&2\end{pmatrix}$，

所以
$$(\boldsymbol{AB})^{\mathrm{T}}=\begin{pmatrix}4&-6\\1&2\end{pmatrix}.$$

又
$$\boldsymbol{B}^{\mathrm{T}}=\begin{pmatrix}4&0&-3\\-1&2&2\end{pmatrix},\boldsymbol{A}^{\mathrm{T}}=\begin{pmatrix}1&0\\1&-1\\0&2\end{pmatrix},$$

所以
$$\boldsymbol{B}^{\mathrm{T}}\boldsymbol{A}^{\mathrm{T}}=\begin{pmatrix}4&0&-3\\-1&2&2\end{pmatrix}\begin{pmatrix}1&0\\1&-1\\0&2\end{pmatrix}=\begin{pmatrix}4&-6\\1&2\end{pmatrix},$$

从而
$$(\boldsymbol{AB})^{\mathrm{T}}=\boldsymbol{B}^{\mathrm{T}}\boldsymbol{A}^{\mathrm{T}}.$$

知识应用

例 9 现有两种物资 A 与 B(单位:吨)要从三个产地 a_1,a_2,a_3 运往两个销售地 b_1,b_2 进行销售.其调运方案如下:

A	b_1	b_2	B	b_1	b_2
a_1	30	15	a_1	15	20
a_2	25	20	a_2	20	25
a_3	0	25	a_3	18	20

试问:从各产地运往各销售地的物资总量为多少?

解 这两种物资的调运方案可以表示成 $\boldsymbol{A}=\begin{pmatrix}30 & 15\\ 25 & 20\\ 0 & 25\end{pmatrix},\boldsymbol{B}=\begin{pmatrix}15 & 20\\ 20 & 25\\ 18 & 20\end{pmatrix}$.

设矩阵 $\boldsymbol{C}$ 为两种物资的总运量,那么矩阵 $\boldsymbol{C}$ 是 $\boldsymbol{A}$ 与 $\boldsymbol{B}$ 的和,即

$$\boldsymbol{C}=\boldsymbol{A}+\boldsymbol{B}=\begin{pmatrix}30 & 15\\ 25 & 20\\ 0 & 25\end{pmatrix}+\begin{pmatrix}15 & 20\\ 20 & 25\\ 18 & 20\end{pmatrix}=\begin{pmatrix}30+15 & 15+20\\ 25+20 & 20+25\\ 0+18 & 25+20\end{pmatrix}=\begin{pmatrix}45 & 35\\ 45 & 45\\ 18 & 45\end{pmatrix}.$$

知识拓展

1. 分块矩阵

定义 5.14 对于行数和列数较高的矩阵,在讨论和运算时,为了方便计算并且显示出矩阵的局部特征,可以根据需要用若干条横线和纵线把矩阵分成若干块,每一块称为矩阵的一个子块,以子块为元素的矩阵称为分块矩阵.

矩阵的分块是任意的,一个矩阵,根据需要,可以分成形式不同的分块矩阵.

例如,

$$\boldsymbol{A}=\left(\begin{array}{ccc|c|cc}1 & 2 & 3 & 0 & & 0\\ 3 & 4 & 5 & 0 & 0 & 0\\ 4 & 5 & 6 & 0 & 0 & 0\\ \hline 0 & 0 & 0 & 5 & 0 & 0\\ \hline 0 & 0 & 0 & 0 & 2 & 4\\ 0 & 0 & 0 & 0 & 6 & 8\end{array}\right),\text{适当分块后},\boldsymbol{A}=\begin{pmatrix}\boldsymbol{A}_{11} & \boldsymbol{O}_{31} & \boldsymbol{O}_{32}\\ \boldsymbol{O}_{13} & \boldsymbol{A}_{22} & \boldsymbol{O}_{12}\\ \boldsymbol{O}_{23} & \boldsymbol{O}_{21} & \boldsymbol{A}_{33}\end{pmatrix},$$

其中
$$\boldsymbol{A}_{11}=\begin{pmatrix}1 & 2 & 3\\ 3 & 4 & 5\\ 4 & 5 & 6\end{pmatrix},\boldsymbol{A}_{22}=(5),\boldsymbol{A}_{33}=\begin{pmatrix}2 & 4\\ 6 & 8\end{pmatrix}.$$

注意 在划分子块时横线、纵线必须贯穿整个矩阵.

定义 5.15 一个矩阵,若用某种分块法化为分块矩阵后,不在主对角线上的子块都是零子块,在主对角线上的子块都是方阵,则称这个分块矩阵为分块对角阵.

上例中的 $\boldsymbol{A}$ 在这样的划分下形成的就是一个分块对角阵.

矩阵分块的运算可以通过子矩阵的计算进行.

例 10 设矩阵

$$\boldsymbol{A}=\left(\begin{array}{c|cc|ccc}-2&0&0&0&0&0\\ \hline 0&1&2&0&0&0\\0&-1&1&0&0&0\\ \hline 0&0&0&1&2&1\\0&0&0&1&-1&3\\0&0&0&1&-1&2\end{array}\right),\boldsymbol{B}=\left(\begin{array}{c|cc|ccc}1&0&0&0&0&0\\ \hline 0&2&1&0&0&0\\0&2&2&0&0&0\\ \hline 0&0&0&-1&3&1\\0&0&0&2&1&0\\0&0&0&-1&1&-1\end{array}\right),$$

求 $\boldsymbol{AB}$.

解 上述划分后,$\boldsymbol{A}$ 与 $\boldsymbol{B}$ 成为同型的对角矩阵.

$$\boldsymbol{A}=\begin{pmatrix}\boldsymbol{A}_1&\boldsymbol{O}&\boldsymbol{O}\\\boldsymbol{O}&\boldsymbol{A}_2&\boldsymbol{O}\\\boldsymbol{O}&\boldsymbol{O}&\boldsymbol{A}_3\end{pmatrix},\ \boldsymbol{B}=\begin{pmatrix}\boldsymbol{B}_1&\boldsymbol{O}&\boldsymbol{O}\\\boldsymbol{O}&\boldsymbol{B}_2&\boldsymbol{O}\\\boldsymbol{O}&\boldsymbol{O}&\boldsymbol{B}_3\end{pmatrix},$$

则

$$\boldsymbol{AB}=\begin{pmatrix}\boldsymbol{A}_1\boldsymbol{B}_1&\boldsymbol{O}&\boldsymbol{O}\\\boldsymbol{O}&\boldsymbol{A}_2\boldsymbol{B}_2&\boldsymbol{O}\\\boldsymbol{O}&\boldsymbol{O}&\boldsymbol{A}_3\boldsymbol{B}_3\end{pmatrix}.$$

由于 $\boldsymbol{A}_1\boldsymbol{B}_1=(-2),\boldsymbol{A}_2\boldsymbol{B}_2=\begin{pmatrix}6&5\\0&1\end{pmatrix},\boldsymbol{A}_3\boldsymbol{B}_3=\begin{pmatrix}2&6&0\\-6&5&-2\\-5&4&-1\end{pmatrix}$,

所以

$$\boldsymbol{AB}=\begin{pmatrix}-2&0&0&0&0&0\\0&6&5&0&0&0\\0&0&1&0&0&0\\0&0&0&2&6&0\\0&0&0&-6&5&-2\\0&0&0&-5&4&-1\end{pmatrix}.$$

知识演练

6. 两个矩阵 $\boldsymbol{A},\boldsymbol{B}$ 既可相加又可相乘的充分必要条件是 ________.

7. 设 $\boldsymbol{A}$ 为 3×2 矩阵,$\boldsymbol{B}$ 为 2×3 矩阵,则下列运算中( )可以进行.

A. $\boldsymbol{AB}$　　B. $\boldsymbol{AB}^{\mathrm{T}}$　　C. $\boldsymbol{A}+\boldsymbol{B}$　　D. $\boldsymbol{BA}^{\mathrm{T}}$

8. 设矩阵 $\boldsymbol{A}=\begin{pmatrix}1 & 0 & 2\\1 & -2 & 0\end{pmatrix}$,$\boldsymbol{B}=\begin{pmatrix}2 & 1 & 2\\0 & 1 & 0\\0 & 0 & 2\end{pmatrix}$,$\boldsymbol{C}=\begin{pmatrix}-6 & 1\\2 & 2\\-4 & 2\end{pmatrix}$,计算 $\boldsymbol{BA}^{\mathrm{T}}+\boldsymbol{C}$.

9. 计算

(1) $(1\ \ 2\ \ 3)\begin{pmatrix}3\\2\\1\end{pmatrix}$;　　(2) $\begin{pmatrix}3\\2\\1\end{pmatrix}(1\ \ 2\ \ 3)$;

(3) $(-1\ \ 2\ \ 3)\begin{pmatrix}3\\1\\2\end{pmatrix}$;　　(4) $\begin{pmatrix}0 & 0 & 1\\1 & 0 & 0\\0 & 1 & 0\end{pmatrix}\begin{pmatrix}3 & -6 & 2\\1 & 5 & -1\\4 & 3 & 1\end{pmatrix}$;

(5) $\begin{pmatrix}1 & 2 & 3\\-1 & -1 & -3\\1 & 2 & 3\end{pmatrix}\begin{pmatrix}-1 & 2 & 3\\1 & 3 & 2\\1 & 4 & 1\end{pmatrix}-\begin{pmatrix}2 & 4 & 5\\6 & 1 & 0\\3 & -2 & 7\end{pmatrix}$;

(6) $(x_1\ \ x_2\ \ x_3)\begin{pmatrix}a_{11} & a_{12} & a_{13}\\a_{21} & a_{22} & a_{23}\\a_{31} & a_{32} & a_{33}\end{pmatrix}\begin{pmatrix}x_1\\x_2\\x_3\end{pmatrix}$.

5.4 矩阵的初等行变换

矩阵的初等行变换在线性代数的运算中用处很多.我们可以用它来求矩阵的秩、求可逆矩阵的逆矩阵、解矩阵方程、解线性方程组,还可以用来讨论向量组的线性相关性.

相关知识

1. 矩阵的初等行变换

◆ 矩阵的初等行变换

定义 5.16 矩阵的初等行变换是指对矩阵进行下列三种行变换:

①互换变换:互换行列式的任意两行(互换 i,j 两行,记作 $r_i\leftrightarrow r_j$);

②倍乘变换:以数 $k\neq0$ 遍乘某一行中的所有元素(以 $k\neq0$ 遍乘第 i 行,记作 kr_i);

③倍加变换:将某一行所有元素遍乘 $k(k\neq0)$后加到另一行对应的元素上去(第 j 行中各元素遍乘 $k(k\neq0)$后加到第 i 行对应元素上,记作 r_i+kr_j).

矩阵 $\boldsymbol{A}$ 经过有限次初等行变换化成矩阵 $\boldsymbol{B}$,一般记作 $\boldsymbol{A}\rightarrow\boldsymbol{B}$.

定义 5.17　矩阵 $\boldsymbol{A}$ 经过有限次初等行变换化成了矩阵 $\boldsymbol{B}$，称矩阵 $\boldsymbol{A}$ 与矩阵 $\boldsymbol{B}$ 等价，记作 $\boldsymbol{A}\sim\boldsymbol{B}$.

矩阵的等价关系有以下性质：

①反身性：$\boldsymbol{A}\sim\boldsymbol{A}$；

②对称性：若 $\boldsymbol{A}\sim\boldsymbol{B}$，则 $\boldsymbol{B}\sim\boldsymbol{A}$；

③传递性：若 $\boldsymbol{A}\sim\boldsymbol{B}$，$\boldsymbol{B}\sim\boldsymbol{C}$，则 $\boldsymbol{A}\sim\boldsymbol{C}$.

一般地，一个矩阵经过若干次初等行变换，所得到的矩阵与原矩阵不再相等，但它仍保持着原矩阵的一些重要特性. 例如，一个矩阵经过若干次初等行变换后，矩阵的奇异性是不变的. 所谓的奇异性是指，若方阵 $\boldsymbol{A}$，满足 $|\boldsymbol{A}|\neq 0$，则称 $\boldsymbol{A}$ 为非奇异的（或非退化的），否则称为奇异的（或退化的）.

◆ 初等矩阵

定义 5.18　由单位矩阵 $\boldsymbol{E}$ 经过一次初等行变换得到的矩阵统称为初等矩阵.

初等矩阵有以下三种：

①互换阵：互换单位矩阵 $\boldsymbol{E}$ 中第 i，j 两行，得到初等矩阵

$$\boldsymbol{E}(i,j)=\begin{pmatrix}1&&&&&&\\&\ddots&&&&&\\&&0&\cdots&1&&\\&&&\ddots&\vdots&&\\&&1&\cdots&0&&\\&&&&&\ddots&\\&&&&&&1\end{pmatrix}\begin{matrix}\\\\\leftarrow\ i\text{ 行}\\\\\leftarrow\ j\text{ 行}\\\\\\\end{matrix},$$

其中未写出的元素主对角线上是 1，其余均为 0.

②倍乘阵：以常数 $k\neq 0$ 乘单位矩阵 $\boldsymbol{E}$ 中第 i 行的所有元素，得初等矩阵

$$\boldsymbol{E}(i(k))=\begin{pmatrix}1&&&&\\&\ddots&&&\\&&k&&\\&&&\ddots&\\&&&&1\end{pmatrix}\begin{matrix}\\\\\leftarrow\ i\text{ 行}.\\\\\\\end{matrix}$$

③倍加阵：将单位矩阵 E 中第 j 行元素遍乘 $k(k\neq 0)$ 后加到第 i 行对应的元素上去，得到初等矩阵

$$E(i+j(k))=\begin{pmatrix}1 & & & & & & \\ & \ddots & & & & & \\ & & 1 & \cdots & k & & \\ & & & \ddots & \vdots & & \\ & & & & 1 & & \\ & & & & & \ddots & \\ & & & & & & 1\end{pmatrix}\begin{matrix} \\ \\ \leftarrow i\text{行} \\ \\ \leftarrow j\text{行} \\ \\ \\ \end{matrix}$$

◆ 初等行变换和初等矩阵的关系

经验证,对矩阵 $\boldsymbol{A}$ 施行一次初等行变换,相当于用相应的一个初等矩阵左乘矩阵 $\boldsymbol{A}$. 即:对 $\boldsymbol{A}$ 作 $r_i\leftrightarrow r_j$ 相当于 $\boldsymbol{E}(i,j)\boldsymbol{A}$;对 $\boldsymbol{A}$ 作 kr_i 相当于 $\boldsymbol{E}(i(k))\boldsymbol{A}$;对 $\boldsymbol{A}$ 作 r_i+kr_j 相当于 $\boldsymbol{E}(i+j(k))\boldsymbol{A}$. 这样我们就可以把矩阵的初等行变换转化为矩阵的乘法,这将给我们以后的研究带来方便.

2. 阶梯形矩阵

利用初等行变换将矩阵化为阶梯形矩阵,为后面求矩阵的秩、可逆矩阵的逆矩阵,以及解线性方程组提供了方法保证,那么阶梯形矩阵是如何定义的呢?

定义 5.19 若非零矩阵 $\boldsymbol{A}$ 满足:

①首个非零元(即非零行的第一个非零元素)的列标随着行标的递增而严格增大;

②如果有零行(元素全为零的行),则零行在矩阵的最下端.

则称矩阵 $\boldsymbol{A}$ 为阶梯形矩阵.

例如,$\boldsymbol{A}=\begin{pmatrix}1&2&0&5\\0&1&2&4\\0&0&3&4\\0&0&0&0\end{pmatrix}$是阶梯形矩阵,而$\begin{pmatrix}2&3&0&1\\0&0&2&4\\0&3&0&7\\0&0&0&0\end{pmatrix}$,$\begin{pmatrix}2&3&0&1\\0&1&2&4\\0&3&0&7\\0&0&0&0\end{pmatrix}$均不是阶梯形矩阵.

定义 5.20 对于阶梯形矩阵,若它满足:

①非零行的第一个非零元素为 1;

②各非零行的第一个非零元素所在的列中,其余元素均为零.

则称该矩阵为最简形矩阵.

任意矩阵经过若干次初等行变换都可化为阶梯形矩阵和最简形矩阵. 其一般步骤为:

①把 a_{11} 变为 1,然后将其下方的所有元素化为零,再把第二行的第一个非零元素变为 1,将其下方的所有元素化为零,一直做下去,直到化为各行第一个非零元素均为 1 的行阶梯形矩阵.

②把最后一个非零行的第一个非零元素上方的所有元素化为零,再将倒数第二个非零行的第一个非零元素上方的所有元素化为零,一直做下去,直到把第二行的第一个非零元素

上方的元素化为零，即可得最简形矩阵.

3. 矩阵的秩

定义 5.21　设 $\boldsymbol{A}$ 为 $m\times n$ 矩阵，在 $\boldsymbol{A}$ 中任取 k 行 k 列 $(k\leqslant\min\{m,n\})$，位于这些行、列交叉处的 k^2 个元素按原来的次序所组成的一个 k 阶行列式，称为矩阵 $\boldsymbol{A}$ 的一个 k 阶子式. 如果子式的值不为零，就叫做矩阵 $\boldsymbol{A}$ 的非零子式.

例如，$\boldsymbol{A}=\begin{pmatrix}1&2&1&0\\1&1&0&-4\\0&2&-3&1\end{pmatrix}$，取 $\boldsymbol{A}$ 中的第 1,2 两行，第 2,4 两列，可以得到 $\boldsymbol{A}$ 的一个 2 阶子式 $\begin{vmatrix}2&0\\1&-4\end{vmatrix}=-8$；取 $\boldsymbol{A}$ 中的第 1,2,3 三行，第 1,2,4 三列，可以得到 $\boldsymbol{A}$ 的一个 3 阶子式 $\begin{vmatrix}1&2&0\\1&1&-4\\0&2&1\end{vmatrix}=7$，这两个子式都是非零子式.

定义 5.22　设矩阵 $\boldsymbol{A}$ 为 $m\times n$ 矩阵，在 $\boldsymbol{A}$ 中有某个 r 阶子式 $\boldsymbol{D}$ 为非零子式，而所有 $r+1$ 阶子式(如果存在的话)全为零，则把 $\boldsymbol{D}$ 叫做矩阵 $\boldsymbol{A}$ 的最高阶非零子式，数 r 叫做矩阵 $\boldsymbol{A}$ 的秩，记作 $r(\boldsymbol{A})$.

我们规定，零矩阵的秩等于零.

由于 $r(\boldsymbol{A})$ 是 $\boldsymbol{A}$ 的最高阶非零子式的阶数，因此，显然有 $0\leqslant r(\boldsymbol{A})\leqslant\min\{m,n\}$.

定义 5.23　当 $r(\boldsymbol{A})=\min\{m,n\}$ 时，称矩阵 $\boldsymbol{A}$ 为满秩矩阵.

利用定义求矩阵的秩需检查多个子式的值，十分不便. 因而我们给出下面几个定理，引入求矩阵的秩的比较简便的方法.

定理 5.2　矩阵经过初等行变换后，其秩不变.

定理 5.3　阶梯形矩阵的秩等于其非零行的行数.

由上述定理，我们可得求矩阵的秩的一般方法：

对于矩阵 $\boldsymbol{A}$，经过初等行变换将其化为阶梯形矩阵，则阶梯形矩阵的非零行行数即为矩阵 $\boldsymbol{A}$ 的秩.

例题精选

例 1　将矩阵 $\boldsymbol{A}=\begin{pmatrix}2&-5&3&2&1\\5&-8&5&4&3\\1&-7&4&2&0\\4&-1&1&2&3\end{pmatrix}$ 化为阶梯形矩阵.

解 $A \xrightarrow{r_1 \leftrightarrow r_3} \begin{pmatrix} 1 & -7 & 4 & 2 & 0 \\ 5 & -8 & 5 & 4 & 3 \\ 2 & -5 & 3 & 2 & 1 \\ 4 & -1 & 1 & 2 & 3 \end{pmatrix} \xrightarrow[r_4+r_1\times(-4)]{\substack{r_2+r_1\times(-5)\\ r_3+r_1\times(-2)}} \begin{pmatrix} 1 & -7 & 4 & 2 & 0 \\ 0 & 27 & -15 & -6 & 3 \\ 0 & 9 & -5 & -2 & 1 \\ 0 & 27 & -15 & -6 & 3 \end{pmatrix}$

$\xrightarrow{\substack{r_2\times\frac{1}{3}\\ r_4\times\frac{1}{3}}} \begin{pmatrix} 1 & -7 & 4 & 2 & 0 \\ 0 & 9 & -5 & -2 & 1 \\ 0 & 9 & -5 & -2 & 1 \\ 0 & 9 & -5 & -2 & 1 \end{pmatrix} \xrightarrow{\substack{r_3+r_2\times(-1)\\ r_4+r_2\times(-1)}} \begin{pmatrix} 1 & -7 & 4 & 2 & 0 \\ 0 & 9 & -5 & -2 & 1 \\ 0 & 0 & 0 & 0 & 0 \\ 0 & 0 & 0 & 0 & 0 \end{pmatrix}.$

例 2 将例 1 中的矩阵 $A=\begin{pmatrix} 2 & -5 & 3 & 2 & 1 \\ 5 & -8 & 5 & 4 & 3 \\ 1 & -7 & 4 & 2 & 0 \\ 4 & -1 & 1 & 2 & 3 \end{pmatrix}$化为行最简形矩阵.

解 $A\rightarrow \begin{pmatrix} 1 & -7 & 4 & 2 & 0 \\ 0 & 9 & -5 & -2 & 1 \\ 0 & 0 & 0 & 0 & 0 \\ 0 & 0 & 0 & 0 & 0 \end{pmatrix} \xrightarrow{r_2\times\frac{1}{9}} \begin{pmatrix} 1 & -7 & 4 & 2 & 0 \\ 0 & 1 & -\frac{5}{9} & -\frac{2}{9} & \frac{1}{9} \\ 0 & 0 & 0 & 0 & 0 \\ 0 & 0 & 0 & 0 & 0 \end{pmatrix}$

$\xrightarrow{r_1+r_2\times 7} \begin{pmatrix} 1 & 0 & \frac{1}{9} & \frac{4}{9} & \frac{7}{9} \\ 0 & 1 & -\frac{5}{9} & -\frac{2}{9} & \frac{1}{9} \\ 0 & 0 & 0 & 0 & 0 \\ 0 & 0 & 0 & 0 & 0 \end{pmatrix}.$

例 3 将矩阵 $A=\begin{pmatrix} 1 & -1 & 3 & -4 & 3 \\ 3 & -3 & 5 & -4 & 1 \\ 2 & -2 & 3 & -2 & 0 \\ 3 & -3 & 4 & -2 & -1 \end{pmatrix}$化为行最简形矩阵.

解 $A \xrightarrow{\substack{r_2+r_1\times(-3)\\ r_3+r_1\times(-2)\\ r_4+r_1\times(-3)}} \begin{pmatrix} 1 & -1 & 3 & -4 & 3 \\ 0 & 0 & -4 & 8 & -8 \\ 0 & 0 & -3 & 6 & -6 \\ 0 & 0 & -5 & 10 & -10 \end{pmatrix}$

$$\xrightarrow{r_2\times\left(-\frac{1}{4}\right)}\begin{pmatrix}1&-1&3&-4&3\\0&0&1&-2&2\\0&0&-3&6&-6\\0&0&-5&10&-10\end{pmatrix}$$

$$\xrightarrow[r_4+r_2\times 5]{r_3+r_2\times 3}\begin{pmatrix}1&-1&3&-4&3\\0&0&1&-2&2\\0&0&0&0&0\\0&0&0&0&0\end{pmatrix}\xrightarrow{r_1+r_2\times(-3)}\begin{pmatrix}1&-1&0&2&-3\\0&0&1&-2&2\\0&0&0&0&0\\0&0&0&0&0\end{pmatrix}.$$

例 4　设 $\boldsymbol{A}=\begin{pmatrix}3&-1&5&0&2\\0&0&2&1&-3\\0&0&0&0&0\end{pmatrix}$，求 $r(\boldsymbol{A})$.

解法一　首先，矩阵 $\boldsymbol{A}$ 不是零矩阵，所以显然有一阶子式不等于零，注意到矩阵是一个行阶梯形矩阵，取 $\boldsymbol{A}$ 的第 1，2 行，第 1，3 列，可得二阶子式 $\begin{vmatrix}3&5\\0&2\end{vmatrix}=6\neq 0$，而 $\boldsymbol{A}$ 的所有 3 阶子式都等于零，所以由定义，$r(\boldsymbol{A})=2$.

解法二　直接由定理 5.3，得 $r(\boldsymbol{A})=2$.

例 5　设矩阵 $\boldsymbol{A}=\begin{pmatrix}1&-2&-1&-2\\2&-3&1&-5\\1&-1&2&-3\\4&-2&7&-7\end{pmatrix}$，求 $r(\boldsymbol{A})$.

解　因为 $\boldsymbol{A}=\begin{pmatrix}1&-2&-1&-2\\2&-3&1&-5\\1&-1&2&-3\\4&-2&7&-7\end{pmatrix}\xrightarrow[\substack{r_3+r_1\times(-1)\\ r_4+r_1\times(-4)}]{r_2+r_1\times(-2)}\begin{pmatrix}1&-2&-1&-2\\0&1&3&-1\\0&1&3&-1\\0&6&11&1\end{pmatrix}$

$$\xrightarrow[r_4+r_2\times(-6)]{r_3+r_2\times(-1)}\begin{pmatrix}1&-2&-1&-2\\0&1&3&-1\\0&0&0&0\\0&0&-7&7\end{pmatrix}\xrightarrow{r_3\leftrightarrow r_4}\begin{pmatrix}1&-2&-1&-2\\0&1&3&-1\\0&0&-7&7\\0&0&0&0\end{pmatrix},$$

所以，$r(\boldsymbol{A})=3$.

知识演练

10. 求下列矩阵的秩:

(1) $\boldsymbol{A}=\begin{pmatrix}1 & 3 & -1 & 2\\ 2 & -1 & 3 & 5\\ 1 & 10 & -6 & 1\end{pmatrix}$; (2) $\boldsymbol{A}=\begin{pmatrix}1 & 1 & 2 & 2 & 3\\ 2 & 2 & 3 & 1 & 4\\ 1 & 0 & 1 & 1 & 5\\ 2 & 3 & 5 & 5 & 4\end{pmatrix}$;

(3) $\boldsymbol{A}=\begin{pmatrix}-2 & 1 & 3 & 1\\ 1 & -3 & 0 & -1\\ 0 & 2 & 2 & 2\\ 3 & 4 & -1 & 3\end{pmatrix}$; (4) $\boldsymbol{A}=\begin{pmatrix}2 & -5 & 3 & 2 & 1\\ 5 & -8 & 5 & 4 & 3\\ 1 & -7 & 4 & 2 & 0\\ 4 & -1 & 1 & 2 & 3\end{pmatrix}$.

11. 设矩阵 $\boldsymbol{A}=\begin{pmatrix}1 & 2 & 4\\ 2 & \lambda & 1\\ 1 & 1 & 0\end{pmatrix}$,确定 λ 的值,使 $r(\boldsymbol{A})$ 最小.

5.5 逆矩阵

案例导出

我们知道,在实数的乘法运算中,如果一个数 $a\neq 0$,一定存在唯一一个数 b,使得 $ab=ba=1$,称 b 为 a 的倒数,记为 $b=\dfrac{1}{a}=a^{-1}$. 把这种思想延拓到矩阵中,并注意到在矩阵中,单位矩阵 $\boldsymbol{E}$ 相当于数 1,则对于矩阵 $\boldsymbol{A}$,能否找到矩阵 $\boldsymbol{B}$,使 $\boldsymbol{AB}=\boldsymbol{BA}=\boldsymbol{E}$ 成立呢? 若能找到,如何找? 为什么?

相关知识

1. 方阵的行列式

定义 5.24 n 阶方阵 $\boldsymbol{A}=\begin{pmatrix}a_{11} & a_{12} & \cdots & a_{1n}\\ a_{21} & a_{22} & \cdots & a_{2n}\\ \vdots & \vdots & & \vdots\\ a_{n1} & a_{n2} & \cdots & a_{nn}\end{pmatrix}$ 的元素按原来的相应位置不变所构成的

行列式 $\begin{vmatrix} a_{11} & a_{12} & \cdots & a_{1n} \\ a_{21} & a_{22} & \cdots & a_{2n} \\ \vdots & \vdots & & \vdots \\ a_{n1} & a_{n2} & \cdots & a_{nn} \end{vmatrix}$ 称为方阵 $\boldsymbol{A}$ 的行列式，记作 $|\boldsymbol{A}|$ 或 $\det\boldsymbol{A}$.

方阵的行列式满足以下运算规律：

① $|\boldsymbol{A}^{\mathrm{T}}|=|\boldsymbol{A}|$；

② $|\lambda\boldsymbol{A}|=\lambda^n|\boldsymbol{A}|$（其中 $\boldsymbol{A}$ 为 n 阶方阵）；

③ $|\boldsymbol{AB}|=|\boldsymbol{A}|\cdot|\boldsymbol{B}|$（其中 $\boldsymbol{A}$ 与 $\boldsymbol{B}$ 均为 n 阶方阵）.

例如，若 $\boldsymbol{A}=\begin{pmatrix} 1 & 2 & -1 \\ 3 & 0 & 1 \\ 2 & 1 & -1 \end{pmatrix}$，$\boldsymbol{B}=\begin{pmatrix} -1 & 0 & 1 \\ 1 & 2 & 1 \\ 2 & 1 & 2 \end{pmatrix}$，

则 $|\lambda\boldsymbol{A}|=\left|\lambda\begin{pmatrix} 1 & 2 & -1 \\ 3 & 0 & 1 \\ 2 & 1 & -1 \end{pmatrix}\right|=\begin{vmatrix} \lambda & 2\lambda & -\lambda \\ 3\lambda & 0\lambda & \lambda \\ 2\lambda & \lambda & -\lambda \end{vmatrix}=\lambda^3|\boldsymbol{A}|$；

$$|\boldsymbol{AB}|=\left|\begin{pmatrix} 1 & 2 & -1 \\ 3 & 0 & 1 \\ 2 & 1 & -1 \end{pmatrix}\begin{pmatrix} -1 & 0 & 1 \\ 1 & 2 & 1 \\ 2 & 1 & 2 \end{pmatrix}\right|=\begin{vmatrix} -1 & 3 & 1 \\ -1 & 1 & 5 \\ -3 & 1 & 1 \end{vmatrix}=-36,$$

$|\boldsymbol{A}||\boldsymbol{B}|=6\times(-6)=-36$，所以 $|\boldsymbol{AB}|=|\boldsymbol{A}||\boldsymbol{B}|$.

2. 逆矩阵的定义

定义 5.25　对于 n 阶方阵 $\boldsymbol{A}$，如果存在一个 n 阶方阵 $\boldsymbol{B}$，使 $\boldsymbol{AB}=\boldsymbol{BA}=\boldsymbol{E}$ 成立，则称方阵 $\boldsymbol{A}$ 是可逆的，并把方阵 $\boldsymbol{B}$ 称为方阵 $\boldsymbol{A}$ 的逆矩阵，记为 $\boldsymbol{A}^{-1}$，即有 $\boldsymbol{AA}^{-1}=\boldsymbol{A}^{-1}\boldsymbol{A}=\boldsymbol{E}$.

显然，此时 $\boldsymbol{A}$ 也是 $\boldsymbol{B}$ 的逆矩阵，也就是说方阵 $\boldsymbol{A}$ 和 $\boldsymbol{B}$ 互为逆矩阵.

注意　满足条件的矩阵 $\boldsymbol{A}$ 和 $\boldsymbol{B}$ 必须是方阵，而且是可交换的.

单位矩阵的逆矩阵就是它本身，因为 $\boldsymbol{EE}=\boldsymbol{E}$.

零矩阵必不可逆，因为对任一方阵 $\boldsymbol{A}$，都有 $\boldsymbol{AO}=\boldsymbol{OA}=\boldsymbol{O}$.

性质 5.6　若方阵 $\boldsymbol{A}$ 是可逆的，则方阵 $\boldsymbol{A}$ 是非奇异的，即 $|\boldsymbol{A}|\neq0$. 反之，若方阵 $\boldsymbol{A}$ 是非奇异的，即 $|\boldsymbol{A}|\neq0$，则方阵 $\boldsymbol{A}$ 必可逆. 这也给出了判定矩阵是否可逆的一种方法.

3. 逆矩阵的求法

用初等行变换求逆矩阵的方法是：作一个 $n\times2n$ 的矩阵 $(\boldsymbol{A}\vdots\boldsymbol{E})$，对此矩阵施以初等行变换，当左边的矩阵 $\boldsymbol{A}$ 变成单位矩阵 $\boldsymbol{E}$ 时，右边的矩阵 $\boldsymbol{E}$ 就变成 $\boldsymbol{A}$ 的逆矩阵 $\boldsymbol{A}^{-1}$，即 $(\boldsymbol{A}\vdots\boldsymbol{E})\rightarrow(\boldsymbol{E}\vdots\boldsymbol{A}^{-1})$.

例题精选

例 1 用初等行变换法求方阵 $\boldsymbol{A}=\begin{pmatrix}0&2&-1\\1&1&2\\-1&-1&-1\end{pmatrix}$ 的逆矩阵.

解 $\left(\begin{array}{ccc:ccc}0&2&-1&1&0&0\\1&1&2&0&1&0\\-1&-1&-1&0&0&1\end{array}\right)\xrightarrow{r_1\leftrightarrow r_2}\left(\begin{array}{ccc:ccc}1&1&2&0&1&0\\0&2&-1&1&0&0\\-1&-1&-1&0&0&1\end{array}\right)\xrightarrow{r_3+r_1}$

$\left(\begin{array}{ccc:ccc}1&1&2&0&1&0\\0&2&-1&1&0&0\\0&0&1&0&1&1\end{array}\right)\xrightarrow[r_1+r_3\times(-2)]{r_2+r_3}\left(\begin{array}{ccc:ccc}1&1&0&0&-1&-2\\0&2&0&1&1&1\\0&0&1&0&1&1\end{array}\right)\xrightarrow{r_2\times\frac{1}{2}}$

$\left(\begin{array}{ccc:ccc}1&1&0&0&-1&-2\\0&1&0&\frac{1}{2}&\frac{1}{2}&\frac{1}{2}\\0&0&1&0&1&1\end{array}\right)\xrightarrow{r_1+r_2\times(-1)}\left(\begin{array}{ccc:ccc}1&0&0&-\frac{1}{2}&-\frac{3}{2}&-\frac{5}{2}\\0&1&0&\frac{1}{2}&\frac{1}{2}&\frac{1}{2}\\0&0&1&0&1&1\end{array}\right)$,

所以 $\boldsymbol{A}^{-1}=-\frac{1}{2}\begin{pmatrix}1&3&5\\-1&-1&-1\\0&-2&-2\end{pmatrix}$. 可以验证:$\boldsymbol{AA}^{-1}=\boldsymbol{E}$.

知识拓展

1. 伴随矩阵法求逆矩阵

定义 5.26 n 阶方阵 $\boldsymbol{A}$ 的行列式 $|\boldsymbol{A}|$ 的各个元素的代数余子式 A_{ij} 所构成的如下矩阵:

$$\begin{pmatrix}A_{11}&A_{21}&\cdots&A_{n1}\\A_{12}&A_{22}&\cdots&A_{n2}\\\vdots&\vdots&\vdots&\vdots\\A_{1n}&A_{2n}&\cdots&A_{nn}\end{pmatrix}$$

称为矩阵 $\boldsymbol{A}$ 的伴随矩阵,记为 $\boldsymbol{A}^*$.

注意 伴随矩阵 $\boldsymbol{A}^*$ 的各列为 $|\boldsymbol{A}|$ 中各对应行元素的代数余子式,而不是对应列元素的代数余子式.

定理 5.4 若方阵 $\boldsymbol{A}$ 可逆,则其逆矩阵为 $\boldsymbol{A}^{-1}=\frac{1}{|\boldsymbol{A}|}\boldsymbol{A}^*$,其中 $\boldsymbol{A}^*$ 为矩阵 $\boldsymbol{A}$ 的伴随矩阵.

证 $\boldsymbol{A}\cdot\frac{1}{|\boldsymbol{A}|}\boldsymbol{A}^*=$

$$\frac{1}{|\boldsymbol{A}|}\begin{pmatrix} a_{11} & a_{12} & \cdots & a_{1n} \\ a_{21} & a_{22} & \cdots & a_{2n} \\ \vdots & \vdots & & \vdots \\ a_{m1} & a_{m2} & \cdots & a_{mn} \end{pmatrix}\begin{pmatrix} A_{11} & A_{21} & \cdots & A_{n1} \\ A_{12} & A_{22} & \cdots & A_{n2} \\ \vdots & \vdots & & \vdots \\ A_{1n} & A_{2n} & \cdots & A_{mn} \end{pmatrix}=\frac{1}{|\boldsymbol{A}|}\begin{pmatrix} |\boldsymbol{A}| & 0 & \cdots & 0 \\ 0 & |\boldsymbol{A}| & \cdots & 0 \\ \vdots & \vdots & & \vdots \\ 0 & 0 & \cdots & |\boldsymbol{A}| \end{pmatrix}=\boldsymbol{E}.$$

同理，$\frac{1}{|\boldsymbol{A}|}\boldsymbol{A}^* \cdot \boldsymbol{A}=\boldsymbol{E}$，所以 $\boldsymbol{A}$ 是可逆的，且其逆矩阵为 $\boldsymbol{A}^{-1}=\frac{1}{|\boldsymbol{A}|}\boldsymbol{A}^*$.

由证明过程可知：$\boldsymbol{A}^*\boldsymbol{A}=\boldsymbol{A}\boldsymbol{A}^*=|\boldsymbol{A}|\boldsymbol{E}$，这一结果今后常常用到.

定理 5.4 给出了通过构造伴随矩阵再乘以行列式值的倒数来求逆矩阵的方法，这种方法称为伴随矩阵法.

利用伴随矩阵求逆矩阵时要注意：

①求了伴随矩阵后不要忘记除以 $\boldsymbol{A}$ 的行列式；

②伴随矩阵中的元素是代数余子式，注意正负号.

例 2　试判断方阵 $\boldsymbol{A}=\begin{pmatrix} 0 & 2 & -1 \\ 1 & 1 & 2 \\ -1 & -1 & -1 \end{pmatrix}$ 是否可逆，如果可逆，求出 $\boldsymbol{A}^{-1}$.

解　因为 $|\boldsymbol{A}|=\begin{vmatrix} 0 & 2 & -1 \\ 1 & 1 & 2 \\ -1 & -1 & -1 \end{vmatrix}=-2\neq 0$，所以 $\boldsymbol{A}$ 是可逆的.

$$A_{11}=\begin{vmatrix} 1 & 2 \\ -1 & -1 \end{vmatrix}=1,\ A_{21}=-\begin{vmatrix} 2 & -1 \\ -1 & -1 \end{vmatrix}=3,\ A_{31}=\begin{vmatrix} 2 & -1 \\ 1 & 2 \end{vmatrix}=5,$$

$$A_{12}=-\begin{vmatrix} 1 & 2 \\ -1 & -1 \end{vmatrix}=-1, A_{22}=\begin{vmatrix} 0 & -1 \\ -1 & -1 \end{vmatrix}=-1,\ A_{32}=-\begin{vmatrix} 0 & -1 \\ 1 & 2 \end{vmatrix}=-1,$$

$$A_{13}=\begin{vmatrix} 1 & 1 \\ -1 & -1 \end{vmatrix}=0,\ A_{23}=-\begin{vmatrix} 0 & 2 \\ -1 & -1 \end{vmatrix}=-2, A_{33}=\begin{vmatrix} 0 & 2 \\ 1 & 1 \end{vmatrix}=-2,$$

所以，$\boldsymbol{A}^*=\begin{pmatrix} 1 & 3 & 5 \\ -1 & -1 & -1 \\ 0 & -2 & -2 \end{pmatrix}$，$\boldsymbol{A}^{-1}=\frac{1}{|\boldsymbol{A}|}\boldsymbol{A}^*=-\frac{1}{2}\begin{pmatrix} 1 & 3 & 5 \\ -1 & -1 & -1 \\ 0 & -2 & -2 \end{pmatrix}$.

利用伴随矩阵求逆矩阵，由于计算伴随矩阵的工作量较大，故一般只适用于一些特殊的或阶数较低的矩阵的求逆.

2. 解矩阵方程

一般地，当 $\boldsymbol{A}$ 可逆时，解矩阵方程 $\boldsymbol{AX}=\boldsymbol{B}$，只要在方程两边同时左乘 $\boldsymbol{A}^{-1}$，即可解得 $\boldsymbol{X}=\boldsymbol{A}^{-1}\boldsymbol{B}$；而解矩阵方程 $\boldsymbol{XA}=\boldsymbol{B}$，只要在方程两边同时右乘 $\boldsymbol{A}^{-1}$，即可解得 $\boldsymbol{X}=\boldsymbol{BA}^{-1}$.

例 3　解矩阵方程 $\begin{pmatrix} 1 & 3 \\ 2 & 4 \end{pmatrix}\boldsymbol{X}=\begin{pmatrix} 1 & 0 & 1 \\ 4 & 3 & 1 \end{pmatrix}$.

分析 考虑实数方程 $ax=b$ 的求解过程，当 $a\neq0$ 时，两边乘以 a^{-1}，可得 $x=a^{-1}b=\dfrac{b}{a}$，类似地，当 $\begin{pmatrix}1&3\\2&4\end{pmatrix}$ 可逆时，在矩阵方程两边左乘 $\begin{pmatrix}1&3\\2&4\end{pmatrix}^{-1}$.

解 因为 $\begin{vmatrix}1&3\\2&4\end{vmatrix}=-2\neq0$，所以 $\begin{pmatrix}1&3\\2&4\end{pmatrix}$ 可逆.

$$\begin{pmatrix}1&3\\2&4\end{pmatrix}^{-1}\begin{pmatrix}1&3\\2&4\end{pmatrix}\boldsymbol{X}=\begin{pmatrix}1&3\\2&4\end{pmatrix}^{-1}\begin{pmatrix}1&0&1\\4&3&1\end{pmatrix},$$

所以，$\boldsymbol{X}=-\dfrac{1}{2}\begin{pmatrix}4&-3\\-2&1\end{pmatrix}\begin{pmatrix}1&0&1\\4&3&1\end{pmatrix}=\dfrac{1}{2}\begin{pmatrix}8&9&-1\\-2&-3&1\end{pmatrix}$.

例 4 解方程 $\begin{pmatrix}0&1&0\\1&0&0\\0&0&1\end{pmatrix}\boldsymbol{X}\begin{pmatrix}1&0&0\\0&0&1\\0&1&0\end{pmatrix}=\begin{pmatrix}1&-4&3\\2&0&-1\\1&-2&0\end{pmatrix}$.

解 $\begin{pmatrix}0&1&0\\1&0&0\\0&0&1\end{pmatrix}$ 和 $\begin{pmatrix}1&0&0\\0&0&1\\0&1&0\end{pmatrix}$ 是初等互换阵，均可逆，且逆矩阵为其本身.

$$\boldsymbol{X}=\begin{pmatrix}0&1&0\\1&0&0\\0&0&1\end{pmatrix}^{-1}\begin{pmatrix}1&-4&3\\2&0&-1\\1&-2&0\end{pmatrix}\begin{pmatrix}1&0&0\\0&0&1\\0&1&0\end{pmatrix}^{-1}=\begin{pmatrix}0&1&0\\1&0&0\\0&0&1\end{pmatrix}\begin{pmatrix}1&-4&3\\2&0&-1\\1&-2&0\end{pmatrix}\begin{pmatrix}1&0&0\\0&0&1\\0&1&0\end{pmatrix}$$

$$=\begin{pmatrix}2&0&-1\\1&-4&3\\1&-2&0\end{pmatrix}\begin{pmatrix}1&0&0\\0&0&1\\0&1&0\end{pmatrix}=\begin{pmatrix}2&-1&0\\1&3&-4\\1&0&-2\end{pmatrix}.$$

例 5 已知矩阵 $\boldsymbol{X}$ 满足关系式 $\boldsymbol{AX}+\boldsymbol{E}=\boldsymbol{A}^2+\boldsymbol{X}$，其中 $\boldsymbol{A}=\begin{pmatrix}1&0&1\\0&2&0\\1&0&1\end{pmatrix}$，求矩阵 $\boldsymbol{X}$.

解 这是一个矩阵方程，先将它变形，由 $\boldsymbol{AX}+\boldsymbol{E}=\boldsymbol{A}^2+\boldsymbol{X}$，可得 $(\boldsymbol{A}-\boldsymbol{E})\boldsymbol{X}=\boldsymbol{A}^2-\boldsymbol{E}=(\boldsymbol{A}-\boldsymbol{E})(\boldsymbol{A}+\boldsymbol{E})$.

因为 $\boldsymbol{A}-\boldsymbol{E}=\begin{pmatrix}0&0&1\\0&1&0\\1&0&0\end{pmatrix}$ 为可逆矩阵，

所以，$\boldsymbol{X}=(\boldsymbol{A}-\boldsymbol{E})^{-1}(\boldsymbol{A}-\boldsymbol{E})(\boldsymbol{A}+\boldsymbol{E})=\boldsymbol{A}+\boldsymbol{E}=\begin{pmatrix}2&0&1\\0&3&0\\1&0&2\end{pmatrix}$.

3. 分块对角矩阵的逆矩阵求法

如果分块对角矩阵 $\boldsymbol{A}=\begin{pmatrix}\boldsymbol{A}_{11} & & & \\ & \boldsymbol{A}_{22} & & \\ & & \ddots & \\ & & & \boldsymbol{A}_{ll}\end{pmatrix}$ 中 $\boldsymbol{A}_{ii}(i=1,2,\cdots,l)$ 均为可逆方阵，那么 $\boldsymbol{A}$ 的逆矩阵为 $\boldsymbol{A}^{-1}=\begin{pmatrix}\boldsymbol{A}_{11}^{-1} & & & \\ & \boldsymbol{A}_{22}^{-1} & & \\ & & \ddots & \\ & & & \boldsymbol{A}_{ll}^{-1}\end{pmatrix}$.

例 6　设 $\boldsymbol{A}=\begin{pmatrix}1 & 3 & 0 & 0 & 0 & 0 & 0\\ -1 & 2 & 0 & 0 & 0 & 0 & 0\\ 0 & 0 & 1 & 0 & 0 & 0 & 0\\ 0 & 0 & 0 & 1 & 0 & 0 & 0\\ 0 & 0 & 0 & 0 & 1 & 0 & 0\\ 0 & 0 & 0 & 0 & 0 & 2 & 5\\ 0 & 0 & 0 & 0 & 0 & 1 & 3\end{pmatrix}$，求 $\boldsymbol{A}^{-1}$.

解　作分块矩阵 $\boldsymbol{A}=\begin{pmatrix}\boldsymbol{A}_{11} & \boldsymbol{O} & \boldsymbol{O}\\ \boldsymbol{O} & \boldsymbol{E} & \boldsymbol{O}\\ \boldsymbol{O} & \boldsymbol{O} & \boldsymbol{A}_{33}\end{pmatrix}$，

其中 $\boldsymbol{A}_{11}=\begin{pmatrix}1 & 3\\ -1 & 2\end{pmatrix}$，$\boldsymbol{E}=\begin{pmatrix}1 & 0 & 0\\ 0 & 1 & 0\\ 0 & 0 & 1\end{pmatrix}$，$\boldsymbol{A}_{33}=\begin{pmatrix}2 & 5\\ 1 & 3\end{pmatrix}$.

$|\boldsymbol{A}_{11}|=5$，$|\boldsymbol{A}_{33}|=1$，于是 $\boldsymbol{A}_{11}^{-1}=\dfrac{1}{5}\begin{pmatrix}2 & -3\\ 1 & 1\end{pmatrix}$，$\boldsymbol{A}_{33}^{-1}=\begin{pmatrix}3 & -5\\ -1 & 2\end{pmatrix}$，

所以　$\boldsymbol{A}^{-1}=\begin{pmatrix}\frac{2}{5} & -\frac{3}{5} & 0 & 0 & 0 & 0 & 0\\ \frac{1}{5} & \frac{1}{5} & 0 & 0 & 0 & 0 & 0\\ 0 & 0 & 1 & 0 & 0 & 0 & 0\\ 0 & 0 & 0 & 1 & 0 & 0 & 0\\ 0 & 0 & 0 & 0 & 1 & 0 & 0\\ 0 & 0 & 0 & 0 & 0 & 3 & -5\\ 0 & 0 & 0 & 0 & 0 & -1 & 2\end{pmatrix}$.

知识演练

12. 已知 $\boldsymbol{A}=\begin{pmatrix}1 & 2\\-3 & 0\end{pmatrix}$,求 $\boldsymbol{A}^{-1}$.

13. 已知 $\boldsymbol{A}=\begin{pmatrix}1 & 0 & -1\\-3 & 1 & 4\\1 & 0 & 0\end{pmatrix}$,求 $\boldsymbol{A}^{-1}$.

14. 已知 $\boldsymbol{A}=\begin{pmatrix}-13 & -6 & -3\\-4 & -2 & -1\\2 & 1 & 1\end{pmatrix}$,求 $\boldsymbol{A}^{-1}$.

15. 已知 $\boldsymbol{A}^{-1}=\begin{pmatrix}2 & 5 & 3\\1 & 4 & 0\\-1 & -3 & -2\end{pmatrix}$,求 $\boldsymbol{A}$.

16. 设矩阵 $\boldsymbol{A}=\begin{pmatrix}1 & 2\\3 & 5\end{pmatrix}$,$\boldsymbol{B}=\begin{pmatrix}1 & 2\\2 & 3\end{pmatrix}$,求解矩阵方程 $\boldsymbol{XA}=\boldsymbol{B}$.

17. 设矩阵 $\boldsymbol{A}=\begin{pmatrix}0 & 1 & 2\\1 & 1 & 4\\2 & -1 & 0\end{pmatrix}$,$\boldsymbol{B}=\begin{pmatrix}2 & 1 & 3\\-3 & 5 & 6\end{pmatrix}$,求解矩阵方程 $\boldsymbol{AX}=\boldsymbol{B}^{\mathrm{T}}$.

第五章复习题

一、填空题

1. 行列式 $\boldsymbol{D}=\begin{vmatrix}1 & 1 & 1\\-1 & 1 & 1\\-1 & -1 & 1\end{vmatrix}=$________.

2. 行列式 $\boldsymbol{D}=\begin{vmatrix}0 & 1 & 0 & 0\\0 & 0 & 2 & 0\\0 & 0 & 0 & 3\\1 & 2 & 3 & 4\end{vmatrix}=$________.

3. $\begin{vmatrix}-a_{11} & -a_{12} & -a_{13}\\3a_{21} & 3a_{22} & 3a_{23}\\-6a_{31} & -6a_{32} & -6a_{33}\end{vmatrix}=$________$\begin{vmatrix}a_{11} & a_{12} & a_{13}\\a_{21} & a_{22} & a_{23}\\a_{31} & a_{32} & a_{33}\end{vmatrix}$.

4. 当 a ________时，矩阵 $\boldsymbol{A}=\begin{pmatrix}1 & 3\\ -1 & a\end{pmatrix}$可逆.

5. 设 $\boldsymbol{A}=\begin{pmatrix}1 & 3\\ -1 & -2\end{pmatrix}$，则 $\boldsymbol{E}-2\boldsymbol{A}=$ ________ .

6. 设 $\boldsymbol{A}=\begin{pmatrix}1 & 0 & 0\\ 0 & 3 & 0\\ 0 & 0 & -1\end{pmatrix}$，则 $\boldsymbol{A}^{-1}=$ ________ .

7. 当 a ________时，矩阵 $\boldsymbol{A}=\begin{pmatrix}1 & 2 & 3 & 4\\ 1 & 1 & 5 & 4\\ 0 & 2 & -4 & a\end{pmatrix}$的秩最小.

二、计算题

8. 计算下列行列式：

(1) $\begin{vmatrix}3 & 0 & 1\\ 2 & 1 & 1\\ 3 & 2 & 1\end{vmatrix}$；　(2) $\begin{vmatrix}5 & -1 & 3\\ 3 & 2 & 1\\ 295 & 201 & 97\end{vmatrix}$；　(3) $\begin{vmatrix}3 & 321 & 221\\ 4 & 432 & 332\\ 5 & 543 & 443\end{vmatrix}$.

9. 设 $\boldsymbol{A}=\begin{pmatrix}1 & -1 & 2\\ 2 & 0 & 1\end{pmatrix}$，$\boldsymbol{B}=\begin{pmatrix}3 & 2\\ 3 & -1\\ 2 & 1\end{pmatrix}$，$\boldsymbol{C}=\begin{pmatrix}-1 & 2 & -1\\ 0 & -3 & 1\end{pmatrix}$，求：

(1) $\boldsymbol{A}-2\boldsymbol{B}^{\mathrm{T}}+3\boldsymbol{C}$；　(2) $\boldsymbol{AB}$；　(3) $\boldsymbol{BC}$.

10. 求下列矩阵的秩：

(1) $\begin{pmatrix}1 & -1 & 3 & -1\\ 2 & -1 & -1 & 4\\ 1 & 0 & -4 & 5\end{pmatrix}$；　(2) $\begin{pmatrix}1 & 3 & -1 & -2\\ 2 & -1 & 2 & 3\\ 3 & 2 & 1 & 1\\ 1 & -4 & 3 & 5\end{pmatrix}$；

(3) $\begin{pmatrix}2 & -2 & 3 & 5 & -4\\ 2 & 3 & 8 & -4 & 0\\ 3 & -1 & 0 & 2 & -5\\ -2 & 0 & -1 & 5 & 6\end{pmatrix}$.

11. 计算下列矩阵的逆矩阵：

(1) $\boldsymbol{A}=\begin{pmatrix}1 & 1 & 0\\ 2 & 1 & -1\\ 3 & 4 & 2\end{pmatrix}$；　(2) $\boldsymbol{A}=\begin{pmatrix}1 & -2 & 0\\ 1 & -2 & -1\\ -3 & 1 & 2\end{pmatrix}$；

(3) $\boldsymbol{A}=\begin{pmatrix}-13 & -6 & -3\\ -4 & -2 & -1\\ 2 & 1 & 1\end{pmatrix}$.

12. 用 Cramer 法则解方程组$\begin{cases}2x_1-x_2=2,\\ x_1+x_2+4x_3=1,\\ x_2+2x_3=1.\end{cases}$

第六章 线性方程组

线性方程组是最简单也是最重要的一类代数方程组.大量的科学技术问题,最终往往归结为解线性方程组,因此线性方程组的数值解法在计算数学中占有重要地位.在第五章中,我们已经介绍了用 Cramer 法则解线性方程组,但是用 Cramer 法则解线性方程组有两个前提:一是方程的个数要等于未知量的个数,二是系数矩阵的行列式不等于零.求解时要计算 $n+1$ 个 n 阶行列式,其工作量很大,所以 Cramer 法则常用于理论证明,很少用于具体求解.这就给我们带来了一个问题,对于一般的线性方程组我们该如何去求解呢?本章就向大家讲解解线性方程组的消元法,以及线性方程组的解的结构.本章包含下列主题:

- n 元线性方程组的定义;
- 消元法;
- 线性方程组解的情况判定.

6.1 n 元线性方程组

案例导出

案例 现有 1 个木工,1 个电工和 1 个油漆工,3 个人相互同意彼此装修他们自己的房子.在装修之前,他们达成了如下协议:

①每个人总共工作 10 天(包括给自己家干活在内);

②每个人的日工资的市场价一般在 60~80 元;

③每个人的日工资数应使得每人的总收入与总支出相等.

他们协商后制定出的工作天数的分配方案如表 6-1 所示.如何计算出他们每人应得的工资?

表 6-1

工种 天数	木工	电工	油漆工
在木工家的工作天数	2	1	6
在电工家的工作天数	4	5	1
在油漆工家的工作天数	4	4	3

解 以 x_1, x_2, x_3 分别表示木工、电工、油漆工的日工资. 于是木工的收支平衡关系可描述为 $2x_1+x_2+6x_3=10x_1$. 类似地,分别建立电工和油漆工的收支平衡关系:

$$4x_1+5x_2+x_3=10x_2,$$
$$4x_1+4x_2+3x_3=10x_3.$$

将 3 个方程联立得方程组为

$$\begin{cases}2x_1+x_2+6x_3=10x_1,\\4x_1+5x_2+x_3=10x_2,\\4x_1+4x_2+3x_3=10x_3.\end{cases}$$

整理后,三个人的日工资应满足的方程组为

$$\begin{cases}-8x_1+x_2+6x_3=0,\\4x_1-5x_2+x_3=0,\\4x_1+4x_2-7x_3=0.\end{cases} \tag{6.1}$$

以上的方程组均为线性方程组,其中(6.1)称为齐次线性方程组. 我们来看一下它们的一般定义.

相关知识

1. n 元线性方程组的定义

定义 6.1 由 n 个未知量组成的一次方程组称为 n 元线性方程组. 其一般形式为

$$\begin{cases}a_{11}x_1+a_{12}x_2+\cdots+a_{1n}x_n=b_1,\\a_{21}x_1+a_{22}x_2+\cdots+a_{2n}x_n=b_2,\\\qquad\vdots\\a_{m1}x_1+a_{m2}x_2+\cdots+a_{mn}x_n=b_m,\end{cases} \tag{6.2}$$

其中, n 是待确定的未知量的个数, m 是方程的个数,这里 m 与 n 不一定相等. a_{ij} 是第 i 个方程中第 j 个未知量的系数, b_i 是第 i 个方程的常数项,它是已知常数. 当 $b_i(i=1,2,\cdots,m)$ 不全为零时,称方程组(6.2)为非齐次线性方程组.

当 $b_i(i=1,2,\cdots,m)$ 全为零时,即

$$\begin{cases} a_{11}x_1+a_{12}x_2+\cdots+a_{1n}x_n=0, \\ a_{21}x_1+a_{22}x_2+\cdots+a_{2n}x_n=0, \\ \qquad\qquad\vdots \\ a_{m1}x_1+a_{m2}x_2+\cdots+a_{mn}x_n=0, \end{cases} \tag{6.3}$$

称为齐次线性方程组.

根据矩阵乘法和相等的定义,线性方程组(6.2)可以写成如下矩阵形式:

$$\begin{pmatrix} a_{11} & a_{12} & \cdots & a_{1n} \\ a_{21} & a_{22} & \cdots & a_{2n} \\ \vdots & \vdots & & \vdots \\ a_{m1} & a_{m2} & \cdots & a_{mn} \end{pmatrix}\begin{pmatrix} x_1 \\ x_2 \\ \vdots \\ x_n \end{pmatrix}=\begin{pmatrix} b_1 \\ b_2 \\ \vdots \\ b_m \end{pmatrix}.$$

若记 $\boldsymbol{A}=\begin{pmatrix} a_{11} & a_{12} & \cdots & a_{1n} \\ a_{21} & a_{22} & \cdots & a_{2n} \\ \vdots & \vdots & & \vdots \\ a_{m1} & a_{m2} & \cdots & a_{mn} \end{pmatrix}=(a_{ij})_{m\times n}$,则称 $\boldsymbol{A}$ 为(6.2)的系数矩阵;$\boldsymbol{X}=\begin{pmatrix} x_1 \\ x_2 \\ \vdots \\ x_n \end{pmatrix}$称为未知数向量;$\boldsymbol{b}=\begin{pmatrix} b_1 \\ b_2 \\ \vdots \\ b_m \end{pmatrix}$称为常数项向量. 于是,该线性方程组可以记作 $\boldsymbol{AX}=\boldsymbol{b}$.

另外,我们称 $\boldsymbol{B}=\begin{pmatrix} a_{11} & \cdots & a_{1n} & b_1 \\ a_{21} & \cdots & a_{2n} & b_2 \\ \vdots & & \vdots & \vdots \\ a_{m1} & \cdots & a_{mn} & b_m \end{pmatrix}=(A \vdots \boldsymbol{b})$为(6.2)的增广矩阵.

同样地,齐次线性方程组(6.3)可以记作 $\boldsymbol{AX}=\boldsymbol{O}$.

2. n 元线性方程组的解

定义 6.2 若 $x_1=c_1,\cdots,x_n=c_n$ 代入线性方程组,能使每个方程都成为恒等式,则称 $(c_1,c_2,\cdots,c_n)^{\mathrm{T}}$ 为方程组的一个解,方程组的全部解的集合称为它的解集. 解集相等的两个方程组称为同解方程组. 如果不存在如上所述的$(c_1,c_2,\cdots,c_n)^{\mathrm{T}}$ 时,称方程组无解.

显然,由 $x_1=0,x_2=0,\cdots,x_n=0$ 组成的$(0,0,\cdots,0)^{\mathrm{T}}$ 是齐次线性方程组的一个解,称这个解为齐次线性方程组的零解(也称平凡解),而称齐次线性方程组的未知量的取值不全为零的解为非零解. 齐次线性方程组(6.3)一定有零解,但不一定有非零解.

例题精选

例 写出线性方程组$\begin{cases} x_1 - x_2 + 5x_3 - x_4 = 1, \\ x_1 + x_2 - 2x_3 + 3x_4 = 0, \\ 3x_1 - x_2 + 8x_3 + x_4 = 1, \\ x_1 + 3x_2 - 9x_3 + 7x_4 = 0 \end{cases}$的增广矩阵和矩阵形式.

解 增广矩阵是$\boldsymbol{B} = \begin{pmatrix} 1 & -1 & 5 & -1 & 1 \\ 1 & 1 & -2 & 3 & 0 \\ 3 & -1 & 8 & 1 & 1 \\ 1 & 3 & -9 & 7 & 0 \end{pmatrix}$,

矩阵形式为
$$\begin{pmatrix} 1 & -1 & 5 & -1 \\ 1 & 1 & -2 & 3 \\ 3 & -1 & 8 & 1 \\ 1 & 3 & -9 & 7 \end{pmatrix} \begin{pmatrix} x_1 \\ x_2 \\ x_3 \\ x_4 \end{pmatrix} = \begin{pmatrix} 1 \\ 0 \\ 1 \\ 0 \end{pmatrix}.$$

知识演练

1. 写出下列线性方程组的系数矩阵 $\boldsymbol{A}$ 和增广矩阵 $\boldsymbol{B}$.

(1)$\begin{cases} x_1 - 3x_2 + 2x_3 + x_4 = 0, \\ -x_1 + 2x_2 - x_3 + 2x_4 = -1, \\ x_1 - 2x_2 + 3x_3 - 2x_4 = 1; \end{cases}$ (2)$\begin{cases} x_1 + 2x_3 - x_4 = 0, \\ -x_1 + x_2 - 3x_3 + 2x_4 = 0, \\ 2x_1 - x_2 + 5x_3 - 3x_4 = 0; \end{cases}$

(3)$\begin{cases} x_1 + x_2 = 0, \\ x_3 + x_4 = 0. \end{cases}$

6.2 消元法

6.2.1 消元法

案例导出

案例 解线性方程组$\begin{cases} 2x_1 + x_2 = 5, \\ -x_1 + x_2 + 2x_3 = 3, \\ 3x_1 - 2x_2 - 4x_3 = 2. \end{cases}$

解　用消元法解方程组，并列出相应的增广矩阵的初等行变换.

线性方程组	增广矩阵
$\begin{cases}2x_1+x_2=5 & ①\\ -x_1+x_2+2x_3=3 & ②\\ 3x_1-2x_2-4x_3=2 & ③\end{cases}$	$B=(A\vdots b)=\begin{pmatrix}2&1&0&5\\-1&1&2&3\\3&-2&-4&2\end{pmatrix}$
①+② $\begin{cases}x_1+2x_2+2x_3=8 & ④\\ -x_1+x_2+2x_3=3 & ②\\ 3x_1-2x_2-4x_3=2 & ③\end{cases}$	$\xrightarrow{r_1+r_2}\begin{pmatrix}1&2&2&8\\-1&1&2&3\\3&-2&-4&2\end{pmatrix}$
③+④×(−3)，④+② $\begin{cases}x_1+2x_2+2x_3=8 & ④\\ 3x_2+4x_3=11 & ⑤\\ -8x_2-10x_3=-22 & ⑥\end{cases}$	$\xrightarrow[r_3+r_1\times(-3)]{r_2+r_1}\begin{pmatrix}1&2&2&8\\0&3&4&11\\0&-8&-10&-22\end{pmatrix}$
⑤×$\frac{1}{3}$ $\begin{cases}x_1+2x_2+2x_3=8 & ④\\ x_2+\frac{4}{3}x_3=\frac{11}{3} & ⑦\\ -8x_2-10x_3=-22 & ⑥\end{cases}$	$\xrightarrow{r_2\times\frac{1}{3}}\begin{pmatrix}1&2&2&8\\0&1&\frac{4}{3}&\frac{11}{3}\\0&-8&-10&-22\end{pmatrix}$
⑥+⑦×8 $\begin{cases}x_1+2x_2+2x_3=8 & ④\\ x_2+\frac{4}{3}x_3=\frac{11}{3} & ⑦\\ \frac{2}{3}x_3=\frac{22}{3}\end{cases}$	$\xrightarrow{r_3+r_2\times 8}\begin{pmatrix}1&2&2&8\\0&1&\frac{4}{3}&\frac{11}{3}\\0&0&\frac{2}{3}&\frac{22}{3}\end{pmatrix}$
该方程组与原方程组同解，上述过程称为消元过程. 方程组中自上而下的各方程所含未知量个数依次减少，得到一个阶梯形方程组. 由最后一个等式可得 $x_3=11$， 将 x_3 代入⑦可得 $x_2=-11$， 将 x_3，x_2 代入④可得 $x_1=8$. 以上求未知量的过程称为回代过程.	

所以，方程组有唯一解为：$x_1=8$，$x_2=-11$，$x_3=11$.

注意到该方程组的系数矩阵和增广矩阵的秩相等为 3，且方程组中未知量的个数也为 3，即 $r(A)=r(B)=3$.

相关知识

1. 高斯(Gauss)消元法

在方程组的求解过程中，我们对线性方程组使用了以下三种变换：

①交换两个方程的位置；

②用一个非零常数乘以某一个方程的两端；

③将一个方程乘以某一常数加到另一个方程上.

显然，经过上面的任何一种变换所得到的方程组均与原方程组同解.而解方程组的过程就是利用三种变换逐次“消元”，然后回代，得到一个能直接给出结果的同解方程组.这种解方程组的方法称为高斯(Gauss)消元法.

2. 矩阵消元法

在对方程组使用上面三种变换时，参与变化的只是未知量的系数和后面的常数项，也就是说对方程组进行的同解变形，实际上是对方程组的增广矩阵使用相应的初等行变换，最后化为同解方程组的增广矩阵.因此，上面对线性方程组进行的变换，就可由对方程组对应的增广矩阵进行初等行变换代替.利用矩阵的初等行变换解线性方程组的方法称为矩阵消元法或矩阵法.

用矩阵消元法解线性方程组的具体步骤可以归纳为

①写出线性方程组相应的增广矩阵，使用初等行变换，将其化为行阶梯形矩阵；

②根据行阶梯形矩阵，写出线性方程组的解.

今后，我们解线性方程组就通过这个方法来进行.

例如，对于案例 1 中的方程组 $\begin{cases}-8x_1+x_2+6x_3=0,\\4x_1-5x_2+x_3=0,\\4x_1+4x_2-7x_3=0\end{cases}$ 的解法是

建立增广矩阵 $\boldsymbol{B}=\begin{pmatrix}-8&1&6&0\\4&-5&1&0\\4&4&-7&0\end{pmatrix}$；进行初等行变换

$$\boldsymbol{B}=\begin{pmatrix}-8&1&6&0\\4&-5&1&0\\4&4&-7&0\end{pmatrix}\xrightarrow{r_1\leftrightarrow r_3}\begin{pmatrix}4&4&-7&0\\4&-5&1&0\\-8&1&6&0\end{pmatrix}\xrightarrow[r_3+r_1\times 2]{r_2+r_1\times(-1)}$$

$$\begin{pmatrix}4&4&-7&0\\0&-9&8&0\\0&9&-8&0\end{pmatrix}\xrightarrow{r_3+r_2}\begin{pmatrix}4&4&-7&0\\0&-9&8&0\\0&0&0&0\end{pmatrix};$$

得到对应的新的线性方程组为 $\begin{cases}4x_1+4x_2-7x_3=0,\\-9x_2+8x_3=0,\end{cases}$

可解得
$$\begin{cases}x_1=\dfrac{31}{36}x_3,\\[2mm]x_2=\dfrac{8}{9}x_3.\end{cases}\tag{6.4}$$

任意取定 x_3 的一个值，就可以唯一地确定对应的 x_1, x_2 的值. 因此，原方程组有无穷多解.

(6.4)表示了方程组(6.1)的所有解，称(6.4)等号右边的未知量 x_3 为原方程组(6.1)的自由未知元，简称自由元. 称用自由未知元表示其他未知量的解的形式为方程组的一般解. 在一般解中，自由未知元都取零时，得到的原方程组的解称为方程组的特解.

在此实例中，由于每个人的日工资在60～80元之间，故选择 $x_3=72$，这样木工、电工、油漆工每人每天的日工资为 $x_1=62, x_2=64, x_3=72$.

例题精选

例1 解线性方程组 $\begin{cases} x_1+x_2+x_3+x_4=4, \\ 2x_1+3x_2+x_3+x_4=9, \\ -3x_1+2x_2-8x_3-8x_4=-4. \end{cases}$

解 $$\boldsymbol{B}=\begin{pmatrix} 1 & 1 & 1 & 1 & 4 \\ 2 & 3 & 1 & 1 & 9 \\ -3 & 2 & -8 & -8 & -4 \end{pmatrix} \xrightarrow[r_3+r_1\times 3]{r_2+r_1\times(-2)} \begin{pmatrix} 1 & 1 & 1 & 1 & 4 \\ 0 & 1 & -1 & -1 & 1 \\ 0 & 5 & -5 & -5 & 8 \end{pmatrix}$$

$$\xrightarrow{r_3+r_2\times(-5)} \begin{pmatrix} 1 & 1 & 1 & 1 & 4 \\ 0 & 1 & -1 & -1 & 1 \\ 0 & 0 & 0 & 0 & 3 \end{pmatrix}.$$

阶梯形矩阵对应的阶梯形方程组为 $\begin{cases} x_1+x_2+x_3+x_4=4, \\ x_2-x_3-x_4=1, \\ 0=3, \end{cases}$ 所以原方程组无解.

注意 这里系数矩阵 $\boldsymbol{A}$ 的秩为2，增广矩阵 $\boldsymbol{B}$ 的秩为3，$r(\boldsymbol{A})<r(\boldsymbol{B})$.

例2 解线性方程组 $\begin{cases} 3x_1-4x_2-x_3+x_4=1, \\ x_1-2x_2+x_3+3x_4=3, \\ x_1-x_2-x_3-x_4=-1. \end{cases}$

解 $$\boldsymbol{B}=\begin{pmatrix} 3 & -4 & -1 & 1 & 1 \\ 1 & -2 & 1 & 3 & 3 \\ 1 & -1 & -1 & -1 & -1 \end{pmatrix} \xrightarrow{r_1\leftrightarrow r_2} \begin{pmatrix} 1 & -2 & 1 & 3 & 3 \\ 3 & -4 & -1 & 1 & 1 \\ 1 & -1 & -1 & -1 & -1 \end{pmatrix}$$

$$\xrightarrow[r_3-r_1]{r_2+r_1\times(-3)} \begin{pmatrix} 1 & -2 & 1 & 3 & 3 \\ 0 & 2 & -4 & -8 & -8 \\ 0 & 1 & -2 & -4 & -4 \end{pmatrix} \xrightarrow[r_3-r_2]{r_2\times\left(\frac{1}{2}\right)}$$

$$\begin{pmatrix} 1 & -2 & 1 & 3 & 3 \\ 0 & 1 & -2 & -4 & -4 \\ 0 & 0 & 0 & 0 & 0 \end{pmatrix} \xrightarrow{r_1+r_2\times 2} \begin{pmatrix} 1 & 0 & -3 & -5 & -5 \\ 0 & 1 & -2 & -4 & -4 \\ 0 & 0 & 0 & 0 & 0 \end{pmatrix}.$$

于是得到一般解$\begin{cases}x_1=-5+3x_3+5x_4,\\ x_2=-4+2x_3+4x_4\end{cases}$ （x_3,x_4 为自由未知元）.

任意取定 x_3,x_4 的一组值，就可以唯一地确定对应的 x_1,x_2 的值，从而得到方程组的一组解，因此，原方程组有无穷多解.

注意到该方程组的系数矩阵和增广矩阵的秩相等，但小于方程组中未知量的个数，即 $r(\boldsymbol{A})=r(\boldsymbol{B})<4$.

例 3 解齐次线性方程组$\begin{cases}2x_1-x_2-x_3=0,\\ x_1+2x_2-x_3=0,\\ 3x_1+x_2-2x_3=0.\end{cases}$

解 $$\boldsymbol{B}=\begin{pmatrix}2&-1&-1&0\\1&2&-1&0\\3&1&-2&0\end{pmatrix}\xrightarrow{r_1\leftrightarrow r_2}\begin{pmatrix}1&2&-1&0\\2&-1&-1&0\\3&1&-2&0\end{pmatrix}\xrightarrow[r_3+r_1\times(-3)]{r_2+r_1\times(-2)}$$

$$\begin{pmatrix}1&2&-1&0\\0&-5&1&0\\0&-5&1&0\end{pmatrix}\xrightarrow{r_3-r_2}\begin{pmatrix}1&2&-1&0\\0&-5&1&0\\0&0&0&0\end{pmatrix}\xrightarrow{r_2\times\left(-\frac{1}{5}\right)}\begin{pmatrix}1&2&-1&0\\0&1&-\frac{1}{5}&0\\0&0&0&0\end{pmatrix}$$

$$\xrightarrow{r_1+r_2\times(-2)}\begin{pmatrix}1&0&-\frac{3}{5}&0\\0&1&-\frac{1}{5}&0\\0&0&0&0\end{pmatrix},\text{故}\begin{cases}x_1=\frac{3}{5}x_3,\\ x_2=\frac{1}{5}x_3\end{cases}\quad(x_3\text{ 为自由未知元}).$$

所以原方程组有无穷多解.

注意到系数矩阵的秩为 2，小于未知量的个数，即 $r(\boldsymbol{A})<3$，而且在进行初等行变换的过程中常数项始终为零，所以，在解齐次线性方程组时，只需对系数矩阵施以初等行变换就可以了.

例 4 解齐次线性方程组$\begin{cases}x_1+3x_2-2x_3=0,\\ x_1+7x_2+2x_3=0,\\ 2x_1+14x_2+5x_3=0.\end{cases}$

解 $$\boldsymbol{A}=\begin{pmatrix}1&3&-2\\1&7&2\\2&14&5\end{pmatrix}\xrightarrow[r_3+r_1\times(-2)]{r_2+r_1\times(-1)}\begin{pmatrix}1&3&-2\\0&4&4\\0&8&9\end{pmatrix}\xrightarrow{r_3+r_2\times(-2)}\begin{pmatrix}1&3&-2\\0&4&4\\0&0&1\end{pmatrix},$$

故$\begin{cases}x_1=0,\\ x_2=0,\\ x_3=0,\end{cases}$ 所以，原方程组只有零解.

注意到系数矩阵的秩为 3,等于未知量的个数,即 $r(\boldsymbol{A})=3$.

6.2.2 线性方程组解的情况判定

案例导出

在以上这些例题中,我们也可以观察到线性方程组解的情况比较多.可能有解,可能无解,可能有唯一解,也可能有无穷多解.如何判断一个线性方程组是否有解?对于有解的线性方程组,如何求它的解?当方程组的解不止一个时,这些解之间有没有关系?这就是我们下面所要讨论的问题.

相关知识

1. 齐次线性方程组(6.3)的矩阵形式是 $\boldsymbol{AX}=\boldsymbol{O}$

其解的情况如下:

①当 $\boldsymbol{A}$ 为 $m\times n$ 矩阵时,方程组(6.3)只有唯一零解的充分必要条件为:$r(\boldsymbol{A})=n$;

②当 $\boldsymbol{A}$ 为 $m\times n$ 矩阵时,方程组(6.3)有非零解的充分必要条件为:$r(\boldsymbol{A})<n$;

③当 $\boldsymbol{A}$ 为 $m\times n$ 矩阵,$r(\boldsymbol{A})=r<n$ 时,方程组(6.3)有 $n-r$ 个自由元.

2. 非齐次线性方程组(6.2)的矩阵形式是 $\boldsymbol{AX}=\boldsymbol{b}$

其解的情况如下:

①$\boldsymbol{AX}=\boldsymbol{b}$ 有解的充分必要条件为 $r(\boldsymbol{A}\vdots\boldsymbol{b})=r(\boldsymbol{A})$;

②当 $\boldsymbol{A}$ 为 $m\times n$ 矩阵时,若 $r(\boldsymbol{A}\vdots\boldsymbol{b})=r(\boldsymbol{A})=n$,$\boldsymbol{AX}=\boldsymbol{b}$ 的解唯一;

③当 $\boldsymbol{A}$ 为 $m\times n$ 矩阵时,若 $r(\boldsymbol{A}\vdots\boldsymbol{b})=r(\boldsymbol{A})=r<n$,$\boldsymbol{AX}=\boldsymbol{b}$ 有无穷多解,也有 $n-r$ 个自由元.

例题精选

例 5 当 a,b 为何值时,线性方程组 $\begin{cases}x_1+3x_2+x_3=0,\\3x_1+2x_2+3x_3=-1,\\-x_1+4x_2+ax_3=b\end{cases}$ 有唯一解、有无穷多解或无解?

解 $\boldsymbol{A}\vdots\boldsymbol{b}=\begin{pmatrix}1&3&1&0\\3&2&3&-1\\-1&4&a&b\end{pmatrix}\rightarrow\begin{pmatrix}1&3&1&0\\0&-7&0&-1\\0&0&a+1&b-1\end{pmatrix}$.

根据解的判断情况可知:

当 $a=-1$,且 $b\neq1$ 时,$r(\boldsymbol{A})<r(\boldsymbol{B})$,方程组无解;

当 $a=-1$,且 $b=1$ 时,$r(\boldsymbol{A})=r(\boldsymbol{B})=2<3$,方程组有无穷多解;

当 $a\neq -1$ 时,$r(\boldsymbol{A})=r(\boldsymbol{B})=3$,方程组有唯一解.

知识应用

解矩阵方程

前面的章节中已经介绍了用逆矩阵的方法解矩阵方程 $\boldsymbol{AX}=\boldsymbol{B}$ 或 $\boldsymbol{XA}=\boldsymbol{B}$. 现在我们通过一个例子介绍如何用矩阵消元法解矩阵方程.(这里只介绍 $\boldsymbol{A}$ 是方阵且可逆时的解)

例 6 解矩阵方程 $\boldsymbol{AX}=\boldsymbol{B}$,其中

$$\boldsymbol{A}=\begin{pmatrix}-2&1&0\\1&-2&1\\0&1&-2\end{pmatrix},\boldsymbol{B}=\begin{pmatrix}5&-1\\-2&3\\1&4\end{pmatrix}.$$

解 因为 $\boldsymbol{A}$ 可逆,所以增广矩阵$(\boldsymbol{A}\vdots\boldsymbol{B})$经过初等行变换可以化成$(\boldsymbol{E}\vdots\boldsymbol{C})$的形式,其中 $\boldsymbol{E}$ 是单位矩阵,则 $\boldsymbol{X}=\boldsymbol{C}$ 就是矩阵方程 $\boldsymbol{AX}=\boldsymbol{B}$ 的解.

$$(\boldsymbol{A}\vdots\boldsymbol{B})=\begin{pmatrix}-2&1&0&5&-1\\1&-2&1&-2&3\\0&1&-2&1&4\end{pmatrix}\to\begin{pmatrix}1&0&0&-3&-\frac{7}{4}\\0&1&0&-1&-\frac{9}{2}\\0&0&1&-1&-\frac{17}{4}\end{pmatrix},$$

所以

$$\boldsymbol{X}=\begin{pmatrix}-3&-\frac{7}{4}\\-1&-\frac{9}{2}\\-1&-\frac{17}{4}\end{pmatrix}.$$

知识拓展

1. n 维向量及其运算

在初等数学中,我们讨论过二维、三维空间中的向量及其运算,现将其推广,来讨论 n 维向量的概念及其运算.

◆ n 维向量的定义

定义 6.3 把 n 个有序的数 $a_1,a_2,\cdots,a_n$ 所组成的数组称为n 维向量,记作 $\boldsymbol{\alpha}=\begin{pmatrix}a_1\\a_2\\\vdots\\a_n\end{pmatrix}$,其

中 $a_i(i=1,2,\cdots,n)$ 称为向量的第 i 个分量. 通常用 $\boldsymbol{\alpha},\boldsymbol{\beta},\boldsymbol{\gamma},\cdots$ 表示向量. 一般地,我们把 $\boldsymbol{\alpha}=\begin{pmatrix}a_1\\a_2\\\vdots\\a_n\end{pmatrix}$ 叫做n 维列向量. 当然我们也可以把一个 n 维列向量看成是一个 $n\times1$ 矩阵. 而一个列向量的转置叫做行向量. 一个 n 维行向量可以看成一个 $1\times n$ 矩阵. 向量实际上是特殊的矩阵.

例如,$\boldsymbol{\alpha}=\begin{pmatrix}1\\2\\3\end{pmatrix}$ 是一个三维列向量,而它的转置 $\boldsymbol{\alpha}^{\mathrm{T}}=(1,2,3)$ 则是一个三维行向量.

对于上一章中提到的矩阵,我们可以把矩阵 $\boldsymbol{A}=\begin{pmatrix}a_{11}&a_{12}&\cdots&a_{1n}\\a_{21}&a_{22}&\cdots&a_{2n}\\\vdots&\vdots&&\vdots\\a_{m1}&a_{m2}&\cdots&a_{mn}\end{pmatrix}$ 中的每一列 $\begin{pmatrix}a_{1j}\\a_{2j}\\\vdots\\a_{mj}\end{pmatrix}$ $(j=1,2,\cdots,n)$ 都看成是 m 维列向量.

特别地,若 n 维列向量中每个分量均为 0,则称该向量为零向量,记作 $\boldsymbol{\theta}$,即 $\boldsymbol{\theta}=(0,0,\cdots,0)^{\mathrm{T}}$.

◆ 向量的线性运算

因为向量实际上是特殊的矩阵,所以矩阵的运算都适用于向量. 向量的线性运算主要包括向量之间的加、减法与数量乘法,而这些运算规律在矩阵中都已经介绍过,我们只要按这些规律进行向量的线性运算即可.

例 7 设 $\boldsymbol{\alpha}=\begin{pmatrix}1\\2\\-1\\5\end{pmatrix}$,$\boldsymbol{\beta}=\begin{pmatrix}2\\-1\\1\\1\end{pmatrix}$,$\boldsymbol{\gamma}=\begin{pmatrix}1\\2\\3\\3\end{pmatrix}$,求 $2\boldsymbol{\alpha}+3\boldsymbol{\beta}-\boldsymbol{\gamma}$.

解 $2\boldsymbol{\alpha}+3\boldsymbol{\beta}-\boldsymbol{\gamma}=2\begin{pmatrix}1\\2\\-1\\5\end{pmatrix}+3\begin{pmatrix}2\\-1\\1\\1\end{pmatrix}-\begin{pmatrix}1\\2\\3\\3\end{pmatrix}=\begin{pmatrix}7\\-1\\-2\\10\end{pmatrix}=(7,-1,-2,10)^{\mathrm{T}}$.

2. 向量组的线性相关性

◆ 线性组合与线性表示

定义 6.4 一个 n 维向量组 $\boldsymbol{\alpha}_1,\boldsymbol{\alpha}_2,\cdots,\boldsymbol{\alpha}_m$,对于任意实数 $k_1,k_2,\cdots,k_m$,称

$$k_1\boldsymbol{\alpha}_1+k_2\boldsymbol{\alpha}_2+\cdots+k_m\boldsymbol{\alpha}_m$$

为 $\boldsymbol{\alpha}_1,\boldsymbol{\alpha}_2,\cdots,\boldsymbol{\alpha}_m$ 的一个线性组合.而 $k_1,k_2,\cdots,k_m$ 称为这个线性组合的系数.

定义 6.5 对于向量 $\boldsymbol{\beta}$ 和向量组 $\boldsymbol{\alpha}_1,\boldsymbol{\alpha}_2,\cdots,\boldsymbol{\alpha}_m$,如果存在实数 $k_1,k_2,\cdots,k_m$,使得

$$\boldsymbol{\beta}=k_1\boldsymbol{\alpha}_1+k_2\boldsymbol{\alpha}_2+\cdots+k_m\boldsymbol{\alpha}_m$$

成立,则称向量 $\boldsymbol{\beta}$ 是向量组 $\boldsymbol{\alpha}_1,\boldsymbol{\alpha}_2,\cdots,\boldsymbol{\alpha}_m$ 的线性组合,或称向量 $\boldsymbol{\beta}$ 可以由向量组 $\boldsymbol{\alpha}_1,\boldsymbol{\alpha}_2,\cdots,\boldsymbol{\alpha}_m$ 线性表出(线性表示).

显然,n 维零向量可以由任意 n 维向量组 $\boldsymbol{\alpha}_1,\boldsymbol{\alpha}_2,\cdots,\boldsymbol{\alpha}_m$ 线性表出.因为总有 $\boldsymbol{\theta}=0\boldsymbol{\alpha}_1+0\boldsymbol{\alpha}_2+\cdots+0\boldsymbol{\alpha}_m$.

定义 6.6 称向量组 $\boldsymbol{e}_1=\begin{pmatrix}1\\0\\\vdots\\0\end{pmatrix}=(1,0,\cdots,0)^{\mathrm{T}}$, $\boldsymbol{e}_2=\begin{pmatrix}0\\1\\\vdots\\0\end{pmatrix}=(0,1,\cdots,0)^{\mathrm{T}},\cdots,\boldsymbol{e}_n=\begin{pmatrix}0\\0\\\vdots\\1\end{pmatrix}=(0,0,\cdots,1)^{\mathrm{T}}$ 为n 维单位向量组.

例 8 证明任一 n 维向量 $\boldsymbol{\alpha}=\begin{pmatrix}a_1\\a_2\\\vdots\\a_n\end{pmatrix}=(a_1,a_2,\cdots,a_n)^{\mathrm{T}}$ 都是 n 维单位向量组的一个线性组合.

证 由
$$\begin{aligned}\boldsymbol{\alpha}&=(a_1,0,\cdots,0)^{\mathrm{T}}+(0,a_2,\cdots,0)^{\mathrm{T}}+\cdots+(0,0,\cdots,a_n)^{\mathrm{T}}\\&=a_1(1,0,\cdots,0)^{\mathrm{T}}+a_2(0,1,\cdots,0)^{\mathrm{T}}+\cdots+a_n(0,0,\cdots,1)^{\mathrm{T}}\end{aligned}$$

可证得.

定义 6.7 如果向量组 $\boldsymbol{\alpha}_1,\boldsymbol{\alpha}_2,\cdots,\boldsymbol{\alpha}_m$ 中的每一个向量 $\boldsymbol{\alpha}_i(i=1,2,\cdots,m)$都可以由向量组 $\boldsymbol{\beta}_1,\boldsymbol{\beta}_2,\cdots,\boldsymbol{\beta}_s$ 线性表出,那么称向量组 $\boldsymbol{\alpha}_1,\boldsymbol{\alpha}_2,\cdots,\boldsymbol{\alpha}_m$ 能由向量组 $\boldsymbol{\beta}_1,\boldsymbol{\beta}_2,\cdots,\boldsymbol{\beta}_s$ 线性表出.如果两个向量组可以互相线性表出,则称它们等价.

◆ 线性相关与线性无关

定义 6.8 如果向量组 $\boldsymbol{\alpha}_1,\boldsymbol{\alpha}_2,\cdots,\boldsymbol{\alpha}_m$ 中有一个向量可以由其余的向量线性表出,那么称向量组 $\boldsymbol{\alpha}_1,\boldsymbol{\alpha}_2,\cdots,\boldsymbol{\alpha}_m$ 线性相关.

向量组的线性相关的定义还可以用另一个说法:

定义 6.8' 对于给定的 n 维向量组 $\boldsymbol{\alpha}_1,\boldsymbol{\alpha}_2,\cdots,\boldsymbol{\alpha}_m$,如果存在不全为零的实数 $k_1,k_2,\cdots$

k_m，使得 $k_1\boldsymbol{\alpha}_1+k_2\boldsymbol{\alpha}_2+\cdots+k_m\boldsymbol{\alpha}_m=\boldsymbol{\theta}$，则称向量组 $\boldsymbol{\alpha}_1,\boldsymbol{\alpha}_2,\cdots,\boldsymbol{\alpha}_m$ 线性相关. 否则，称向量组 $\boldsymbol{\alpha}_1,\boldsymbol{\alpha}_2,\cdots,\boldsymbol{\alpha}_m$ 线性无关. 换句话说，只有当 $k_1,k_2,\cdots,k_m$ 都为零时，才有 $k_1\boldsymbol{\alpha}_1+k_2\boldsymbol{\alpha}_2+\cdots+k_m\boldsymbol{\alpha}_m=\boldsymbol{\theta}$ 成立，那么向量组 $\boldsymbol{\alpha}_1,\boldsymbol{\alpha}_2,\cdots,\boldsymbol{\alpha}_m$ 线性无关.

不难看出，n 维单位向量组 $\boldsymbol{e}_1,\boldsymbol{e}_2,\cdots,\boldsymbol{e}_n$ 线性无关. 因为要使得 $k_1\boldsymbol{e}_1+k_2\boldsymbol{e}_2+\cdots+k_n\boldsymbol{e}_n=\boldsymbol{\theta}$，则只能当 $k_1=k_2=\cdots=k_n=0$ 时成立.

如何能简便地判断向量组的线性相关性呢？

定理 6.1　对于向量组 $\boldsymbol{\alpha}_1,\boldsymbol{\alpha}_2,\cdots,\boldsymbol{\alpha}_n$，引入矩阵 $\boldsymbol{A}=(\boldsymbol{\alpha}_1,\boldsymbol{\alpha}_2,\cdots,\boldsymbol{\alpha}_n)$，如果 $r(\boldsymbol{A})=n$，则向量组线性无关；如果 $r(\boldsymbol{A})<n$，则向量组线性相关.

例 9　判别向量组 $\boldsymbol{\alpha}_1=(1,2,1)^{\mathrm{T}},\boldsymbol{\alpha}_2=(3,0,2)^{\mathrm{T}},\boldsymbol{\alpha}_3=(2,-2,1)^{\mathrm{T}}$ 的线性相关性.

解　$$\boldsymbol{A}=(\boldsymbol{\alpha}_1,\boldsymbol{\alpha}_2,\boldsymbol{\alpha}_3)=\begin{pmatrix}1&3&2\\2&0&-2\\1&2&1\end{pmatrix}\to\begin{pmatrix}1&3&2\\0&1&1\\0&0&0\end{pmatrix},$$

$r(\boldsymbol{A})=2<3$，则该向量组线性相关.

例 10　判别向量组 $\boldsymbol{\alpha}_1=(1,0,0,0)^{\mathrm{T}},\boldsymbol{\alpha}_2=(1,1,0,0)^{\mathrm{T}},\boldsymbol{\alpha}_3=(1,0,2,0)^{\mathrm{T}}$ 的线性相关性.

解　$$\boldsymbol{A}=(\boldsymbol{\alpha}_1,\boldsymbol{\alpha}_2,\boldsymbol{\alpha}_3)=\begin{pmatrix}1&1&1\\0&1&0\\0&0&2\\0&0&0\end{pmatrix},$$

$r(\boldsymbol{A})=3$，则该向量组线性无关.

3. 极大无关组

定义 6.9　如果 n 维向量组 $\boldsymbol{S}$ 中的部分向量 $\boldsymbol{\alpha}_1,\boldsymbol{\alpha}_2,\cdots,\boldsymbol{\alpha}_r$ 满足：

①$\boldsymbol{\alpha}_1,\boldsymbol{\alpha}_2,\cdots,\boldsymbol{\alpha}_r$ 线性无关；

②$\boldsymbol{S}$ 中每一个向量都可以由 $\boldsymbol{\alpha}_1,\boldsymbol{\alpha}_2,\cdots,\boldsymbol{\alpha}_r$ 线性表出.

那么，称 $\boldsymbol{\alpha}_1,\boldsymbol{\alpha}_2,\cdots,\boldsymbol{\alpha}_r$ 为向量组 $\boldsymbol{S}$ 的一个极大线性无关组，简称极大无关组.

例如，$\boldsymbol{\alpha}_1=\begin{pmatrix}2\\1\end{pmatrix},\boldsymbol{\alpha}_2=\begin{pmatrix}0\\2\end{pmatrix},\boldsymbol{\alpha}_3=\begin{pmatrix}1\\1\end{pmatrix},\boldsymbol{\alpha}_4=\begin{pmatrix}0\\1\end{pmatrix}$是一个向量组，显然 $\boldsymbol{\alpha}_1,\boldsymbol{\alpha}_2$ 是线性无关的，而 $\boldsymbol{\alpha}_3=\dfrac{1}{2}\boldsymbol{\alpha}_1+\dfrac{1}{4}\boldsymbol{\alpha}_2,\boldsymbol{\alpha}_4=0\boldsymbol{\alpha}_1+\dfrac{1}{2}\boldsymbol{\alpha}_2$，所以 $\boldsymbol{\alpha}_1,\boldsymbol{\alpha}_2$ 是该向量组的极大无关组. 而 $\boldsymbol{\alpha}_2,\boldsymbol{\alpha}_3$ 也是线性无关的，并且 $\boldsymbol{\alpha}_1=-\dfrac{1}{2}\boldsymbol{\alpha}_2+2\boldsymbol{\alpha}_3,\boldsymbol{\alpha}_4=\dfrac{1}{2}\boldsymbol{\alpha}_2+0\boldsymbol{\alpha}_3$，所以 $\boldsymbol{\alpha}_2,\boldsymbol{\alpha}_3$ 也是该向量组的极大无关组.

从上例可以看出，一个向量组可以有不止一个极大无关组，但是极大无关组中所包含的向量个数却是相同的. 有如下定理：

定理 6.2　对于一个向量组，其所有极大无关组所含向量的个数都相同.

定义 6.10　对于向量组 $\boldsymbol{S}$，极大无关组中所含向量个数称为向量组 $\boldsymbol{S}$ 的秩.

如何来求向量组的一个极大无关组呢?

定理 6.3 矩阵经过初等行变换不改变其所对应的列向量之间的线性关系.

有了定理 6.3 的保障,我们给出求向量组的极大无关组的一个方法:

将向量组中的向量作为列向量构造成一个矩阵 $\boldsymbol{A}$,对 $\boldsymbol{A}$ 进行初等行变换,将其化为阶梯形矩阵,该矩阵中每个非零行的首个非零元素所在列对应的原矩阵 $\boldsymbol{A}$ 的这些列向量就是一个极大无关组.而矩阵的秩就是向量组的秩.

例 11 设向量组 $\boldsymbol{\alpha}_1=(1,2,3,0)^{\mathrm{T}},\boldsymbol{\alpha}_2=(-1,-2,0,3)^{\mathrm{T}},\boldsymbol{\alpha}_3=(2,4,6,0)^{\mathrm{T}}$,$\boldsymbol{\alpha}_4=(1,-2,-1,0)^{\mathrm{T}},\boldsymbol{\alpha}_5=(0,0,1,1)^{\mathrm{T}}$,求此向量组的一个极大无关组,并将其余向量用此无关组线性表出.

解 作矩阵

$$\boldsymbol{A}=(\boldsymbol{\alpha}_1,\boldsymbol{\alpha}_2,\boldsymbol{\alpha}_3,\boldsymbol{\alpha}_4,\boldsymbol{\alpha}_5)=\begin{pmatrix}1&-1&2&1&0\\2&-2&4&-2&0\\3&0&6&-1&1\\0&3&0&0&1\end{pmatrix}\to\begin{pmatrix}1&-1&2&1&0\\0&3&0&0&1\\0&0&0&-4&0\\0&0&0&0&0\end{pmatrix}.$$

由此,我们可以看到,三个非零行的首个非零元素对应的列向量 $\boldsymbol{\alpha}_1,\boldsymbol{\alpha}_2,\boldsymbol{\alpha}_4$ 是向量组的极大无关组.

设 $\boldsymbol{\alpha}_3=k_1\boldsymbol{\alpha}_1+k_2\boldsymbol{\alpha}_2+k_3\boldsymbol{\alpha}_4$,即

$(2,4,6,0)^{\mathrm{T}}=k_1(1,2,3,0)^{\mathrm{T}}+k_2(-1,-2,0,3)^{\mathrm{T}}+k_3(1,-2,-1,0)^{\mathrm{T}}$,

解出 $$k_1=2,k_2=k_3=0,\text{所以 }\boldsymbol{\alpha}_3=2\boldsymbol{\alpha}_1,$$

同样的方法,得 $$\boldsymbol{\alpha}_5=\frac{1}{3}\boldsymbol{\alpha}_1+\frac{1}{3}\boldsymbol{\alpha}_2.$$

4. 线性方程组的通解

引入了向量的定义之后,我们可以把方程组的解$(c_1,c_2,\cdots,c_n)^{\mathrm{T}}$ 看成是解向量.

◆ 齐次线性方程组

定义 6.11 如果 $\boldsymbol{\alpha}_1,\boldsymbol{\alpha}_2,\cdots,\boldsymbol{\alpha}_t$ 是齐次线性方程组解向量组的一个极大线性无关组,即满足:

①$\boldsymbol{\alpha}_1,\boldsymbol{\alpha}_2,\cdots,\boldsymbol{\alpha}_t$ 线性无关;

②齐次线性方程组的任一解都可由 $\boldsymbol{\alpha}_1,\boldsymbol{\alpha}_2,\cdots,\boldsymbol{\alpha}_t$ 线性表出.

则称 $\boldsymbol{\alpha}_1,\boldsymbol{\alpha}_2,\cdots,\boldsymbol{\alpha}_t$ 是方程组的一个基础解系.

对于齐次线性方程组而言,当它有无穷多解,即 $r(\boldsymbol{A})=r<n$ 时,方程组就有 $n-r$ 个自由元,而这 $n-r$ 个自由元所构成的 $n-r$ 个解向量就构成齐次线性方程组的一个基础解系.若 $\boldsymbol{\alpha}_1,\boldsymbol{\alpha}_2,\cdots,\boldsymbol{\alpha}_{n-r}$ 为基础解系,则

$$k_1\boldsymbol{\alpha}_1+k_2\boldsymbol{\alpha}_2+\cdots+k_{n-r}\boldsymbol{\alpha}_{n-r} \tag{6.5}$$

即为 $\boldsymbol{AX}=\boldsymbol{O}$ 的全部解,其中 $k_1,k_2,\cdots,k_{n-r}$ 为任意实数.形如(6.5)式的解称为 $\boldsymbol{AX}=\boldsymbol{O}$ 的通解.

下面给出求齐次线性方程组 $\boldsymbol{AX}=\boldsymbol{O}$ 的通解的一般步骤:

第一步，用初等行变换将齐次线性方程组的系数矩阵 $\boldsymbol{A}$ 化为阶梯形矩阵.

第二步，写出齐次线性方程组 $\boldsymbol{AX}=\boldsymbol{O}$ 的一般解. 若阶梯形矩阵有 r 个非零行($r<n$)，不妨设为如下的形式：

$$\begin{cases} x_1=d_{1,r+1}x_{r+1}+\cdots+d_{1n}x_n, \\ x_2=d_{2,r+1}x_{r+1}+\cdots+d_{2n}x_n, \\ \quad\vdots \\ x_r=d_{r,r+1}x_{r+1}+\cdots+d_{rn}x_n, \end{cases} \tag{6.6}$$

其中 $x_{r+1},\cdots,x_n$ 为自由未知元，共有 $n-r$ 个.

第三步，求齐次线性方程组 $\boldsymbol{AX}=\boldsymbol{O}$ 的基础解系. 在(6.6)式中，分别令自由元中的一个为 1，其余全部为零，所求得的 $n-r$ 个解向量 $\boldsymbol{\alpha}_1,\boldsymbol{\alpha}_2,\cdots,\boldsymbol{\alpha}_{n-r}$，即为 $\boldsymbol{AX}=\boldsymbol{O}$ 的一个基础解系.

第四步，写出齐次线性方程组 $\boldsymbol{AX}=\boldsymbol{O}$ 的通解. 求出 $\boldsymbol{AX}=\boldsymbol{O}$ 的一个基础解系后，通解 $\boldsymbol{X}$ 可以写成如下形式：

$$\boldsymbol{X}=k_1\boldsymbol{\alpha}_1+k_2\boldsymbol{\alpha}_2+\cdots+k_{n-r}\boldsymbol{\alpha}_{n-r},$$

其中 $k_1,k_2,\cdots,k_{n-r}$ 为任意实数，$\{\boldsymbol{\alpha}_1,\boldsymbol{\alpha}_2,\cdots,\boldsymbol{\alpha}_{n-r}\}$ 是 $\boldsymbol{AX}=\boldsymbol{O}$ 的一个基础解系.

例 12 求齐次线性方程组 $\begin{cases} x_1+x_2+x_3+4x_4-3x_5=0, \\ x_1-x_2+3x_3-2x_4-x_5=0, \\ 2x_1+x_2+3x_3+5x_4-5x_5=0, \\ 3x_1+x_2+5x_3+6x_4-7x_5=0 \end{cases}$ 的基础解系和通解.

解 第一步，用初等行变换将系数矩阵 $\boldsymbol{A}$ 化为阶梯形矩阵，即

$$\boldsymbol{A}=\begin{pmatrix} 1 & 1 & 1 & 4 & -3 \\ 1 & -1 & 3 & -2 & -1 \\ 2 & 1 & 3 & 5 & -5 \\ 3 & 1 & 5 & 6 & -7 \end{pmatrix} \xrightarrow[r_4+r_1\times(-3)]{\substack{r_2+r_1\times(-1) \\ r_3+r_1\times(-2)}} \begin{pmatrix} 1 & 1 & 1 & 4 & -3 \\ 0 & -2 & 2 & -6 & 2 \\ 0 & -1 & 1 & -3 & 1 \\ 0 & -2 & 2 & -6 & 2 \end{pmatrix}$$

$$\xrightarrow{\substack{r_2\times\left(-\frac{1}{2}\right) \\ r_4\times\left(\frac{1}{2}\right)}} \begin{pmatrix} 1 & 1 & 1 & 4 & -3 \\ 0 & 1 & -1 & 3 & -1 \\ 0 & -1 & 1 & -3 & 1 \\ 0 & -1 & 1 & -3 & 1 \end{pmatrix} \xrightarrow{\substack{r_3+r_2 \\ r_4+r_2}} \begin{pmatrix} 1 & 1 & 1 & 4 & -3 \\ 0 & 1 & -1 & 3 & -1 \\ 0 & 0 & 0 & 0 & 0 \\ 0 & 0 & 0 & 0 & 0 \end{pmatrix}$$

$$\xrightarrow{r_4+r_2\times(-1)} \begin{pmatrix} 1 & 0 & 2 & 1 & -2 \\ 0 & 1 & -1 & 3 & -1 \\ 0 & 0 & 0 & 0 & 0 \\ 0 & 0 & 0 & 0 & 0 \end{pmatrix}.$$

第二步，写出齐次线性方程组的一般解. 从阶梯形矩阵知，非零行的行数为 2，即 $r(\boldsymbol{A})=$

$2<5=n$,有非零解,阶梯形矩阵所对应的方程组为

$$\begin{cases}x_1+2x_3+x_4-2x_5=0,\\ x_2-x_3+3x_4-x_5=0.\end{cases}$$

由于 $n-r=5-2=3$,故上述方程组有 3 个自由元,将 x_3,x_4,x_5 移到方程组的右端,得到一般解为

$$\begin{cases}x_1=-2x_3-x_4+2x_5,\\ x_2=x_3-3x_4+x_5\end{cases}\quad(x_3,x_4,x_5\text{ 为自由元}).\tag{6.7}$$

第三步,求出齐次线性方程组的基础解系. 由第二步知,其基础解系由 x_3,x_4,x_5 组成. 在(6.7)式中,令 $x_3=1,x_4=0,x_5=0$,有 $x_1=-2,x_2=1$,得到一个解向量

$$\boldsymbol{\alpha}_1=\begin{pmatrix}-2\\1\\1\\0\\0\end{pmatrix}.$$

在(6.7)式中,令 $x_3=0,x_4=1,x_5=0$,有 $x_1=-1,x_2=-3$,又得到一个解向量

$$\boldsymbol{\alpha}_2=\begin{pmatrix}-1\\-3\\0\\1\\0\end{pmatrix}.$$

在(6.7)式中,令 $x_3=0,x_4=0,x_5=1$,有 $x_1=2,x_2=1$,再得到一个解向量

$$\boldsymbol{\alpha}_3=\begin{pmatrix}2\\1\\0\\0\\1\end{pmatrix}.$$

于是,$\{\boldsymbol{\alpha}_1,\boldsymbol{\alpha}_2,\boldsymbol{\alpha}_3\}$ 为方程组的基础解系.

第四步,求出齐次线性方程组的通解. 利用第三步可得齐次线性方程组的通解 $\boldsymbol{X}$ 为

$$\boldsymbol{X}=k_1\boldsymbol{\alpha}_1+k_2\boldsymbol{\alpha}_2+k_3\boldsymbol{\alpha}_3,$$

即 $\boldsymbol{X}=k_1\begin{pmatrix}-2\\1\\1\\0\\0\end{pmatrix}+k_2\begin{pmatrix}-1\\-3\\0\\1\\0\end{pmatrix}+k_3\begin{pmatrix}2\\1\\0\\0\\1\end{pmatrix}$,其中 k_1,k_2,k_3 为任意常数.

◆ 非齐次线性方程组

定义 6.12　将非齐次线性方程组(6.2)右端的常数项换为零，得到的齐次线性方程组(6.3)，称为(6.2)的导出齐次线性方程组，简称为导出组.

方程组和它的导出组的解之间存在着密切的关系：

性质 6.1　若 $\boldsymbol{X}_1,\boldsymbol{X}_2$ 为 $\boldsymbol{AX}=\boldsymbol{b}$ 的解，则 $\boldsymbol{X}_1-\boldsymbol{X}_2$ 必为 $\boldsymbol{AX}=\boldsymbol{O}$ 的解.

证　因为 $\boldsymbol{X}_1,\boldsymbol{X}_2$ 为 $\boldsymbol{AX}=\boldsymbol{b}$ 的解，所以有 $\boldsymbol{AX}_1=\boldsymbol{AX}_2=\boldsymbol{b}$，得

$$\boldsymbol{A}(\boldsymbol{X}_1-\boldsymbol{X}_2)=\boldsymbol{AX}_1-\boldsymbol{AX}_2=\boldsymbol{b}-\boldsymbol{b}=\boldsymbol{O}.$$

性质 6.2　若 $\boldsymbol{X}_0$ 为 $\boldsymbol{AX}=\boldsymbol{b}$ 的解，$\widetilde{\boldsymbol{X}}$ 为 $\boldsymbol{AX}=\boldsymbol{O}$ 的解，则 $\boldsymbol{X}_0+\widetilde{\boldsymbol{X}}$ 必为 $\boldsymbol{AX}=\boldsymbol{b}$ 的解.

证　因为 $\boldsymbol{X}_0$ 为 $\boldsymbol{AX}=\boldsymbol{b}$ 的解，所以有 $\boldsymbol{AX}_0=\boldsymbol{b}$. 因为 $\widetilde{\boldsymbol{X}}$ 为 $\boldsymbol{AX}=\boldsymbol{O}$ 的解，所以又有 $\boldsymbol{A}\widetilde{\boldsymbol{X}}=\boldsymbol{O}$. 于是

$$\boldsymbol{A}(\boldsymbol{X}_0+\widetilde{\boldsymbol{X}})=\boldsymbol{AX}_0+\boldsymbol{A}\widetilde{\boldsymbol{X}}=\boldsymbol{b}+\boldsymbol{O}=\boldsymbol{b}.$$

利用这两条性质可得到：

定理 6.4　设 $\boldsymbol{X}_0$ 是非齐次线性方程组(6.2)的一个解，则它的任意一个解 $\boldsymbol{X}$ 可以表示成 $\boldsymbol{X}_0$ 与导出组的某个解 $\widetilde{\boldsymbol{X}}$ 之和，即

$$\boldsymbol{X}=\boldsymbol{X}_0+\widetilde{\boldsymbol{X}}.$$

证　把 $\boldsymbol{X}$ 表示成 $\boldsymbol{X}=\boldsymbol{X}_0+(\boldsymbol{X}-\boldsymbol{X}_0)$.

令 $\widetilde{\boldsymbol{X}}=\boldsymbol{X}-\boldsymbol{X}_0$，由性质 6.1 知 $\widetilde{\boldsymbol{X}}$ 为方程组(6.3)的解.

由于齐次线性方程组(6.3)的解都能表示为方程组(6.3)的基础解系 $\boldsymbol{\alpha}_1,\boldsymbol{\alpha}_2,\cdots,\boldsymbol{\alpha}_{n-r}$ 的线性组合，因此非齐次线性方程组(6.2)的每一个解 $\boldsymbol{X}$ 都能表示为

$$\boldsymbol{X}=\boldsymbol{\alpha}_0+k_1\boldsymbol{\alpha}_1+k_2\boldsymbol{\alpha}_2+\cdots+k_{n-r}\boldsymbol{\alpha}_{n-r},$$

其中 $\boldsymbol{\alpha}_0$ 是非齐次线性方程组(6.2)的一个任意解(后面称 $\boldsymbol{\alpha}_0$ 是方程组的特解). 反之，对于任意一组数 $k_1,k_2,\cdots k_{n-r}$，因 $k_1\boldsymbol{\alpha}_1+k_2\boldsymbol{\alpha}_2+\cdots+k_{n-r}\boldsymbol{\alpha}_{n-r}$是方程组(6.3)的解，所以由性质6.2知 $\boldsymbol{\alpha}_0+k_1\boldsymbol{\alpha}_1+k_2\boldsymbol{\alpha}_2+\cdots+k_{n-r}\boldsymbol{\alpha}_{n-r}$一定是方程组(6.2)的解.

下面给出求非齐次线性方程组(6.2)的通解的一般步骤：

第一步，对增广矩阵 $\boldsymbol{B}$ 施行初等行变换化为行阶梯形矩阵；

第二步，根据行阶梯形矩阵的形式判断方程组是否有解；

第三步，若方程组有无穷多解，则继续将行阶梯形矩阵化为行最简形矩阵；

第四步，求出非齐次线性方程组的一个特解 $\boldsymbol{\alpha}_0$，一般令所有 $n-r$ 个自由未知量为零来求得；

第五步，求出非齐次线性方程组的导出组的基础解系 $\boldsymbol{\alpha}_1,\boldsymbol{\alpha}_2,\cdots,\boldsymbol{\alpha}_{n-r}$；

第六步，写出非齐次线性方程组的通解，即非齐次线性方程组的一个特解加上导出组的通解. 即 $\boldsymbol{X}=\boldsymbol{\alpha}_0+k_1\boldsymbol{\alpha}_1+k_2\boldsymbol{\alpha}_2+\cdots+k_{n-r}\boldsymbol{\alpha}_{n-r}$，其中 $k_1,k_2,\cdots,k_{n-r}$为任意实数.

例 13　解方程组 $\begin{cases}x_1-x_2-x_3+x_4=0,\\ x_1-x_2+x_3-3x_4=1,\\ x_1-x_2-2x_3+3x_4=-\dfrac{1}{2}.\end{cases}$

解 对增广矩阵 $\boldsymbol{B}$ 施行初等行变换：

$$\boldsymbol{B}=\begin{pmatrix}1&-1&-1&1&0\\1&-1&1&-3&1\\1&-1&-2&3&-\frac{1}{2}\end{pmatrix}\xrightarrow[r_3-r_1]{r_2-r_1}\begin{pmatrix}1&-1&-1&1&0\\0&0&2&-4&1\\0&0&-1&2&-\frac{1}{2}\end{pmatrix}\xrightarrow[r_3+r_2\times 2]{r_2\leftrightarrow r_3}$$

$$\begin{pmatrix}1&-1&-1&1&0\\0&0&-1&2&-\frac{1}{2}\\0&0&0&0&0\end{pmatrix}\xrightarrow[r_1+r_2]{r_2\times(-1)}\begin{pmatrix}1&-1&0&-1&\frac{1}{2}\\0&0&1&-2&\frac{1}{2}\\0&0&0&0&0\end{pmatrix},$$

显然，$r(\mathbf{A})=r(\boldsymbol{B})=2<4$，故方程组有无穷多解，且导出组的基础解系含有 2 个解向量. 由最后一个矩阵知原方程组同解于方程组$\begin{cases}x_1=x_2+x_4+\frac{1}{2},\\x_3=2x_4+\frac{1}{2},\end{cases}$

取 $x_2=0,x_4=0$，得方程组的一个特解为 $\boldsymbol{\alpha}_0=\begin{pmatrix}\frac{1}{2}\\0\\\frac{1}{2}\\0\end{pmatrix}$.

仍由上面最后一个矩阵知，原方程组的导出组同解于方程组$\begin{cases}x_1=x_2+x_4,\\x_3=2x_4.\end{cases}$

令 $\boldsymbol{\alpha}_1=\begin{pmatrix}1\\1\\0\\0\end{pmatrix},\boldsymbol{\alpha}_2=\begin{pmatrix}1\\0\\2\\1\end{pmatrix}$，则 $\boldsymbol{\alpha}_1,\boldsymbol{\alpha}_2$ 为导出组的基础解系.

所以原方程组的通解为 $\boldsymbol{X}=\begin{pmatrix}\frac{1}{2}\\0\\\frac{1}{2}\\0\end{pmatrix}+k_1\begin{pmatrix}1\\1\\0\\0\end{pmatrix}+k_2\begin{pmatrix}1\\0\\2\\1\end{pmatrix}$ $(k_1,k_2$ 为任意常数).

知识演练

2. 求解下列线性方程组的一般解：

(1) $\begin{cases} x_1 - x_2 + 3x_3 - x_4 = 0, \\ 2x_1 - x_2 - x_3 + 4x_4 = 0, \\ x_1 - 4x_3 + 5x_4 = 0; \end{cases}$　　(2) $\begin{cases} x_1 + 2x_3 - x_4 = 0, \\ -x_1 + x_2 - 3x_3 + 2x_4 = 0, \\ 2x_1 - x_2 + 5x_3 - 3x_4 = 0; \end{cases}$

(3) $\begin{cases} x_1 + x_2 - 2x_3 - x_4 = 1, \\ 2x_1 + x_2 - 2x_3 - 3x_4 = 2, \\ x_1 + 3x_2 - x_3 - 2x_4 = 0; \end{cases}$　　(4) $\begin{cases} 2x_1 - x_2 + x_3 + x_4 = 1, \\ x_1 + 2x_2 - x_3 + 4x_4 = 2, \\ x_1 + 7x_2 - 4x_3 + 11x_4 = 5. \end{cases}$

3. 设线性方程组为 $\begin{cases} 2x_1 - x_2 + x_3 = 1, \\ -x_1 - 2x_2 + x_3 = -1, \\ x_1 - 3x_2 + 2x_3 = c, \end{cases}$

试问当 c 为何值时，方程组有解？若方程组有解时，求一般解.

4. 当 a，b 为何值时，线性方程组 $\begin{cases} x_1 + 2x_2 + 3x_3 = 1, \\ x_1 + 3x_2 + 6x_3 = 2, \\ 2x_1 + 3x_2 + ax_3 = b \end{cases}$ 有唯一解、有无穷多解或无解？

第六章复习题

一、填空题

1. 用消元法解线性方程组 $\boldsymbol{AX}=\boldsymbol{B}$，其增广矩阵 $\boldsymbol{B}$ 经过初等行变换化为阶梯形矩阵

$$\boldsymbol{B}=\begin{pmatrix} 1 & 2 & 3 & 1 & 1 \\ 0 & 1 & -1 & 2 & 0 \\ 0 & 0 & 1 & -1 & 1 \\ 0 & 0 & 0 & a & b \end{pmatrix},$$

则(1) 当 a ________，b ________ 时，$\boldsymbol{AX}=\boldsymbol{B}$ 无解；

(2) 当 a ________，b ________ 时，$\boldsymbol{AX}=\boldsymbol{B}$ 有无穷多解；

(3) 当 a ________，b ________ 时，$\boldsymbol{AX}=\boldsymbol{B}$ 有唯一解.

2. 如果线性方程组 $\boldsymbol{AX}=\boldsymbol{B}$ 有唯一解，那么 $\boldsymbol{AX}=\boldsymbol{O}$ 的解的情况是________.

3. 已知线性方程组 $\begin{cases} x_1 + x_2 = a_1, \\ x_2 + x_3 = a_2, \\ x_1 + 2x_2 + x_3 = a_3, \end{cases}$ 则方程组有解的充分必要条件是________.

二、解下列方程组

4. $\begin{cases}2x_1-4x_2+3x_3+2x_4=1,\\5x_1-9x_2+4x_3+4x_4=2.\end{cases}$

5. $\begin{cases}5x_1+9x_2+3x_3=8,\\2x_1+5x_2+x_3=1,\\x_1+3x_2+x_3=0.\end{cases}$

6. $\begin{cases}-3x_1-2x_2-2x_3=1,\\x_1+x_2+x_3=-1,\\3x_2+2x_3=-4,\\x_1+x_3=1.\end{cases}$

7. $\begin{cases}x_1+3x_2-x_3=0,\\3x_1-x_2+2x_3=0,\\-2x_1+5x_2+x_3=0,\\3x_1+10x_2+x_3=0.\end{cases}$

8. 当 a,b 为何值时,方程组$\begin{cases}x_1-x_3-x_4=-2,\\x_1+x_2+x_3+x_4=a,\\x_2+2x_3+2x_4=3,\\5x_1+3x_2+x_3+x_4=b\end{cases}$有解?并求解.

第七章 线性规划

线性规划(Linear Programming)主要研究在一定的线性约束条件下,使得某个线性指标达到最优化的问题.自1947年丹捷格提出了单纯形法之后,线性规划在理论上趋向成熟,它在经济、管理、交通、工业、农业、军事等方面都有广泛的应用.本章包含下列主题:

- 线性规划问题的定义;
- 线性规划问题的标准型;
- 图解法;
- 解的情况;
- 基可行解;
- 单纯形法.

7.1 线性规划问题及其标准型

案例导出

案例1 某学校暑假计划组织学生到市郊的希望小学进行献爱心活动.学校为学生提供往返车费总共是45元.本次活动由甲、乙两个专业的学生参与,每个专业至少有一名学生参与,并要求乙专业至少比甲专业多一名学生参与活动.甲、乙两专业学生在不同的校区,往返费用有所不同.甲专业每位学生的往返车费是3元,每位学生可帮助4个儿童.乙专业每位学生的往返车费是5元,每位学生可帮助3个儿童.怎样合理安排两个专业参与活动的学生人数,才能使得到帮助的儿童人数最多?(建立数学模型)

解 设甲、乙两专业参与活动的学生人数分别为x_1,x_2,得到帮助的儿童总数为z,则该问题的数学模型为

$$\text{目标函数 } \max z=4x_1+3x_2;$$

$$\text{满足约束条件}\begin{cases}3x_1+5x_2\leqslant 45,\\ x_2-x_1\geqslant 1,\\ x_1\geqslant 1.\end{cases}$$

案例 2 假定一个成年人每天需要从食物中获得 3500 千卡热量、60 克蛋白质和 900 毫克钙. 假设市场上有肉、鱼、米和蔬菜四种食品可供选择，它们每千克所含的热量、营养成分和市场价格如表 7-1 所示. 在满足营养的前提下，每种食品分别购买多少千克，可使购买费用最小？（建立数学模型）

表 7-1

食品名称	热量(千卡)	蛋白质(克)	钙(毫克)	价格(元)
肉	1200	60	400	16
鱼	1000	80	300	15
米	900	20	300	4
蔬菜	200	10	200	3

解 设肉、鱼、米和蔬菜分别购买 x_1 千克、x_2 千克、x_3 千克和 x_4 千克，购买费用为 z，则该问题的数学模型为

$$\text{目标函数}\ \min z=16x_1+15x_2+4x_3+3x_4;$$

$$\text{满足约束条件}\begin{cases}1200x_1+1000x_2+900x_3+200x_4\geqslant 3500,\\60x_1+80x_2+20x_3+10x_4\geqslant 60,\\400x_1+300x_2+300x_3+200x_4\geqslant 900,\\x_1,x_2,x_3,x_4\geqslant 0.\end{cases}$$

相关知识

1. 线性规划问题

目标函数和约束条件均为线性的数学模型称为线性规划问题. 其一般形式为

$$\text{目标函数}\ \max(\text{或}\ \min)z=c_1x_1+c_2x_2+\cdots+c_nx_n;$$

$$\text{约束条件}\begin{cases}a_{11}x_1+a_{12}x_2+\cdots+a_{1n}x_n\leqslant(\text{或}=,\geqslant)b_1,\\a_{21}x_1+a_{22}x_2+\cdots+a_{2n}x_n\leqslant(\text{或}=,\geqslant)b_2,\\\qquad\vdots\\a_{m1}x_1+a_{m2}x_2+\cdots+a_{mn}x_n\leqslant(\text{或}=,\geqslant)b_m,\\x_1,x_2,\cdots,x_n\geqslant 0,\end{cases}$$

其中 $x_1,x_2,\cdots,x_n\geqslant 0$ 称为变量的非负约束条件.

2. 线性规划问题的标准型

为了计算方便，这里规定线性规划问题的标准型为

$$\max z=c_1x_1+c_2x_2+\cdots+c_nx_n;$$

$$\begin{cases} a_{11}x_1+a_{12}x_2+\cdots+a_{1n}x_n=b_1, \\ a_{21}x_1+a_{22}x_2+\cdots+a_{2n}x_n=b_2, \\ \quad\quad\vdots \\ a_{m1}x_1+a_{m2}x_2+\cdots+a_{mn}x_n=b_m, \\ x_j\geqslant 0, j=1,2,\cdots,n. \end{cases}$$

上面的标准型可以简化为：

$$\max z=\sum_{j=1}^{n}c_jx_j,$$

$$\begin{cases} \sum_{j=1}^{n}a_{ij}x_j=b_i, i=1,2,\cdots,m, \\ x_j\geqslant 0, \quad j=1,2,\cdots,n. \end{cases}$$

如果引入矩阵和向量的符号，令

$$\boldsymbol{A}=\begin{pmatrix} a_{11} & a_{12} & \cdots & a_{1n} \\ a_{21} & a_{22} & \cdots & a_{2n} \\ \vdots & \vdots & & \vdots \\ a_{m1} & a_{m2} & \cdots & a_{mn} \end{pmatrix}, \boldsymbol{X}=\begin{pmatrix} x_1 \\ x_2 \\ \vdots \\ x_n \end{pmatrix}, \boldsymbol{b}=\begin{pmatrix} b_1 \\ b_2 \\ \vdots \\ b_m \end{pmatrix}, \boldsymbol{C}=(c_1,c_2,\cdots,c_n),$$

则线性规划问题的标准型用矩阵的形式可表示为

$$\max z=\boldsymbol{CX};$$

$$\begin{cases} \boldsymbol{AX}=\boldsymbol{b}, \\ \boldsymbol{X}\geqslant 0. \end{cases}$$

其中 $\boldsymbol{A}$ 称为系数矩阵.

3. 基可行解

在系数矩阵 $\boldsymbol{A}$ 中，如果进一步令 $\boldsymbol{P}_j=\begin{pmatrix} a_{1j} \\ a_{2j} \\ \vdots \\ a_{mj} \end{pmatrix}$，$j=1,2,\cdots,n$，则 $\boldsymbol{P}_1,\boldsymbol{P}_2,\cdots,\boldsymbol{P}_n$ 称为系数矩阵 $\boldsymbol{A}$ 的列向量. 系数矩阵 $\boldsymbol{A}$ 中线性无关的列向量所对应的变量称为基变量，否则，称为非基变量. 令非基变量为零，可以得到一组解，这组解称为基解. 满足非负约束条件的基解，称为基可行解.

4. 一般形式化为标准形式

将线性规划问题的一般形式化为标准型的具体方法如下：

(1)目标函数为最小化问题. 只要令 $z'=-z$，即可将最小化问题换转为最大化问题.

(2)约束条件为不等式. 当约束条件为"≤"形式的不等式,则可在不等式的左端加上一个非负变量使不等式变为等式,该变量称为松弛变量. 当约束条件为"≥"形式的不等式,则可在不等式的左端减去一个非负变量使不等式变为等式,该变量称为剩余变量. 松弛变量在实际问题中表示未被利用的资源,剩余变量在实际问题中表示超用的资源,它们都没有转化为价值和利润,因此它们在目标函数中的系数均为零. 为了叙述方便,下面把剩余变量也称为松弛变量.

(3)变量约束转换. 若 $x_j\leqslant 0$,令 $x_j=-x_j'$,则 $x_j'\geqslant 0$. 若 x_j 无限制,令 $x_j=x_j'-x_j''$,其中$x_j'\geqslant 0$,$x_j''\geqslant 0$. 若 $a\leqslant x_j\leqslant b$,令 $x_j'=x_j-a$,则 $x_j'\geqslant 0$,此时 $x_j'\leqslant b-a$.

例题精选

例 1 将下述线性规划问题化为标准型.

$$\max z=2x_1+3x_2;$$
$$\begin{cases}2x_1+2x_2\leqslant 12,\\4x_1\leqslant 16,\\5x_2\leqslant 15,\\x_1,x_2\geqslant 0.\end{cases}$$

解 在各不等式中分别加上一个松弛变量 x_3,x_4,x_5 使不等式变为等式,从而得到该线性规划问题的标准型为

$$\max z=2x_1+3x_2+0x_3+0x_4+0x_5;$$
$$\begin{cases}2x_1+2x_2+x_3=12,\\4x_1+x_4=16,\\5x_2+x_5=15,\\x_j\geqslant 0,j=1,2,\cdots,5.\end{cases}$$

例 2 将下述线性规划问题化为标准型.

$$\min z=x_1+2x_2+x_3;$$
$$\begin{cases}2x_1-x_2-2x_3\geqslant 3,\\x_1-2x_2\geqslant 2,\\x_1+x_2+x_3\geqslant 5,\\x_1,x_2,x_3\geqslant 0.\end{cases}$$

解 首先令 $z'=-z$,将最小化问题转化为最大化问题,然后在各不等式中分别减去一个松弛变量 x_4,x_5,x_6 使不等式变为等式. 于是得到该线性规划问题的标准型为

$$\max z'=-x_1-2x_2-x_3+0x_4+0x_5+0x_6;$$
$$\begin{cases}2x_1-x_2-2x_3-x_4=3,\\x_1-2x_2-x_5=2,\\x_1+x_2+x_3-x_6=5,\\x_j\geqslant 0,j=1,2,\cdots,6.\end{cases}$$

例 3　将下述线性规划问题化为标准型.

$$\max z=x_1+3x_2+x_3;$$
$$\begin{cases}2x_1+x_2-x_3\leqslant 7,\\4x_1-x_2\leqslant 6,\\5x_2-x_3\leqslant 15,\\x_1\geqslant 0,x_2\leqslant 0,x_3\text{ 无限制}.\end{cases}$$

解　首先令 $x_2=-x_2'$，$x_3=x_3'-x_3''$，然后在各不等式中分别加上一个松弛变量 x_4，x_5，x_6 使不等式变为等式. 于是得到该线性规划问题的标准型为

$$\max z=x_1-3x_2'+(x_3'-x_3'')+0x_4+0x_5+0x_6;$$
$$\begin{cases}2x_1-x_2'-(x_3'-x_3'')+x_4=7,\\4x_1+x_2'+x_5=6,\\-5x_2'-(x_3'-x_3'')+x_6=15,\\x_2'\geqslant 0,x_3'\geqslant 0,x_3''\geqslant 0,x_i\geqslant 0,i=1,4,5,6.\end{cases}$$

例 4　将下述线性规划问题化为标准型.

$$\max z=x_1+2x_2+4x_3;$$
$$\begin{cases}2x_1+x_2+3x_3=20,\\3x_1+x_2+4x_3=25,\\x_1,x_2\geqslant 0,2\leqslant x_3\leqslant 6.\end{cases}$$

解　首先令 $x_3'=x_3-2$，则有 $0\leqslant x_3'\leqslant 4$，在该不等式中加上一个松弛变量 x_4 使不等式变为等式. 于是得到该线性规划问题的标准型为

$$\max z=x_1+2x_2+4x_3'+8;$$
$$\begin{cases}2x_1+x_2+3x_3'=14,\\3x_1+x_2+4x_3'=17,\\x_3'+x_4=4,\\x_j\geqslant 0,j=1,2,4,x_3'\geqslant 0.\end{cases}$$

知识应用

例 5　求下列线性规划问题的基可行解.

$$\max z=10x_1+3x_2+4x_3;$$
$$\begin{cases}3x_1+6x_2+2x_3\leqslant 19,\\9x_1+3x_2+x_3\leqslant 9,\\x_1,x_2,x_3\geqslant 0.\end{cases}$$

解 在各不等式中分别加上一个松弛变量 x_4,x_5 使不等式变为等式. 于是得到该线性规划问题的标准型为

$$\max z=10x_1+3x_2+4x_3+0x_4+0x_5;$$
$$\begin{cases}3x_1+6x_2+2x_3+x_4=19,\\9x_1+3x_2+x_3+x_5=9,\\x_j\geqslant 0,j=1,2,\cdots,5.\end{cases}$$

系数矩阵 $\boldsymbol{A}=(\boldsymbol{P}_1,\boldsymbol{P}_2,\boldsymbol{P}_3,\boldsymbol{P}_4,\boldsymbol{P}_5)=\begin{pmatrix}3&6&2&1&0\\9&3&1&0&1\end{pmatrix}$，其中 $\boldsymbol{P}_4,\boldsymbol{P}_5$ 线性无关，于是它们所对应的变量 x_4,x_5 为基变量，x_1,x_2,x_3 为非基变量. 令非基变量 $x_1=x_2=x_3=0$，可得 $x_4=19$，$x_5=9$. 于是得到该线性规划问题的一组基可行解 $\boldsymbol{X}^{(0)}=(0,0,0,19,9)^{\mathrm{T}}$.

知识演练

1. 某人打算把 30 万元投资在 A,B 两个项目上，其中项目 A 风险大、收益高；项目 B 风险低、收益低. 项目 A 的平均年收益率为 30%，项目 B 的年收益率为 5%. 为了规避风险，投资在项目 A 的资金最多不能超过投资总额的 60%，投资在项目 B 的资金不能低于投资总额的 20%. 另外，假设投资在项目 A 的资金至少是投资在项目 B 的资金的 2 倍. 问如何分配投资金额，可使年收益最大？建立上述问题的线性规划模型.

2. 某大学生想利用业余时间做兼职工作. 她计划每周做兼职工作的时间不超过 10 个小时. 她目前有三份兼职工作，分别是家教、收银员和促销员. 每小时每份兼职工作的报酬分别为 15 元、10 元和 12 元. 其中做家教的时间不超过 2 个小时，做促销员的时间至少为 3 小时，问该大学生如何合理安排每份兼职工作的时间，可使每周的报酬最大？建立上述问题的线性规划模型.

3. 某房产开发商年初计划开发住宅和商铺业务. 每套住宅的平均面积为 80 平方米；每套商铺的平均面积为 60 平方米. 住宅每平方米的利润是 1000 元；商铺每平方米的利润是 1200 元. 政策规定：开发住宅的面积至少要等于开发商铺的面积，且总的开发面积不能超过 70000 平方米. 市场调查报告显示：每年住宅和商铺的最大需求量分别为 1000 套和 1200 套，假设开发的住宅和商铺全部售完. 问房产开发商开发住宅和商铺各多少套，可使年利润最大？建立上述问题的线性规划模型.

4. 某健康咨询有限公司每年用于广告的费用不超过 5 万元，主要采取以下四种方式进

行广告宣传.第一种方式是群发短信的形式,每月的费用是3000元,平均每月吸引的客户人数为100.第二种方式是网络推广的形式,每月的费用是2000元,平均每月吸引的客户人数为70.第三种方式是电梯广告的形式,每月的费用是5000元,可以吸引的客户人数为130.第四种方式是发传单的形式,每月的费用是1000元,可以吸引的客户人数为40.规定网络推广形式至少做4个月,问如何制定广告计划可使每年吸引的客户人数最多?建立上述问题的线性规划模型.

5. 将下述线性规划问题化为标准型.

(1) $\max z=x_1+3x_2+4x_3$,
$$\begin{cases}2x_1+x_2+3x_3\leqslant 12,\\3x_1+x_2+4x_3\geqslant 25,\\x_1,x_2,x_3\geqslant 0;\end{cases}$$

(2) $\min z=2x_1+7x_2-4x_3$,
$$\begin{cases}6x_1+x_2+3x_3\leqslant 32,\\4x_1+x_2+4x_3\geqslant 27,\\x_1,x_2,x_3\geqslant 0;\end{cases}$$

(3) $\max z=8x_1+5x_2$,
$$\begin{cases}2x_1+3x_2\leqslant 30,\\4x_1+x_2\geqslant 6,\\5x_1+x_2\leqslant 34,\\x_1,x_2\geqslant 0;\end{cases}$$

(4) $\min z=16x_1+15x_2+4x_3+3x_4$,
$$\begin{cases}1200x_1+1000x_2+900x_3+200x_4\geqslant 3500,\\60x_1+80x_2+20x_3+10x_4\geqslant 60,\\400x_1+300x_2+300x_3+200x_4\geqslant 900,\\x_1,x_2,x_3,x_4\geqslant 0.\end{cases}$$

7.2 图解法及解的情况

案例导出

案例 某丝绸厂生产A,B两种丝绸.生产这两种丝绸需要消耗甲、乙、丙三种原材料.已知生产每千米丝绸A,需要2千克原材料甲和4千克原材料乙;生产每千米丝绸B,需要2千克原材料甲和5千克原材料丙.现有甲、乙、丙三种原材料各12千克、16千克和15千克.每千米丝绸A的利润是2万元,每千米丝绸B的利润是3万元,在现有的条件下,该丝绸厂应生产A,B两种丝绸各多少千米,才能使利润最大?最大利润是多少?

相关知识

图解法是求解线性规划问题的常见方法之一.当变量很少,约束条件也很少的时候,采用图解法求解简单直观.下面对案例1用图解法进行求解.

解 设该丝绸厂生产A,B两种丝绸分别为x_1,x_2千米,利润为z,则该问题的数学模型为

$$\max z=2x_1+3x_2;$$
$$\begin{cases}2x_1+2x_2\leqslant 12,\\4x_1\leqslant 16,\\5x_2\leqslant 15,\\x_1,x_2\geqslant 0.\end{cases}$$

以 x_1 为横坐标,x_2 为纵坐标的平面直角坐标系中,将所有约束条件以图形的形式展现出来,如图 7-1 所示. 阴影区域为所有约束条件的公共区域,该区域称为线性规划问题的可行域,可行域中的每个点称为线性规划问题的可行解. 可行域的顶点对应线性规划问题的基可行解,即图 7-1 中的点 O,Q_1,Q_2,Q_3,Q_4 都是该线性规划问题的基可行解. 如图 7-2 所示,虚线为目标函数的等值线,箭头为目标函数递增的方向. 沿着箭头的方向平移目标函数的等值线,当移动到点 $Q_3(3,3)$ 时,目标函数取到最大值 15. 使目标函数取到最大值的可行解称为最优解,即 $Q_3(3,3)$ 为最优解. 从而得到该丝绸厂应生产 A 丝绸 3 千米,生产 B 丝绸 3 千米,可得最大利润为 15 万元.

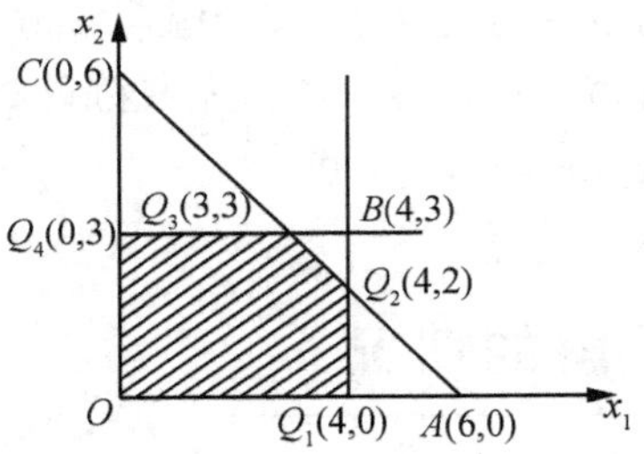

图 7-1

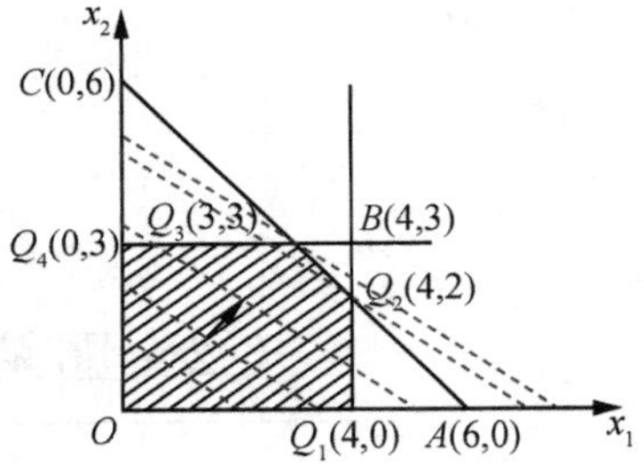

图 7-2

例题精选

例 1 用图解法求下列线性规划问题:

$$\max z=4x_1+3x_2;$$
$$\begin{cases}3x_1+5x_2\leqslant 45,\\x_2-x_1\geqslant 1,\\x_1\geqslant 1.\end{cases}$$

解 如图 7-3 所示,当目标函数在点 $Q_2(5,6)$ 处取到最大值 38,即最优解为 $Q_2(5,6)$,最优值为 38.

例 2 用图解法求下列线性规划问题.

$$\max z=5x_1+3x_2;$$

$$\begin{cases}3x_1+3x_2\leqslant 12,\\ x_1\geqslant 5,\\ x_1,x_2\geqslant 0.\end{cases}$$

解　从图 7-4 可以看出，该线性规划问题的可行域为空集，即不存在可行解，从而一定不存在最优解.

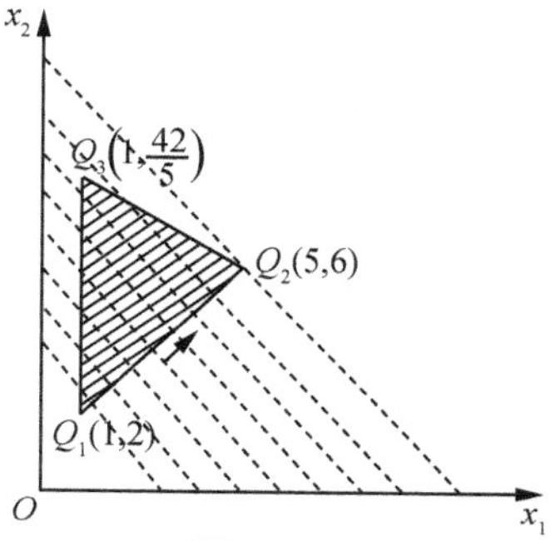

图 7-3

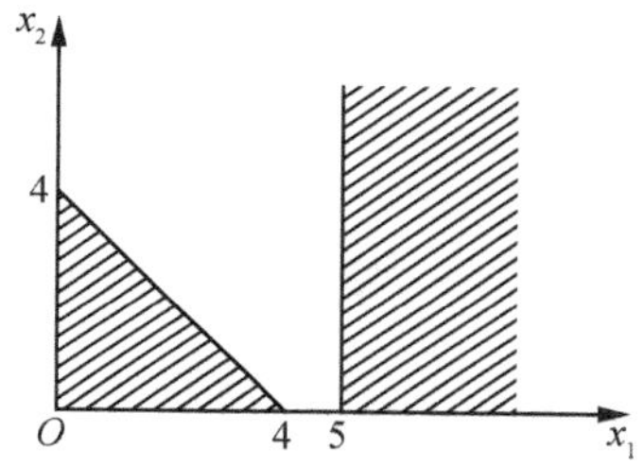

图 7-4

例 3　用图解法求下列线性规划问题.

$$\max\ z=4x_1+3x_2;$$

$$\begin{cases}x_1+x_2\geqslant 3,\\ x_1\leqslant 4,\\ x_1,x_2\geqslant 0.\end{cases}$$

解　从图 7-5 可以看出，该线性规划问题的可行域无界，从而目标函数可以增大到无穷大. 称此种情况为线性规划问题存在无界解.

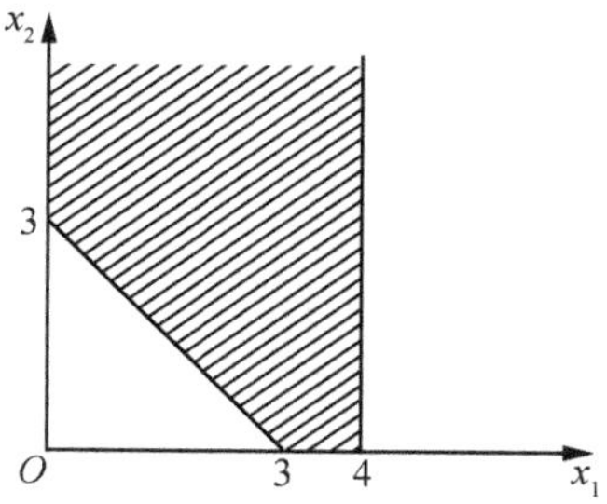

图 7-5

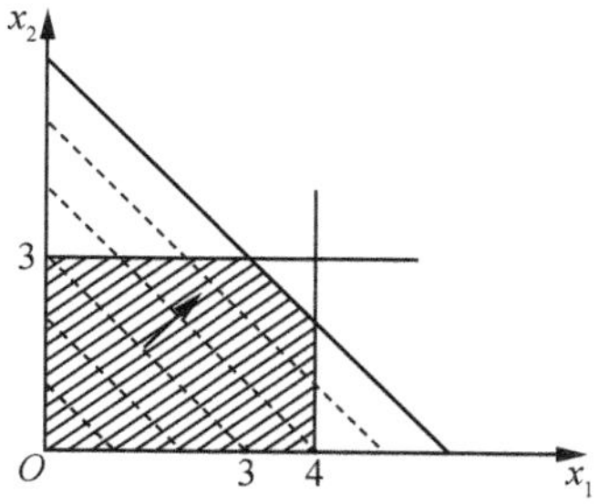

图 7-6

例 4　用图解法求下列线性规划问题.

$$\max\ z=x_1+x_2;$$

$$\begin{cases}2x_1+2x_2\leqslant 12,\\4x_1\leqslant 16,\\5x_2\leqslant 15,\\x_1,x_2\geqslant 0.\end{cases}$$

解 从图 7-6 可以看出,目标函数的等值线与约束条件的边界线平行. 当目标函数的等值线沿着箭头方向平移的时候,将与约束条件的边界线重合. 所以该线段上任一点都使目标函数取得相同的最大值,从而该线性规划问题存在无穷多最优解.

知识演练

6. 用图解法求解下列线性规划问题,并指出解的情况是唯一解、无可行解、无界解,还是无穷多最优解.

(1) $\max z=x_1+3x_2$,
$$\begin{cases}2x_1+x_2\leqslant 5,\\3x_1+x_2\geqslant 9,\\x_1,x_2\geqslant 0;\end{cases}$$

(2) $\max z=5x_1+3x_2$,
$$\begin{cases}2x_1+x_2\geqslant 6,\\3x_1+x_2\leqslant 9,\\x_1,x_2\geqslant 0;\end{cases}$$

(3) $\max z=7x_1+3x_2$,
$$\begin{cases}2x_1+x_2\geqslant 8,\\x_1\leqslant 9,\\x_1,x_2\geqslant 0;\end{cases}$$

(4) $\max z=3x_1+3x_2$,
$$\begin{cases}x_1+x_2\leqslant 5,\\-x_1+2x_2\leqslant 4,\\x_1,x_2\geqslant 0;\end{cases}$$

(5) $\max z=2x_1+3x_2$,
$$\begin{cases}-2x_1+x_2\leqslant 4,\\2x_1+3x_2\leqslant 18,\\x_1,x_2\geqslant 0;\end{cases}$$

(6) $\max z=3x_1+2x_2$,
$$\begin{cases}2x_1+3x_2\geqslant 6,\\x_1\leqslant 5,\\x_2\leqslant 4,\\x_1,x_2\geqslant 0;\end{cases}$$

(7) $\max z=5x_1+6x_2$,
$$\begin{cases}x_1-x_2\geqslant 4,\\x_1+2x_2\geqslant 6,\\x_1,x_2\geqslant 0;\end{cases}$$

(8) $\min z=x_1+6x_2$,
$$\begin{cases}2x_1-x_2\geqslant 4,\\x_1\leqslant 1,\\x_1,x_2\geqslant 0.\end{cases}$$

7.3　单纯形法

案例导出

案例　某大学生利用业余时间在网上开了一家店铺，销售自己做的甲、乙、丙三种工艺品. 该大学生每周用来做工艺品的时间最多为 9 小时，每周用来买原材料的钱最多为 3 美元. 做甲、乙、丙每件工艺品所需要的时间分别为 1 小时、4 小时和 7 小时. 做每件工艺品所需要的原材料费用均为 1 美元. 销售每件工艺品的利润分别为 2 美元、3 美元和 3 美元. 在供不应求的前提下，问该大学生每周做甲、乙、丙三种工艺品各多少件，才能使他每周获得的利润最大？最大利润是多少美元？

相关知识

由图解法可知，若线性规划问题存在唯一最优解，则它一定能够在有界可行域的某个顶点处得到，即一定存在某个基可行解是最优解. 所以，求解线性规划问题直接的思路是：把所有基可行解找到，然后比较目标函数值的大小，从而在基可行解中找到最优解. 当变量和约束条件比较多的时候，计算量很大. 为了进一步简化计算过程，可以先确定初始基可行解，然后从一个基可行解转换到另一个基可行解，即从可行域的一个顶点转换到另一个顶点. 在转换的过程中，保证目标函数值得到改善. 为了加快计算速度，有必要对每得到的一个基可行解，就检验其是否是最优解，如果是最优解，则停止计算；如果不是最优解，要保证下一步得到的基可行解不劣于当前的基可行解. 如此反复，就可以得到线性规划问题的最优解.

在线性规划问题的标准型中，如果系数矩阵中存在单位矩阵，由于单位矩阵的列向量是一组线性无关的向量，则它们所对应的变量是基变量，其余的变量称为非基变量. 基变量确定后，可以将目标函数和基变量用非基变量来表示. 在用非基变量表示的目标函数中，令非基变量为 0，即可求出相应的目标函数值. 在用非基变量表示的基变量中，令非基变量为 0，即可求出基可行解. 在用非基变量表示的目标函数中，非基变量的系数称为检验数. 如果非基变量的检验数均为非正，则该基可行解是线性规划问题的最优解. 否则，目标函数值有增加的可能性，这表明当前的基可行解不是最优解. 如果当前的基可行解不是最优解，可将基变量与非基变量进行对换，得到另一个基可行解. 即选择一个非基变量变换为基变量，该变量称为换入变量，同时选择一个基变量变换为非基变量，该变量称为换出变量. 一般选择检验数最大的非基变量为换入变量. 由于换出变量变为非基变量，所以要保证换出变量取值为 0 的同时，其余的变量取值为非负. 新的基变量和非基变量确定后，就可求出新的基可行解.

将上述求解过程用列表形式表达出来，就称为线性规划问题的单纯形法．单纯形法的计算步骤如下：

(1) 求出线性规划问题的初始基可行解，建立初始单纯形表．在单纯形表中，$\boldsymbol{X}_B$ 列代表基变量，$\boldsymbol{C}_B$ 列代表基变量在目标函数中的系数，c_j→指向目标函数中变量的系数，$\boldsymbol{b}$ 列代表约束方程组右端的常数项．

(2) 计算各非基变量 x_j 的检验数 σ_j，其中 $\sigma_j = c_j - \sum\limits_{i=1}^{m} c_i a_{ij}$．如果非基变量的检验数均为非正，则该基可行解是线性规划问题的最优解，停止计算．否则，计算下一步．

(3) 确定换入变量和换出变量．取检验数最大的变量作为换入变量，换入变量记为 x_k．记 $\theta = \min\limits_{i}\left\{\dfrac{b_i}{a_{ik}}\,\middle|\, a_{ik}>0\right\} = \dfrac{b_l}{a_{lk}}$，则它所在行对应的变量作为换出变量，换出变量记为 x_l．

(4)换入变量 x_k 所在列和换出变量 x_l 所在行的交叉处的元素称为主元素，记为 a_{lk}．然后进行初等行变换，将 x_k 所对应的列向量 $\boldsymbol{P}_k$ 变换为 x_l 所对应的列向量 $\boldsymbol{P}_l$，从而生成新的单纯形表．重复步骤(2)～(4)，直到停止计算．

例题精选

例 1 用单纯形法求解线性规划问题．

$$\max z = 5x_1 + 10x_2;$$
$$\begin{cases} 4x_1 + 3x_2 \leqslant 9, \\ 2x_1 + 5x_2 \leqslant 8, \\ x_1, x_2 \geqslant 0. \end{cases}$$

解 将该线性规划问题化为标准型为

$$\max z = 5x_1 + 10x_2 + 0x_3 + 0x_4,$$
$$\begin{cases} 4x_1 + 3x_2 + x_3 = 9, \\ 2x_1 + 5x_2 + x_4 = 8, \\ x_1, x_2, x_3, x_4 \geqslant 0. \end{cases}$$

系数矩阵 $\boldsymbol{A} = (\boldsymbol{P}_1, \boldsymbol{P}_2, \boldsymbol{P}_3, \boldsymbol{P}_4) = \begin{pmatrix} 4 & 3 & 1 & 0 \\ 2 & 5 & 0 & 1 \end{pmatrix}$，其中 $\boldsymbol{P}_3, \boldsymbol{P}_4$ 线性无关，从而它们所对应的变量 x_3, x_4 为基变量，x_1, x_2 为非基变量．将相关数字填入表中，得到初始单纯形表 7-2．

表 7-2

$c_j \rightarrow$			5	10	0	0	θ_i
$\boldsymbol{C}_B$	$\boldsymbol{X}_B$	$\boldsymbol{b}$	x_1	x_2	x_3	x_4	
0	x_3	9	4	3	1	0	3
0	x_4	8	2	[5]	0	1	$\frac{8}{5}$
σ_j			5	10	0	0	

下面计算检验数 σ_j 的值，根据 σ_j 的值来确定换入变量.

$\sigma_1=5-(0\times4+0\times2)=5$，$\sigma_2=10-(0\times3+0\times5)=10$.

所以 $\sigma_2>\sigma_1>0$，因此 x_2 为换入变量.

下面计算 θ_i 的值，根据 θ_i 的值来确定换出变量. $\theta_1=\frac{9}{3}$，$\theta_2=\frac{8}{5}$，$\theta=\min\left\{\frac{9}{3},\frac{8}{5}\right\}=\frac{8}{5}$，所以它所在行对应的变量 x_4 为换出变量. x_2 所在列和 x_4 所在行的交叉处[5]称为主元素. 以[5]为主元素进行初等行变换，将 x_2 对应的列向量 $\boldsymbol{P}_2=(3,5)^{\mathrm{T}}$ 变换为 x_4 对应的列向量 $\boldsymbol{P}_4=(0,1)^{\mathrm{T}}$，在 $\boldsymbol{X}_B$ 列中将 x_4 替换为 x_2，于是得到新的单纯形表 7-3.

表 7-3

$c_j \rightarrow$			5	10	0	0	θ_i
$\boldsymbol{C}_B$	$\boldsymbol{X}_B$	$\boldsymbol{b}$	x_1	x_2	x_3	x_4	
0	x_3	$\frac{21}{5}$	$\left[\frac{14}{5}\right]$	0	1	$-\frac{3}{5}$	$\frac{3}{2}$
10	x_2	$\frac{8}{5}$	$\frac{2}{5}$	1	0	$\frac{1}{5}$	4
σ_j			1	0	0	-2	

下面计算非基变量的检验数 σ_j 的值，根据 σ_j 的值来确定换入变量.

$\sigma_1=5-\left(0\times\frac{14}{5}+10\times\frac{2}{5}\right)=1$，$\sigma_4=0-\left[0\times\left(-\frac{3}{5}\right)+10\times\frac{1}{5}\right]=-2$.

所以只有 $\sigma_1>0$，因此 x_1 为换入变量. 下面计算 θ_i 的值，根据 θ_i 的值来确定换出变量.

$\theta_1=\frac{\frac{21}{5}}{\frac{14}{5}}=\frac{3}{2}$，$\theta_2=\frac{\frac{8}{5}}{\frac{2}{5}}=4$，$\theta=\min\left\{\frac{3}{2},4\right\}=\frac{3}{2}$，所以它所在行对应的变量 x_3 为换出变量. x_1 所在列和 x_3 所在行的交叉处$\left[\frac{14}{5}\right]$称为主元素. 以$\left[\frac{14}{5}\right]$为主元素进行初等行变换，将 x_1 对应的列向量 $\boldsymbol{P}_1=\left(\frac{14}{5},\frac{2}{5}\right)^{\mathrm{T}}$ 变换为 x_3 对应的列向量 $\boldsymbol{P}_3=(1,0)^{\mathrm{T}}$，在 $\boldsymbol{X}_B$ 列中将 x_3 替换为 x_1，

于是得到新的单纯形表 7-4.

表 7-4

$c_j \to$			5	10	0	0	θ_i
C_B	X_B	b	x_1	x_2	x_3	x_4	
5	x_1	$\frac{3}{2}$	1	0	$\frac{5}{14}$	$-\frac{3}{14}$	
10	x_2	1	0	1	$-\frac{1}{7}$	$\frac{2}{7}$	
σ_j			0	0	$-\frac{5}{14}$	$-\frac{25}{14}$	

下面计算非基变量的检验数 σ_j 的值,根据 σ_j 的值来确定换入变量.

$$\sigma_3=0-\left[5\times\frac{5}{14}+10\times\left(-\frac{1}{7}\right)\right]=-\frac{5}{14},\sigma_4=0-\left[5\times\left(-\frac{3}{14}\right)+10\times\frac{2}{7}\right]=-\frac{25}{14}.$$

在表 7-4 中,所有的 $\sigma_j\leqslant 0$,于是得到最优解 $\boldsymbol{X}^*=\boldsymbol{X}^{(3)}=\left(\frac{3}{2},1,0,0\right)^{\mathrm{T}}$,目标函数值 $z^*=\frac{35}{2}$,即最优值为$\frac{35}{2}$.

例 2　用单纯形法求解下列线性规划问题.

$$\max z=2x_1+3x_2;$$
$$\begin{cases}2x_1+2x_2\leqslant 12,\\4x_1\leqslant 16,\\5x_2\leqslant 15,\\x_1,x_2\geqslant 0.\end{cases}$$

解　将该线性规划问题化为标准型为

$$\max z=2x_1+3x_2+0x_3+0x_4+0x_5;$$
$$\begin{cases}2x_1+2x_2+x_3=12,\\4x_1+x_4=16,\\5x_2+x_5=15,\\x_j\geqslant 0,j=1,2,\cdots,5.\end{cases}$$

系数矩阵 $\boldsymbol{A}=(\boldsymbol{P}_1,\boldsymbol{P}_2,\boldsymbol{P}_3,\boldsymbol{P}_4,\boldsymbol{P}_5)=\begin{pmatrix}2&2&1&0&0\\4&0&0&1&0\\0&5&0&0&1\end{pmatrix}$,其中 $\boldsymbol{P}_3,\boldsymbol{P}_4,\boldsymbol{P}_5$ 线性无关,从而它们所对应的变量 x_3,x_4,x_5 为基变量,x_1,x_2 为非基变量.将相关数字填入表中,可得到线性规划问题的初始单纯形表 7-5.

表 7-5

$c_j \to$			2	3	0	0	0	θ_i
$\boldsymbol{C}_B$	$\boldsymbol{X}_B$	$\boldsymbol{b}$	x_1	x_2	x_3	x_4	x_5	
0	x_3	12	2	2	1	0	0	6
0	x_4	16	4	0	0	1	0	∞
0	x_5	15	0	[5]	0	0	1	3
σ_j			2	3	0	0	0	

下面计算非基变量的检验数 σ_j 的值，根据 σ_j 的值来确定换入变量.

$$\sigma_1=2-(0\times2+0\times4+0\times0)=2,\sigma_2=3-(0\times2+0\times0+0\times5)=3.$$

所以 $\sigma_2>\sigma_1>0$，因此 x_2 为换入变量. $\theta=\min\left\{\frac{12}{2},\infty,\frac{15}{5}\right\}=3$，它所在行对应的变量 x_5 为换出变量. x_2 所在列和 x_5 所在行的交叉处[5]称为主元素. 以[5]为主元素进行初等行变换，将 $\boldsymbol{P}_2=(2,0,5)^{\mathrm{T}}$ 变换为 $(0,0,1)^{\mathrm{T}}$，在 $\boldsymbol{X}_B$ 列中将 x_5 替换为 x_2，于是得到新的单纯形表 7-6.

表 7-6

$c_j \to$			2	3	0	0	0	θ_i
$\boldsymbol{C}_B$	$\boldsymbol{X}_B$	$\boldsymbol{b}$	x_1	x_2	x_3	x_4	x_5	
0	x_3	6	[2]	0	1	0	$-\frac{2}{5}$	3
0	x_4	16	4	0	0	1	0	4
3	x_2	3	0	1	0	0	$\frac{1}{5}$	∞
σ_j			2	0	0	0	$-\frac{3}{5}$	

下面计算非基变量的检验数 σ_j 的值，根据 σ_j 的值来确定换入变量.

$$\sigma_1=2-(0\times2+0\times4)=2,\sigma_5=0-\left[0\times\left(-\frac{2}{5}\right)+3\times\frac{1}{5}\right]=-\frac{3}{5}.$$

所以 $\sigma_1>0$，因此 x_1 为换入变量. $\theta=\min\left\{\frac{6}{2},\frac{16}{4},\infty\right\}=3$，它所在行对应的变量 x_3 为换出变量. x_1 所在列和 x_3 所在行的交叉处[2]称为主元素. 以[2]为主元素进行初等行变换，将 x_1 对应的列向量 $\boldsymbol{P}_1=(2,4,0)^{\mathrm{T}}$ 变换为 x_3 对应的列向量 $\boldsymbol{P}_3=(1,0,0)^{\mathrm{T}}$，在 $\boldsymbol{X}_B$ 列中将 x_3 替换为 x_1，于是得到新的单纯形表 7-7.

表 7-7

$c_j \rightarrow$			2	3	0	0	0	θ_i
C_B	X_B	b	x_1	x_2	x_3	x_4	x_5	
2	x_1	3	1	0	$\frac{1}{2}$	0	$-\frac{1}{5}$	
0	x_4	4	0	0	-2	1	$\frac{4}{5}$	
3	x_2	3	0	1	0	0	$\frac{1}{5}$	
σ_j			0	0	-1	0	$-\frac{1}{5}$	

在表 7-7 中所有的 $\sigma_j \leqslant 0$,于是得到最优解 $\boldsymbol{X}^* = \boldsymbol{X}^{(3)} = (3,3,0,4,0)^{\mathrm{T}}$,目标函数值 $z^* = 15$,即最优值为 15.

知识应用

例 3 前述案例 1 的解答。

解 设该大学生每周做甲工艺品 x_1 件,乙工艺品 x_2 件,丙工艺品 x_3 件,每周获得的利润为 z,则该问题的线性规划模型为

$$\max z = 2x_1 + 3x_2 + 3x_3;$$
$$\begin{cases} x_1 + 4x_2 + 7x_3 \leqslant 9, \\ x_1 + x_2 + x_3 \leqslant 3, \\ x_1, x_2, x_3 \geqslant 0. \end{cases}$$

在各不等式中分别加上一个松弛变量 x_4, x_5 使不等式变为等式. 于是该线性规划问题的标准型为

$$\max z = 2x_1 + 3x_2 + 3x_3 + 0x_4 + 0x_5;$$
$$\begin{cases} x_1 + 4x_2 + 7x_3 + x_4 = 9, \\ x_1 + x_2 + x_3 + x_5 = 3, \\ x_j \geqslant 0, j = 1, 2, \cdots, 5. \end{cases}$$

系数矩阵 $\boldsymbol{A} = (\boldsymbol{P}_1, \boldsymbol{P}_2, \boldsymbol{P}_3, \boldsymbol{P}_4, \boldsymbol{P}_5) = \begin{pmatrix} 1 & 4 & 7 & 1 & 0 \\ 1 & 1 & 1 & 0 & 1 \end{pmatrix}$,其中 $\boldsymbol{P}_4, \boldsymbol{P}_5$ 线性无关,从而它们所对应的变量 x_4, x_5 为基变量,x_1, x_2, x_3 为非基变量. 将相关数字填入表中,于是得到线性规划问题的初始单纯形表 7-8.

表 7-8

$c_j \to$			2	3	3	0	0	θ_i
$\boldsymbol{C}_B$	$\boldsymbol{X}_B$	$\boldsymbol{b}$	x_1	x_2	x_3	x_4	x_5	
0	x_4	9	1	[4]	7	1	0	$\frac{9}{4}$
0	x_5	3	1	1	1	0	1	3
σ_j			2	3	3	0	0	

因为 $\sigma_1<\sigma_2=\sigma_3$，可以取 x_2 为换入变量，也可以取 x_3 为换入变量，这里选取 x_2 为换入变量. $\theta=\min\left\{\frac{9}{4},3\right\}=\frac{9}{4}$，它所在行对应的变量 x_4 为换出变量. x_2 所在列和 x_4 所在行的交叉处[4]称为主元素. 以[4]为主元素进行初等行变换，将 x_2 对应的列向量 $\boldsymbol{P}_2=(4,1)^{\mathrm{T}}$ 变换为 x_4 对应的列向量 $\boldsymbol{P}_4=(1,0)^{\mathrm{T}}$，在 $\boldsymbol{X}_B$ 列中将 x_4 替换为 x_2，于是得到新的单纯形表 7-9.

表 7-9

$c_j \to$			2	3	3	0	0	θ_i
$\boldsymbol{C}_B$	$\boldsymbol{X}_B$	$\boldsymbol{b}$	x_1	x_2	x_3	x_4	x_5	
3	x_2	$\frac{9}{4}$	$\frac{1}{4}$	1	$\frac{7}{4}$	$\frac{1}{4}$	0	9
0	x_5	$\frac{3}{4}$	$\left[\frac{3}{4}\right]$	0	$-\frac{3}{4}$	$-\frac{1}{4}$	1	1
σ_j			$\frac{5}{4}$	0	$-\frac{9}{4}$	$-\frac{3}{4}$	0	

因为 $\sigma_1>0$，所以 x_1 为换入变量. $\theta=\min\{9,1\}=1$，它所在行对应的变量 x_5 为换出变量. x_1 所在列和 x_5 所在行的交叉处 $\left[\frac{3}{4}\right]$ 称为主元素. 以 $\left[\frac{3}{4}\right]$ 为主元素进行初等行变换，将 x_1 对应的列向量 $\boldsymbol{P}_1=\left(\frac{1}{4},\frac{3}{4}\right)^{\mathrm{T}}$ 变换为 x_5 对应的列向量 $\boldsymbol{P}_5=(0,1)^{\mathrm{T}}$，在 $\boldsymbol{X}_B$ 列中将 x_5 替换为 x_1，于是得到新的单纯形表 7-10.

表 7-10

$c_j \to$			2	3	3	0	0	θ_i
$\boldsymbol{C}_B$	$\boldsymbol{X}_B$	$\boldsymbol{b}$	x_1	x_2	x_3	x_4	x_5	
3	x_2	2	0	1	2	$\frac{1}{3}$	$-\frac{1}{3}$	
2	x_1	1	1	0	-1	$-\frac{1}{3}$	$\frac{4}{3}$	
σ_j			0	0	-1	$-\frac{1}{3}$	$-\frac{5}{3}$	

在表 7-10 中，所有的 $\sigma_j\leqslant 0$，于是得到最优解 $\boldsymbol{X}^*=\boldsymbol{X}^{(3)}=(1,2,0,0,0)^{\mathrm{T}}$，目标函数值

$z^* = 8$，即最优值为 8. 所以该大学生每周做甲工艺品 1 件、乙工艺品 2 件、丙工艺品 0 件，可使他每周获得的利润最大，最大利润为 8 美元.

知识拓展

线性规划问题标准化之后，如果系数矩阵 **A** 中存在单位矩阵，就可得到一个初始基可行解. 如果系数矩阵 **A** 中不存在单位矩阵，为了构造出单位矩阵，就需要给约束条件加上人工变量，即人为地构造一个单位矩阵，从而得到一个初始基可行解. 由于人工变量是后加入到原始约束条件中的变量，所以要通过单纯形迭代将它们逐个地从基变量中替换出来. 如果经过基变换后，基变量中不含有非零的人工变量，则原来的线性规划问题有解；如果在最终的单纯形表中，所有非基变量的检验数均为非正，而在其中还存在某个非零的人工变量，则原来的线性规划问题无可行解. 这种方法称为人工变量法. 常见的人工变量法有大 M 法和两阶段法.

知识演练

7. 用单纯形法求解下列线性规划问题.

(1) $\max z = 2x_1 + x_2 - 3x_3$,
$$\begin{cases} x_1 + 2x_2 + 2x_3 \leqslant 5, \\ 2x_1 + 3x_3 \leqslant 6, \\ x_1, x_2, x_3 \geqslant 0; \end{cases}$$

(2) $\max z = 2x_1 - x_2 + x_3$,
$$\begin{cases} -x_1 + 2x_2 - x_3 \geqslant -4, \\ 2x_1 + x_2 \leqslant 6, \\ x_1, x_2, x_3 \geqslant 0; \end{cases}$$

(3) $\max z = 5x_1 + 3x_2$,
$$\begin{cases} x_1 \leqslant 6, \\ x_2 \leqslant 4, \\ 2x_1 + 3x_2 \leqslant 18, \\ x_1, x_2 \geqslant 0; \end{cases}$$

(4) $\max z = 3x_1 + 2x_2 + 3x_3$,
$$\begin{cases} x_1 + x_2 + x_3 \leqslant 3, \\ 4x_1 + x_2 + 7x_3 \leqslant 9, \\ x_1, x_2, x_3 \geqslant 0; \end{cases}$$

(5) $\max z = 3x_1 + 3x_2 + 2x_3$,
$$\begin{cases} 7x_1 + 4x_2 + x_3 \leqslant 9, \\ x_1 + x_2 + x_3 \leqslant 3, \\ x_1, x_2, x_3 \geqslant 0; \end{cases}$$

(6) $\max z = 3x_1 + 2x_2$,
$$\begin{cases} x_1 + x_2 \leqslant 6, \\ x_1 \leqslant 3, \\ x_2 \leqslant 4, \\ x_1, x_2 \geqslant 0. \end{cases}$$

8. 某针织厂用棉线、羊毛线两种材料编织儿童裙子、长裤和短裤. 编织一条儿童裙子需要 1 两棉线和 2 两羊毛线. 编织一条儿童长裤需要 3 两棉线和 1 两羊毛线. 编织一条短裤需要 2 两羊毛线. 该厂编织的产品均出口美国，每条裙子的利润是 5 美元，每条长裤的利润是 3 美元，每条短裤的利润是 2 美元. 该针织厂每天可以提供 50 两棉线和 60 两羊毛线. 在这种条件下，每天应编织儿童长裤、裙子和短裤各多少条，才能使每天的利润最大？最大利润是多少美元？建立线性规划模型，并用单纯形法求解.

第七章复习题

一、选择题

1．对下列线性规划问题解的情况叙述正确的是　（　　）

$$\max z=4x_1+5x_2;$$
$$\begin{cases}-x_1+2x_2\geqslant 6,\\ 2x_1+5x_2\leqslant 10,\\ x_1,x_2\geqslant 0.\end{cases}$$

A．存在唯一最优解　　B．有无穷多解

C．无可行解　　D．无界解

2．对下列线性规划问题解的情况叙述正确的是　（　　）

$$\max z=6x_1+3x_2;$$
$$\begin{cases}2x_1-3x_2\leqslant 12,\\ 2x_1+x_2\geqslant 2,\\ x_2\leqslant 4,\\ x_1,x_2\geqslant 0.\end{cases}$$

A．存在唯一最优解　　B．有无穷多解

C．可行解　　D．无界解

3．对下列线性规划问题解的情况叙述正确的是　（　　）

$$\max z=3x_1+9x_2;$$
$$\begin{cases}x_1+3x_2\leqslant 9,\\ x_1\leqslant 6,\\ x_2\leqslant 2,\\ x_1,x_2\geqslant 0.\end{cases}$$

A．存在唯一最优解　　B．有无穷多解

C．无可行解　　D．无界解

4．对下列线性规划问题解的情况叙述正确的是　（　　）

$$\max z=6x_1+3x_2;$$
$$\begin{cases}-x_1+x_2\leqslant 4,\\ 2x_1+3x_2\geqslant 6,\\ x_1,x_2\geqslant 0.\end{cases}$$

A. 存在唯一最优解 B. 有无穷多解
C. 无可行解 D. 无界解

二、填空题

5. 某银行年初计划用来提供贷款的资金不能超过 2000 万元. 各种贷款的贷款利率和坏账率见下表.

贷款类型	利率	坏账率
汽车贷款	0.145	0.06
住房贷款	0.120	0.03
农业贷款	0.135	0.04
商业贷款	0.155	0.08

银行政策规定:分配给农业贷款的资金至少占贷款总额的 30%;分配给商业贷款的资金不能超过贷款总额的 15%;分配给汽车贷款的资金不能超过分配给住房贷款的资金;坏账的总额不能超过贷款总额的 3%. 假设坏账无法收回且无法产生利息收入,假设所有的贷款同时发放. 问该银行如何制定贷款策略可以使收益最大? 如果分配给汽车贷款的资金为 x_1 万元,分配给住房贷款的资金为 x_2 万元,分配给农业贷款的资金为 x_3 万元,分配给商业贷款的资金为 x_4 万元,收益为 z. 则该问题的线性规划模型为____________.

6. 某有机种植园有 200 公顷土地和 150000 元资金用于发展生产. 该种植园种植 3 种农作物:紫薯、萝卜和花生. 种植每公顷农作物需要的劳动力工资分别为 500 元、600 元和 450 元. 每公顷农作物需要的有机肥费用分别为 200 元、180 元和 220 元. 由于萝卜的市场需求量比紫薯和花生的需求量大,所以规定种植萝卜的土地面积至少占总的种植面积的 30%. 每公顷农作物的利润分别为 1000 元、1100 元和 950 元. 该有机种植园如何确定种植方案,可使利润最大? 如果种植紫薯 x_1 公顷,种植萝卜 x_2 公顷,种植花生 x_3 公顷,利润为 z. 则该问题的线性规划模型为____________.

7. 下表是某线性规划问题计算过程当中的一个单纯形表.

$c_j \rightarrow$			-3	1	-2	0	0	0	θ_i
C_B	X_B	b	x_1	x_2	x_3	x_4	x_5	x_6	
0	x_4	2	2	1	-2	1	0	0	d
0	x_5	5	-1	3	-1	0	1	0	e
0	x_6	3	1	1	-1	0	0	1	f
σ_j	a	b	c	0	0	0			

则 $a=$______,$b=$______,$c=$______,$d=$______,$e=$______,$f=$______,换入变量为______,换出变量为______.

三、将下述线性规划问题化为标准型

8. $\min z=-2x_1+x_2+x_3$；

$$\begin{cases}2x_1-x_2-2x_3\geqslant 3,\\ x_1-2x_2\geqslant 2,\\ x_1+x_2+x_3=6,\\ x_1\geqslant 0,x_2\leqslant 0.\end{cases}$$

9. $\max z=4x_1+3x_2$；

$$\begin{cases}3x_1+5x_2\leqslant 45,\\ x_2-x_1\geqslant 1,\\ x_1\geqslant 1.\end{cases}$$

10. $\max z=9x_1+3x_2$；

$$\begin{cases}2x_1-3x_2\leqslant 23,\\ 4x_1-x_2\geqslant 6,\\ 5x_1+x_2\leqslant 15,\\ x_1\geqslant 0,x_2\leqslant 0.\end{cases}$$

四、用单纯形法求解下列线性规划问题

11. $\max z=-x_1+2x_2+x_3$；

$$\begin{cases}x_1+3x_2+x_3\leqslant 60,\\ -x_1+x_2+2x_3\leqslant 10,\\ x_1+x_2-x_3\leqslant 20,\\ x_1,x_2,x_3\geqslant 0.\end{cases}$$

12. $\max z=4x_1+3x_2$；

$$\begin{cases}2x_1+x_2\leqslant 6,\\ 2x_1+3x_2\leqslant 12,\\ x_1\leqslant 2,\\ x_1,x_2\geqslant 0.\end{cases}$$

13. $\max z=3x_1+4x_2$；

$$\begin{cases}3x_1+5x_2\leqslant 200,\\ x_1+x_2\leqslant 50,\\ 5x_1+3x_2\leqslant 220,\\ x_1,x_2\geqslant 0.\end{cases}$$

五、应用题

14. 某公司用甲、乙两种原料生产 A,B 两种产品. 相关数据如下表所示.

	原料甲	原料乙	每千克的利润(元)
A 产品	4	2	400
B 产品	6	1	500
每日最大可用(千克)	24	6	

根据市场调查报告：A 产品的日需求量不超过 B 产品的日需求量加上 1 千克，同时 A 产品的最大日需求量为 2 千克. 该公司如何确定生产计划，可使每日的利润达到最大？最大利润是多少元？建立上述问题的线性规划模型，并用单纯形法求解.

数学实验与实践(二)

一、数学实验

数学实验五　用 Mathematica 进行矩阵运算

案例导出

案例　有两个工厂生产甲、乙、丙三种产品,产品数量及产品单价和每件产品的利润由以下表格给出,求两个工厂的总收入和总利润.

产品数量(万件)

工厂＼产品	甲	乙	丙
一厂	4	6	8
二厂	5	4	3

单价利润(万元/万件)

产品	单价	利润
甲	5	1
乙	10	2
丙	20	4

第一张表格可用矩阵 $\boldsymbol{A}=\begin{pmatrix}4 & 6 & 8\\5 & 4 & 3\end{pmatrix}$表示,第二张表格可用矩阵 $\boldsymbol{B}=\begin{pmatrix}5 & 1\\10 & 2\\20 & 4\end{pmatrix}$表示,则两个工厂的总收入和总利润可用矩阵乘法 $\boldsymbol{C}=\boldsymbol{AB}$ 表示.

相关知识

用数学软件 Mathematica 进行行列式、矩阵计算等内容的相关函数与命令为

(1) 方阵的行列式 Det.

(2) 逆矩阵 Inverse.

(3) 查看矩阵形式 MatrixForm.

(4) 矩阵的秩 MatrixRank.

(5) 行最简矩阵 RowReduce.

例题精选

例 1 设矩阵 $\boldsymbol{A}=\begin{pmatrix}1 & -2\\ 3 & 2\end{pmatrix}$，$\boldsymbol{B}=\begin{pmatrix}3 & 2\\ -8 & 10\end{pmatrix}$，求 $3\boldsymbol{A}+\boldsymbol{B}$，$\boldsymbol{AB}$.

解 定义矩阵 $\boldsymbol{A}$，$\boldsymbol{B}$：

In[1]:= A={{1,-2},{3,2}};B={{3,2},{-8,10}};

In[2]:= 3A+B

Out[2]= {{6,-4},{1,16}}

In[3]:= A. B(矩阵乘法要用. 而不是 *)

Out[3]= {{19,-18},{-7,26}}

例 2 求矩阵 $\boldsymbol{A}=\begin{vmatrix}1 & 2 & 3\\ 4 & 5 & 6\\ 7 & 8 & 8\end{vmatrix}$ 的行列式和逆矩阵.

解 定义矩阵 $\boldsymbol{A}$：

In[1]:= A={{1,2,3},{4,5,6},{7,8,8}};

求 $\boldsymbol{A}$ 的行列式：

In[2]:= Det[A]

Out[2]= 3

求 $\boldsymbol{A}$ 的逆矩阵：

In[3]:= Inverse[A]

Out[3]= $\left\{\left\{-\frac{8}{3},\frac{8}{3},-1\right\},\left\{\frac{10}{3},-\frac{13}{3},2\right\},\{-1,2,-1\}\right\}$

如果想查看逆矩阵的矩阵形式，可以输入：

In[4]:= MatrixForm[%]

Out[4]//MatrixForm=

$$\begin{pmatrix}-\frac{8}{3} & \frac{8}{3} & -1\\ \frac{10}{3} & -\frac{13}{3} & 2\\ -1 & 2 & -1\end{pmatrix}$$

例 3 求矩阵 $\boldsymbol{A}=\begin{vmatrix}1 & 2 & 3\\ 4 & 5 & 6\\ 7 & 8 & 9\end{vmatrix}$ 的秩，再将 $\boldsymbol{A}$ 化为行最简矩阵.

解 定义矩阵 $\boldsymbol{A}$：

In[1]:= A={{1,2,3},{4,5,6},{7,8,9}};

求 **A** 的秩：

In[2]:= MatrixRank[A]

Out[2]= 2

A 对应的行最简矩阵：

In[3]:= RowReduce[A]

Out[3]= {{1,0,−1},{0,1,2},{0,0,0}}

查看矩阵形式：

In[4]:= MatrixForm[%]

Out[4]//MatrixForm= $\begin{pmatrix} -1 & 0 & -1 \\ 0 & 1 & 2 \\ 0 & 0 & 0 \end{pmatrix}$

例 4 完成案例.

解 定义矩阵 ***A***,***B***：

In[1]:= A={{4,6,8},{5,4,3}};B={{5,1},{10,2},{20,4}};

求矩阵乘法 ***AB***：

In[2]:= A.B

Out[2]= {{240,48},{125,25}}

查看矩阵形式：

In[3]:= MatrixForm[%]

Out[3]//MatrixForm= $\begin{pmatrix} 240 & 48 \\ 125 & 25 \end{pmatrix}$

得到两个工厂的总收入和总利润(万元)：

工厂	总收入	总利润
一厂	240	48
二厂	125	25

知识演练

1. 求行列式 $\begin{vmatrix} a & b & c \\ c & a & b \\ b & c & a \end{vmatrix}$.

2. 计算$\begin{pmatrix}8\\1\\3\end{pmatrix}(3,2)\begin{pmatrix}1&-1\\3&-2\end{pmatrix}$.

3. 已知$\boldsymbol{A}=\begin{pmatrix}1&1\\-1&1\end{pmatrix}$,$\boldsymbol{B}=\begin{pmatrix}1&2\\3&1\end{pmatrix}$,求$\boldsymbol{AB}-5\boldsymbol{B}$,$(\boldsymbol{A}+\boldsymbol{B})(\boldsymbol{A}-\boldsymbol{B})$.

4. 求矩阵$\begin{pmatrix}-2&1&1\\1&-2&1\\1&1&-2\end{pmatrix}$的秩.

5. 将矩阵$\begin{pmatrix}1&-2&1&-2\\-1&1&2&1\\3&-1&-11&0\end{pmatrix}$化为行最简矩阵.

6. 求矩阵$\begin{pmatrix}1&2&0\\0&1&0\\2&-3&5\end{pmatrix}$的逆矩阵.

数学实验六　用 Mathematica 解线性方程组

案例导出

案例　某基金公司准备将 5 亿元资金投入股市. 根据基金团队的分析,得出下列基本情况:

(1) 公司准备投资的板块:金融板块、地产板块、钢铁板块和医药板块的预期收益率分别为 20%、40%、20%和 30%;

(2) 钢铁板块的投资额度为金融板块的一半,地产板块的投资额度为医药板块的三分之一;

(3) 投资总的预期收益率为 25%.

如何完成该公司的具体投资方案?

这是一个投资问题,设金融板块的投资额度为 x_1,地产板块的投资额度为 x_2,钢铁板块的投资额度为 x_3,医药板块的投资额度为 x_4,满足如下方程组

$$\begin{cases}x_1+x_2+x_3+x_4=5,\\x_1-2x_3=0,\\3x_2-x_4=0,\\0.2x_1+0.4x_2+0.2x_3+0.3x_4=5\times 0.25.\end{cases}$$

相关知识

用数学软件 Mathematica 解线性方程组等内容的相关函数与命令为：

解方程组 Solve

例题精选

例 1 解线性方程组$\begin{cases}2x_1-x_2+3x_3=1,\\4x_1-2x_2+5x_3=4,\\x_1+x_3=6.\end{cases}$

解 In[1]:=Solve[{2x1 - x2 + 3x3 == 1, 4x1 - 2x2 + 5x3 == 4,x1 + x3 == 6}, {x1, x2, x3}]

Out[1]= {{x1 → 8, x2 → 9, x3 → -2}}

方程组的解为$\begin{cases}x_1=8,\\x_2=9,\\x_3=-2.\end{cases}$

例 2 解线性方程组$\begin{cases}2x_1+4x_2+x_3+x_4=5,\\x_1+2x_2-x_3+2x_4=1,\\-x_1-2x_2-2x_3+x_4=-4.\end{cases}$

解 In[1]:=Solve[{2x1+4x2+x3+x4 ==5,x1+2x2-x3+2x4 ==1,-x1-2x2-2x3+x4 ==-4},{x1,x2,x3,x4}]

Out[1]={{x1→2-2x2-x4,x3→1+x4}}

方程组的解为$\begin{cases}x_1=2-2x_2-x_4,\\x_3=1+x_4.\end{cases}$

也可以用矩阵的初等变换方法解方程组：

In[2]:=B={{2,4,1,1,5},{1,2,-1,2,1},{-1,-2,-2,1,-4}};

In[3]:=MatrixForm[RowReduce[B]]

Out[3]//MatrixForm= $\begin{pmatrix}1&2&0&1&2\\0&0&1&-1&1\\0&0&0&0&0\end{pmatrix}$

也可以得到方程组的解为$\begin{cases}x_1=2-2x_2-x_4,\\x_3=1+x_4.\end{cases}$

例 3 解线性方程组$\begin{cases}2x_1-x_2-x_3+x_4=1,\\x_1+2x_2-x_3-2x_4=0,\\3x_1+x_2-2x_3-x_4=2.\end{cases}$

解 In[1]:=Solve[{2x1-x2-x3+x4 ==1,x1+2x2-x3-2x4 ==0,3x1+x2-2x3-x4 ==2},{x1,x2,x3,x4}]

Out[1]={}

方程组无解.

例 4 完成案例.

解 In[1]:=Solve[{x1+x2+x3+x4 ==5,x1-2x3 ==0,3x2-x4 ==0,0.2x1+0.4x2+0.2x3+0.3x4 ==5*0.25},{x1,x2,x3,x4}]

Out[1]={{x1→2.,x2→0.5,x3→1.,x4→1.5}}

所以金融板块的投资额度为 2 亿元,地产板块的投资额度为 0.5 亿元,钢铁板块的投资额度为 1 亿元,医药板块的投资额度为 1.5 亿元.

也可以用矩阵的初等变换方法解方程组:

In[2]:=B={{1,1,1,1,5},{1,0,-2,0,0},{0,3,0,-1,0},{0.2,0.4,0.2,0.3,5*0.25}};

In[3]:=MatrixForm[RowReduce[B]]

$$\text{Out[3]//MatrixForm}=\begin{pmatrix}1 & 0. & 0. & 0. & 2.\\ 0 & 1 & 0. & 0. & 0.5\\ 0 & 0 & 1 & 0. & 1.\\ 0 & 0 & 0 & 1 & 1.5\end{pmatrix}$$

也可以得到相同结论.

本例中的方程组还可以用逆矩阵的方法 $\boldsymbol{X}=\boldsymbol{A}^{-1}\boldsymbol{b}$ 来求解:

In[4]:=A={{1,1,1,1},{1,0,-2,0},{0,3,0,-1},{0.2,0.4,0.2,0.3}};

In[5]:=b={5,0,0,5*0.25};

In[5]:=Inverse[A].b

Out[5]={2.,0.5,1.,1.5}

可以得到相同结论.

知识演练

求下列线性方程组:

(1) $\begin{cases}x_1+2x_2+4x_3=31,\\ 5x_1+x_2+2x_3=29,\\ 3x_1-x_2+x_3=10;\end{cases}$　　(2) $\begin{cases}x_1-x_2+3x_3=1,\\ 4x_1-2x_2+5x_3=4,\\ 2x_1-x_2+4x_3=-1;\end{cases}$

(3) $\begin{cases} x_1+x_2-3x_3=-1, \\ 2x_1+x_2-2x_3=1, \\ x_1+x_2+x_3=3, \\ x_1+2x_2-3x_3=1. \end{cases}$

数学实验七　用 Mathematica 解线性规划问题

案例导出

案例　某工厂安排生产甲、乙两种产品，已知生产单位产品所需的设备台时和 A，B 两种原材料的消耗量如下表所示，每生产一件甲产品可获利 200 元，每生产一件乙产品可获利 300 元，问在现有设备与原材料(如下表)一定的条件下如何安排生产可使工厂获利最多？

产品	甲	乙	现有总共
设备	1	2	8 台时
原材料 A	4	0	16kg
原材料 B	0	4	12kg

设甲、乙两种产品的产量分别为 x_1 和 x_2，此例可用如下线性规划表示

$$\max z=200x_1+300x_2;$$

$$\begin{cases} x_1+2x_2\leqslant 8, \\ 4x_1\leqslant 16, \\ 4x_2\leqslant 12, \\ x_1,x_2\geqslant 0. \end{cases}$$

相关知识

用数学软件 Mathematica 解线性规划等内容的相关函数与命令为

(1) 带条件的最大值 ConstrainedMax.

(2) 带条件的最小值 ConstrainedMin.

(3) 线性规划 LinearProgramming.

例题精选

例 1　解线性规划问题

$$\min z=-3x_1+x_2+x_3;$$

$$\begin{cases} x_1-2x_2+x_3\leqslant 11, \\ -4x_1+x_2+2x_3\geqslant 3, \\ -2x_1+x_3=1, \\ x_1,x_2,x_3\geqslant 0. \end{cases}$$

解　In[1]:= ConstrainedMin[−3x1 + x2 + x3, {x1 − 2x2 + x3 <= 11, −4x1 + x2 + 2x3 >= 3, −2x1 + x3 == 1}, {x1, x2, x3}]

Out[1]= {−2, {x1 →4, x2 → 1, x3 → 9}}

也可以使用 LinearProgramming 命令来求解,将线性规划转化为

$$\min z=-3x_1+x_2+x_3;$$

$$\begin{cases} -x_1+2x_2-x_3\geqslant -11, \\ -4x_1+x_2+2x_3\geqslant 3, \\ -2x_1+x_3=1, \\ x_1,x_2,x_3\geqslant 0. \end{cases}$$

In[2]:=m={{−1,2,−1},{−4,1,2},{−2,0,1}};c={−3,1,1};

b={−11,3,1};

LinearProgramming[c,m,b]

Out[2]= {4,1,9}

同样得到了线性规划的解.

例 2　解线性规划问题

$$\max z=6x_1-2x_2+3x_3;$$

$$\begin{cases} 2x_1-x_2+2x_3\leqslant 2, \\ x_1-4x_3\leqslant 4, \\ x_1,x_2,x_3\geqslant 0. \end{cases}$$

解　In[1]:=ConstrainedMax[6x1 − 2x2 + 3x3, {2x1 − x2 + 2x3 <= 2, x1 + 4x3 <= 4}, {x1, x2, x3}]

Out[1]= {12, {x1 → 4, x2→ 6, x3→0}}

使用 LinearProgramming 命令来求解,将线性规划转化为

$$\min z=-6x_1+2x_2-3x_3,$$

$$\begin{cases} -2x_1+x_2-2x_3\geqslant -2, \\ -x_1+4x_3\geqslant -4, \\ x_1,x_2,x_3\geqslant 0. \end{cases}$$

In[2]:=m={{−2,1,−2},{−1,0,−4}};c={−6,2,−3};b={−2,−4};

LinearProgramming[c,m,b]

Out[2]= {4,6,0}

同样得到了线性规划的解.

例 3 完成案例.

解 In[1]:= Maximize[200x1+300x2,{x1+2x2<=8,4x1<=16,4x2<=12},{x1,x2}]

Out[1]= {1400,{x1→4,x2→2}}

所以在当前条件下，工厂应该生产甲产品 4 个单位，生产乙产品 2 个单位，可获最大利益 1400 元.

知识演练

求解下列线性规划：

(1) $\max z=x+\frac{y}{2}$,

$$\begin{cases}6x+5y\leqslant 30,\\3x+y\leqslant 12,\\x+3y\leqslant 12,\\x,y\geqslant 0;\end{cases}$$

(2) $\min w=5x+4y-z$,

$$\begin{cases}x+2y-z\geqslant 1,\\2x+y+z\geqslant 4,\\x_1,x_2,x_3\geqslant 0;\end{cases}$$

(3) $\max w=2x+3y-5z$,

$$\begin{cases}x+y+z=7,\\2x-5y+3z\geqslant 10,\\x_1,x_2,x_3\geqslant 0.\end{cases}$$

二、数学模型

数学模型五　行列式和矩阵在数学模型中的应用

本节案例主要涉及线性代数中矩阵与方阵的行列式等概念. 通过案例建立数学模型，加深对行列式、矩阵及矩阵运算等相关知识的进一步理解以及了解这些概念的实际应用.

案例 1 消防设施与监狱看守

若干条街道构成居民小区，一个非常简化的小区如右图街区(及监狱)示意图所示，e_1，e_2，…，e_7表示街道，v_1，v_2，…，v_5表示交叉路口. 现计划在某些路口安置消防设施，只有与路口直接相连的街道才能使用它们. 为使所有街道必要时都有消防设施可用，在哪些路口安置设施才最节省呢？

一座监狱的几间牢室有道路相连，不妨设其示意图也为图 1，$v_1,v_2,\cdots,v_5$ 表示牢室，$e_1,e_2,\cdots,e_7$ 表示道路. 监狱看守室要设在通过道路能直接监视所有牢室的地方，如果看守不得走动，那么他们应该停留在某些牢室(即路口)所在地. 问至少需要几名看守才能完成监视任务呢？

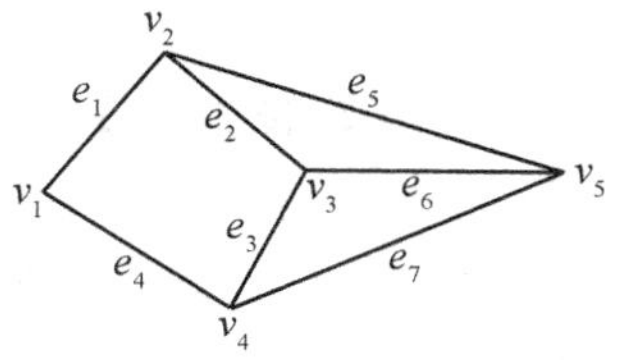

图 1

上面两个问题的模型已经很自然地用图表示出来，也不难用图的性质和算法来解决.

1. 图的几个基本概念(以图 1 为例叙述)

图是由顶点集 $V=(v_1,v_2,\cdots,v_5)$、边集 $E=(e_1,e_2,\cdots,e_7)$ 以及各个顶点和各边之间确定的关联关系 Ψ 组成的一种结构，记作图 $G=(V,E,\Psi)$. 其中 $\Psi(e_1)=v_1v_2$，$\Psi(e_2)=v_2v_3$，$\cdots$，$\Psi(e_7)=v_4v_5$，v_1,v_2 是 e_1 的端点，e_1 是 v_1,v_2 的邻边. 为简便起见，以下将 Ψ 省略，记为 $G=(V,E)$，$e_1=v_1v_2$，$\cdots$. 显然，这里的图不是几何意义下的图形，只要保持 V,E,Ψ 不变，顶点的位置、边的长短曲直都可以任意选择. 图还可以用下面两种矩阵形式表示：

关联矩阵(Incidence Matrix)$\boldsymbol{R}=(r_{ij})_{n\times m}$($n$ 为顶点数，m 为边数)，其中

$$r_{ij}=\begin{cases}1, & \text{若存在 } v_k\in V,\text{使 } e_j=v_iv_k,\\ 0, & \text{否则.}\end{cases} \tag{1}$$

即仅当以 v_i 为顶点的邻边是 e_j 时 $r_{ij}=1$. 图 1 的关联矩阵为

$$\boldsymbol{R}=\begin{bmatrix}1&0&0&1&0&0&0\\1&1&0&0&1&0&0\\0&1&1&0&0&1&0\\0&0&1&1&0&0&1\\0&0&0&0&1&1&1\end{bmatrix}\begin{matrix}v_1\\v_2\\v_3\\v_4\\v_5\end{matrix} \tag{2}$$
$$\quad\ e_1\quad e_2\quad e_3\quad e_4\quad e_5\quad e_6\quad e_7$$

邻接矩阵(Adjacency Matrix)$\boldsymbol{A}=(a_{ij})_{n\times n}$，其中

$$a_{ij}=\begin{cases}1, & \text{若存在 } e_k\in E,\text{使 } e_k=v_iv_j,\\ 0, & \text{否则.}\end{cases} \tag{3}$$

即仅当 v_i 与 v_j 之间有边相连时 $a_{ij}=1$，上图 1 的邻接矩阵为

$$\boldsymbol{A}=\begin{bmatrix}0&1&0&1&0\\1&0&1&0&1\\0&1&0&1&1\\1&0&1&0&1\\0&1&1&1&0\end{bmatrix}\begin{matrix}v_1\\v_2\\v_3\\v_4\\v_5\end{matrix} \tag{4}$$
$$\quad\ v_1\quad v_2\quad v_3\quad v_4\quad v_5$$

可以看出，由图能够写出它的关联矩阵 $\boldsymbol{R}$ 和邻接矩阵 $\boldsymbol{A}$，反之，由 $\boldsymbol{R}$ 或 $\boldsymbol{A}$ 也能够作出相

应的图.

2. 消防设施的安置

在每个路口都安置消防设施显然可以达到每条街道都可以使用的目的，但这是不必要的. 去掉 v_5，在 v_1, v_2, v_3, v_4 各安置一个也可达到目的. 再去掉 v_1，在 v_2, v_3, v_4 各安置一个仍然可以. 这时不能再去掉了. 不难发现，在 v_1, v_3, v_5 或 v_2, v_4, v_5 各安置一个也可以，但是只在 2 个路口安置消防设施是不行的，所以应该安置 3 个设施. 可以看出，这里要研究图的顶点与边的关系.

图的覆盖问题正是讨论这种关系的. 若图 G 的每条边都至少有一个端点在顶点集 V 的一个子集 K 之中，则 K 称为 G 的覆盖(Covering). 一个图可以有很多覆盖，如 (v_1, v_2, v_3, v_4)，(v_1, v_3, v_4, v_5)，(v_2, v_3, v_4)，(v_1, v_3, v_5)，(v_2, v_4, v_5) 都是图 1 所示图的覆盖. 含顶点个数最少的覆盖称为最小覆盖. 最小覆盖也不一定唯一，如上面 (v_2, v_3, v_4)，(v_1, v_3, v_5) 等. 最小覆盖中顶点个数称覆盖数，记作 α. 消防设施的安置问题归结为求图的最小覆盖.

因为关联矩阵表示的是顶点与边之间的关系，所以关联矩阵与覆盖密切相关. 下面的结论显然成立.

顶点集 V 的子集 K 是图 G 的一个覆盖，当且仅当 G 的关联矩阵 $\boldsymbol{R}$ 中 K 的各顶点所对应的行内，每列至少存在一个元素 1.

从关联矩阵可以找出一个最小覆盖，下面仅以(2)式为例说明其步骤：

(1) 在(2)式中取恰有两个 1 的那一列中 1 所在的行，如 v_3 行，令 $v_3 \in K$，划去 v_3 行及 v_3 行中元素 1 所在的 e_2, e_3, e_6 列，得

$$\begin{array}{c} \begin{bmatrix} 1 & 1 & 0 & 0 \\ 1 & 0 & 1 & 0 \\ 0 & 1 & 0 & 1 \\ 0 & 0 & 1 & 1 \end{bmatrix} \begin{matrix} v_1 \\ v_2 \\ v_4 \\ v_5 \end{matrix} \\ \begin{matrix} e_1 & e_4 & e_5 & e_7 \end{matrix} \end{array} \tag{5}$$

(2) 在(5)式中取恰有两个 1 的那一列中 1 所在的行，如 v_5 行. 划去 v_5 行及 v_5 行中元素 1 所在的 e_5, e_7 列，得

$$\begin{array}{c} \begin{bmatrix} 1 & 1 \\ 1 & 0 \\ 0 & 1 \end{bmatrix} \begin{matrix} v_1 \\ v_2 \\ v_4 \end{matrix} \\ \begin{matrix} e_1 & e_4 \end{matrix} \end{array} \tag{6}$$

(3) 因为 $v_1 > v_2$，$v_1 > v_4$（若对所有的 j，$r_{kj}=1 \Rightarrow r_{ij}=1$，记 $v_i > v_k$），划去 v_2, v_4 行，$v_1 \in K$，过程结束. 因此最小覆盖 $K=(v_1, v_3, v_5)$.

综上可知，最小覆盖的概念和算法完全解决了消防设施安置这一类问题.

3. 监狱看守问题

在每间牢室设一名看守是多余的，在 v_1, v_3, v_5 各设一名看守即可同时监视 v_2, v_4. 还可

以把 v_3 处的看守去掉,只留 v_1,v_5. 当然,在 v_2,v_3 或 v_4,v_5 处设看守亦可. 但是只在一处设看守是不行的. 所以至少需要两名看守.

用图来分析这个问题我们看到,与覆盖问题研究用若干顶点控制所有邻边不同,这里只讨论的是用若干顶点通过邻边控制所有顶点. 试看如下的定义:若图 G 的每个顶点或者直接属于顶点集 V 的某个子集 C,或者它的邻边的另一端点属于 C,则 C 称为 G 的控制集(Dominating set). 这样 (v_1,v_3,v_5),(v_1,v_5),(v_2,v_3) 等都是上图 1 的控制集. 含顶点数最少的控制集称为最小控制集,如 (v_1,v_5). 最小控制集中顶点个数称控制数,记作 δ.

邻接矩阵表示的是顶点之间的联系,所以它与控制集有关. 将这种关系的论述及由邻接矩阵确定控制集的算法留给读者.

案例 2 旅游决策

假期到了,要组织一次旅游,有 3 个地点可供你选择,你大概会从景色、费用、旅途条件等因素去衡量这些地点,如果你对秀丽的山光水色特别喜爱,那么你可能选择风景如画的地方;如果费用的节省在你的心目中占据很大的比重,那么你可能会选择距离较近的地方……我们不妨把通常人们对这个问题的决策过程分解一下:

首先是确定景色、费用等因素在影响你选择旅游地这个目标中各占多大比重;

然后是比较三个地点的景色如何、费用如何、其他条件如何;

最后是综合以上的结果得到三个地点在总目标中所占的比重.

一般应该选择比重最大的那个地点.

这个思想方法可以整理为以下几个步骤.

(1) 将决策问题分解为 3 个层次. 最上层为目标层;最下层为方案层,有 P_1,P_2,P_3 三个供选择地;中间层为准则层,有景色、费用、居住、饮食、旅途五个准则. 各层之间的联系用下图表示:

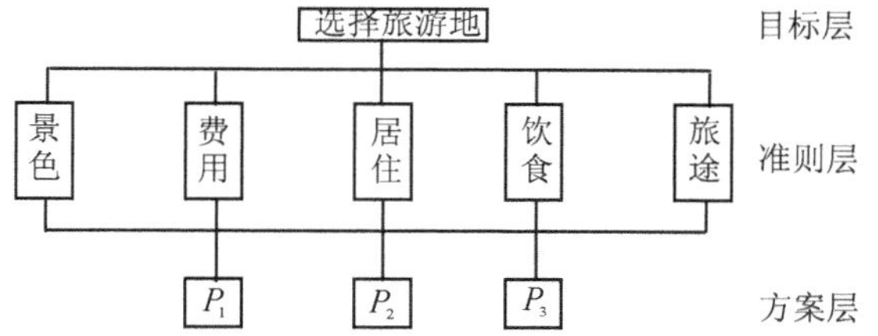

图 2

(2) 通过相互比较确定各准则对于上一层的权重,这些权重应该给予量化.

(3) 将方案层对准则层的权重及准则层对目标层的权重进行综合,最后确定方案层对目标层的权重,由此给出决策过程.

完成这几个步骤的关键是在量化过程中并非把所有因素一起进行比较,而是两两相互比较,并且采用相对尺度,以尽量减少性质不同的诸因素相互比较的困难.

模型建立和求解：

1. 建立成对比较矩阵

考虑某一层有 n 个因素 $C_1,C_2,\cdots,C_n$ 对上一层 O 的影响，每次取两个因素 C_i 及 C_j，用 a_{ij} 表示 C_i 与 C_j 对 O 的影响之比，由此可作出成对比较矩阵：

$$\mathbf{A}=(a_{ij})_{n\times n}，其中\ a_{ij}>0,a_{ji}=\frac{1}{a_{ij}}.$$

具有这样性质的矩阵称为正互反阵，这个矩阵所有元素实际上仅决定于 $i>j$ 的上对角元素.

在上述旅游目的地问题上，可引进如下正互反阵：

$$\mathbf{A}=\begin{pmatrix} 1 & \frac{1}{2} & 4 & 3 & 3 \\ 2 & 1 & 7 & 5 & 5 \\ \frac{1}{4} & \frac{1}{7} & 1 & \frac{1}{2} & \frac{1}{3} \\ \frac{1}{3} & \frac{1}{5} & 2 & 1 & 1 \\ \frac{1}{3} & \frac{1}{5} & 3 & 1 & 1 \end{pmatrix}.$$

2. 一致性矩阵及性质

仔细分析这个矩阵，$a_{12}=\frac{1}{2}$说明 C_1 与 C_2 之比为 1 比 2；$a_{13}=4$ 说明 C_1 与 C_3 之比为 4 比 1；由此应推出 C_2 与 C_3 之比为 8 比 1，而 $a_{23}=7$，所以 $\mathbf{A}$ 中元素不是严格意义上相一致的. 因为 $\mathbf{A}$ 是由定性与定量相结合而确定的，要在正互反阵中达到全部一致是过于苛刻的.

如果正互反阵 $\mathbf{A}$ 满足要求：$a_{ij}\cdot a_{jk}=a_{ik}(i,j,k=1,2,\cdots,n)$，则称为一致性矩阵. 例如，

$$\mathbf{A}=\begin{pmatrix} \frac{\omega_1}{\omega_1} & \frac{\omega_1}{\omega_2} & \cdots & \frac{\omega_1}{\omega_n} \\ \frac{\omega_2}{\omega_1} & \frac{\omega_2}{\omega_2} & \cdots & \frac{\omega_2}{\omega_n} \\ \vdots & \vdots & & \vdots \\ \frac{\omega_n}{\omega_1} & \frac{\omega_n}{\omega_2} & \cdots & \frac{\omega_n}{\omega_n} \end{pmatrix}$$

是一个一致性矩阵.

可以证明一致性矩阵具有如下性质：

(1) $\mathbf{A}$ 的秩为 1，$\mathbf{A}$ 的唯一非零特征根为 n；

(2) $\mathbf{A}$ 的任何一个列(行)向量都是对应于特征根 n 的特征向量.

3. 权向量与组合权向量

当 $\boldsymbol{A}$ 为一致性矩阵时，取特征根 n 对应的特征向量$(x_1,x_2,\cdots,x_n)$为诸因素 $C_1,C_2,\cdots,C_n$对于上一层 O 的影响的权向量. 当 $\boldsymbol{A}$ 并非为一致性矩阵，但在不一致的容许范围(下面介绍)内，则也取最大特征根 λ 对应的特征向量 $\boldsymbol{X}^{\mathrm{T}}=(x_1,x_2,\cdots,x_n)$为权向量，即 $\boldsymbol{X}$ 满足 $\boldsymbol{AX}=\lambda\boldsymbol{X}$. 可以证明正互反阵的最大特征根 $\lambda\geqslant n$，当 $\lambda=n$ 时 $\boldsymbol{A}$ 为一致性矩阵.

用同样的方法可以考虑第三层对第二层中每个因素的成对比较矩阵及权向量，如果有更多的层次，依此类推.

我们的目的是考虑最后一层通过中间层对第一层的权向量，称之为组合权向量. 组合权向量中最大分量对应的方案即为最佳方案. 组合权向量的求法见下面.

4. 一致性检验

(1) 比较尺度.

当比较两个因素 C_i与 C_j对上一层因素 O 的影响时，如何进行量化？现列出比较尺度：

尺度 a_{ij}	含义
1	C_i与 C_j影响相同
3	C_i与 C_j影响较强
5	C_i与 C_j影响强
7	C_i与 C_j影响明显强
9	C_i与 C_j影响绝对强
2、4、6、8	C_i与 C_j影响之比在上述两个相邻等级之间

(2) 一致性比率 CR.

记 $CI=\dfrac{\lambda-n}{n-1}$，定义为一致性指标，其中 λ 为正互反矩阵的最大特征根. 因为 $\sum\limits_{i=1}^{n}\lambda_i=n$($\boldsymbol{A}$ 的对角元素之和)，所以 CI 代表除 λ 外其余 $n-1$ 个特征根的平均值(取绝对值). 当 $CI=0$ 时，$\boldsymbol{A}$ 为一致性矩阵，当 CI 越大，其一致性越差.

为确定 $\boldsymbol{A}$ 的不一致性的容许范围，人们在大量统计实验的基础上建立了因素 n 与随机一致性指标 RI 的关系，列表如下：

随机一致性指标 RI 值表

n	1	2	3	4	5	6	7	8	9	10
RI	0	0	0.58	0.90	1.12	1.24	1.32	1.41	1.45	1.49

又记 $CR=\dfrac{CI}{RI}$，当 $CR<0.1$ 时，称 $\boldsymbol{A}$ 的不一致性在容许范围内，CR 称为一致性比率. 这种方法称为一致性检验. 如果一致性检验不通过，则需要重新修订正互反阵 $\boldsymbol{A}$ 中的诸 a_{ij} 值.

5. 解法举例

现在先通过具体例子来计算前面介绍的各个步骤. 取

$$A=\begin{pmatrix}1 & \frac{1}{2} & 4 & 3 & 3\\ 2 & 1 & 7 & 5 & 5\\ \frac{1}{4} & \frac{1}{7} & 1 & \frac{1}{2} & \frac{1}{3}\\ \frac{1}{3} & \frac{1}{5} & 2 & 1 & 1\\ \frac{1}{3} & \frac{1}{5} & 3 & 1 & 1\end{pmatrix},$$

算出最大特征根 $\lambda=5.073$，归一化的特征向量为

$$\boldsymbol{\omega}^{(2)}=(0.236,0.475,0.055,0.099,0.110)^{\mathrm{T}}.$$

这就是第 2 层对第 1 层的权向量. 经检验

$$CI=\frac{5.073-5}{5-1}=0.018, CR=\frac{0.018}{1.12}<0.1.$$

又取第 3 层对第 2 层的各个正互反阵：

$$B_1=\begin{pmatrix}1 & 2 & 5\\ \frac{1}{2} & 1 & 2\\ \frac{1}{5} & \frac{1}{2} & 1\end{pmatrix}, B_2=\begin{pmatrix}1 & \frac{1}{3} & \frac{1}{8}\\ 3 & 1 & \frac{1}{3}\\ 8 & 3 & 1\end{pmatrix}, B_3=\begin{pmatrix}1 & 1 & 3\\ 1 & 1 & 3\\ \frac{1}{3} & \frac{1}{3} & 1\end{pmatrix}$$

$$B_4=\begin{pmatrix}1 & 3 & 4\\ \frac{1}{3} & 1 & 1\\ \frac{1}{4} & 1 & 1\end{pmatrix}, B_5=\begin{pmatrix}1 & 1 & \frac{1}{4}\\ 1 & 1 & \frac{1}{4}\\ 4 & 4 & 1\end{pmatrix}.$$

分别计算 λ_k，$\boldsymbol{\omega}_k^{(3)}$，$CI_k$，列表如下：

k	1	2	3	4	5
λ_k	3.005	3.002	3	3.009	3
$\boldsymbol{\omega}_k^{(3)}$	0.595 0.277 0.129	0.082 0.236 0.682	0.429 0.429 0.142	0.633 0.193 0.175	
CI_k	0.003	0.001	0	0.005	0

记

$$W^{(3)}=\begin{pmatrix}0595 & 0.082 & 0.429 & 0.633 & 0.166\\ 0.277 & 0.236 & 0.429 & 0.193 & 0.166\\ 0.129 & 0.682 & 0.142 & 0.175 & 0.668\end{pmatrix}.$$

则

$$\boldsymbol{\omega}^{(3)}=\boldsymbol{W}^{(3)}\boldsymbol{\omega}^{(2)}=\boldsymbol{W}^{(3)}[0.263\ 0.475\ 0.055\ 0.099\ 0.110]^{\mathrm{T}}=[0.300\ 0.246\ 0.456]^{\mathrm{T}}.$$

一般如有 s 层(第一层只有 1 个因素).分别计算 $\boldsymbol{\omega}^{(2)},\boldsymbol{W}^{(3)},\cdots,\boldsymbol{W}^{(s)}$,则

$$\boldsymbol{\omega}^{(s)}=\boldsymbol{W}^{(s)}\boldsymbol{W}^{(s-1)}\cdots\boldsymbol{W}^{(3)}\boldsymbol{\omega}^{(2)},$$

即为 s 层通过中间层对第一层的最终组合权向量.

6. 组合一致性检验

对正互反阵进行个别的一致性检验并不能保证经过各层次的传递后不出问题,所以最后还需要进行组合一致性检验,方法如下:

记

$$CI^{(p)}=[CI_1^{(p)}\,CI_2^{(p)}\cdots CI_m^{(p)}]\boldsymbol{\omega}^{(p-1)}\quad(\boldsymbol{\omega}^{(p-1)}=\boldsymbol{W}^{(p-1)}\boldsymbol{\omega}^{(p-2)}),$$

$$RI^{(p)}=[RI_1^{(p)}\,RI_2^{(p)}\cdots RI_m^{(p)}]\boldsymbol{\omega}^{(p-1)},$$

又记

$$CR^{(p)}=CR^{(p-1)}+\frac{CI^{(p)}}{RI^{(p)}},\text{其中 } CR^{(2)}=\frac{CI^{(2)}}{RI^{(2)}},$$

当最后一层有 $CR^{(s)}<0.1$ 时,即通过组合一致性检验.

本例题中,$CR^{(2)}=0.016$,$CR^{(3)}=0.016+\frac{0.00176}{0.58}=0.019<0.1$,满足要求.

结果表明,P_3 在旅游地点的选择占的比重约为一半,应作为第一选择点.

数学模型六　线性方程组在数学模型中的应用

案例 1　最佳食谱.

一个兽医推荐狗的每天食谱中应该包含 100 个单位的蛋白质、200 个单位的卡路里、50 个单位的脂肪.一个商店的宠物食物都有食品 A,B,C,D.每千克的四种食品所包含的蛋白质、卡路里和脂肪的量(单位)如下:

食物	蛋白质	卡路里	脂肪
A	5	20	2
B	4	25	2
C	7	10	10
D	10	5	6

如果可能,请找出狗一天食谱中 A,B,C,D 的量,使得狗的食谱满足兽医的推荐.

设狗一天食谱中食物 A,B,C,D 的量分别为 x_1,x_2,x_3,x_4(kg)使得狗的食谱满足兽医的推荐. 于是有下面的线性方程组

$$\begin{cases}5x_1+4x_2+7x_3+10x_4=100,\\20x_1+25x_2+10x_3+5x_4=200,\\2x_1+2x_2+10x_3+6x_4=50.\end{cases}$$

对该线性方程组的增广矩阵进行初等行变换,使之变为行阶梯矩阵.

$$\begin{pmatrix}5&4&7&10&100\\20&25&10&5&200\\2&2&10&6&50\end{pmatrix}\xrightarrow[r_1\leftrightarrow r_3]{\substack{\frac{1}{2}r_3\\\frac{1}{5}r_2}}\begin{pmatrix}1&1&5&3&25\\4&5&2&1&40\\5&4&7&10&100\end{pmatrix}\xrightarrow[r_3-5r_1]{r_2-4r_1}$$

$$\begin{pmatrix}1&1&5&3&25\\0&1&-18&-11&-60\\0&-1&-18&-5&-25\end{pmatrix}\xrightarrow[(-1)r_3]{r_3+r_2}\begin{pmatrix}1&1&5&3&25\\0&1&-18&-11&-60\\0&0&36&16&85\end{pmatrix},$$

上面最后一个矩阵是行阶梯矩阵,它对应的线性方程组为

$$\begin{cases}x_1+x_2+5x_3+3x_4=25,\\x_2-18x_3-11x_4=-60,\\36x_3+16x_4=85.\end{cases}$$

通过回代的方法确定上述方程组的非负解.

对最后一个方程,令 $x_4=t$,得

$$x_3=\frac{1}{36}(85-16t),$$

将 x_3,x_4 回代到第二个方程中,得

$$x_2=3t-\frac{35}{2},$$

将 x_4,x_3,x_2 回代到第一个方程中,可以获得 x_1 的表达式. 在具体获得表达式之前,先看一看到目前为止,是否可以获得非负解.

首先,因为 $x_4=t$,故 $t\geqslant 0$;

其次,因为 $x_4=\frac{1}{36}(85-16t)$,故 $85-16t\geqslant 0$,此时 $t\leqslant\frac{85}{16}$;

再次,为了使得 x_2 非负,则 $3t-\frac{35}{2}\geqslant 0$,即 $t\geqslant\frac{35}{6}$.

这就要求$\frac{35}{6}\leqslant t\leqslant\frac{85}{16}$,即要求 t 必须满足$\frac{280}{48}\leqslant t\leqslant\frac{255}{48}$,

这是不可能的,也就是说不可能找到方程组的非负解. 换句话说,不可能找到食谱中食物 A,

B, C, D 的量，使得狗的食谱满足兽医的推荐. 但是应该强调一点：此问题中的线性方程组有无穷多解，只是没有非负解.

案例 2 交通流量问题

如图所示是某地区的交通网络图，设所有道路均为单行道，且道路边不能停车，图中的箭头标示了交通的方向，标示的数为高峰期每小时进出道路网络的车辆数. 设进出道路网络的车辆相同，总数各有 800 辆，若进入每个交叉点的车辆数等于离开该点的车辆数，则交通流量平衡条件满足，交通就不出现堵塞. 求各支路交通流量为多少时，此交通网络交通流量达到平衡？

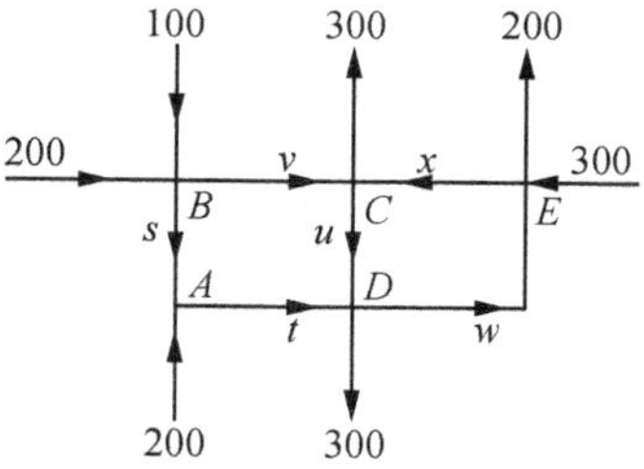

图 3

对每一个道路交叉点的平衡条件，即道路交叉点的车辆进出平衡可建立一个方程. 设每小时进出交叉点的未知车辆如图所示，根据“进入该点的车辆数＝离开该点的车辆数”建立如下方程：

$$\begin{aligned} &A\text{ 点：}200+s=t,\\ &B\text{ 点：}200+100=s+v,\\ &C\text{ 点：}v+x=300+u,\\ &D\text{ 点：}u+t=300+w,\\ &E\text{ 点：}300+w=200+x. \end{aligned}$$

从而，得到一个描述交通网络的线性方程组

$$\begin{cases} s-t=-200,\\ s+v=300,\\ -u+v+x=300,\\ t+u-w=300,\\ -w+x=100. \end{cases}$$

可利用初等行变换解此方程组如下：

$$\widetilde{\boldsymbol{A}}=\begin{pmatrix} 1 & -1 & 0 & 0 & 0 & 0 & -200\\ 1 & 0 & 0 & 1 & 0 & 0 & 300\\ 0 & 0 & -1 & 1 & 0 & 1 & 300\\ 0 & 1 & 1 & 0 & -1 & 0 & 300\\ 0 & 0 & 0 & 0 & -1 & 1 & 100 \end{pmatrix}\rightarrow\begin{pmatrix} 1 & 0 & 0 & 1 & 0 & 0 & 300\\ 0 & 1 & 0 & 1 & 0 & 0 & 500\\ 0 & 0 & -1 & 1 & 0 & 1 & 300\\ 0 & 0 & 0 & 0 & -1 & 1 & 100\\ 0 & 0 & 0 & 0 & -1 & 1 & 100 \end{pmatrix},$$

其中 v, x 为自由变量，分别设为 c_1 与 c_2，由此可知方程组有无穷多组解，方程组的解为

$$\begin{cases} s=300-c_1, \\ t=500-c_1, \\ u=-300+c_1+c_2, \\ w=-100+c_2, \\ v=c_1, \\ x=c_2. \end{cases}$$

由于出入各交叉点的车辆数不能为负数,即各未知数必须为正.因此,必须满足以下条件

$$300-c_1\geqslant 0, -300+c_1+c_2\geqslant 0, -100+c_2\geqslant 0,$$

才可得到实际问题的解.如,得到实际问题的一组解为(150,350,50,100,150,200).

数学模型七 线性规划在数学模型中的应用

优化是我们在工程技术、经济管理等诸多领域中最常遇到的问题之一.学过多元微积分后,我们知道这是多元函数的条件极值问题,但大多数实际问题归结出的优化模型很难用这种方法求解.比较有效地求解优化模型的方法属于20世纪中叶出现的运筹学的一个重要分支——数学规划.它主要包括:线性规划(LP)、非线性规划(NLP)、整数规划(IP)、动态规划(DP)、多目标规划等.本节案例,介绍利用经济数学中所学习的线性规划的理论知识,建立数学模型.

案例1 木匠问题

某木匠制作桌子和书架出售.他希望确定每种家具每周制作多少,即希望制定制作桌子和书架的周生产计划,使获得的利润最大.制作桌子和书架的单位成本分别为5美元和7美元,每周收益可以分别用下面的表达式估计:

$50x_1-0.2x_1^2$,其中 x_1 是每周生产的桌子数量;

$65x_2-0.3x_2^2$,其中 x_2 是每周生产的书架数量.

在这个例子中,问题就是确定每周制作多少桌子和书架.因此,决策变量就是每周制作的桌子和书架的数量.我们假设在该生产计划中,桌子和书架的生产数量取非整数数值也是合理的.目标函数表示的是一周生产销售桌子和书架得到的净利润,是一个非线性表达式.由于利润等于收益减成本,故利润函数为

$$f(x_1,x_2)=50x_1-0.2x_1^2+65x_2-0.3x_2^2-5x_1-7x_2,$$

这个问题中没有约束条件.

让我们考虑上述情形的一种变形.假设木匠销售桌子和书架的单位净利润分别为25美元和30美元,他希望确定每种家具每周制作多少.他每周最多有690张木板可以使用,并且每周最多工作120小时.如果木板和劳动时间不用于生产桌子和书架,他能够将它们有效地使用在其他方面.据估计,生产一张桌子需要20张木板和5个小时劳动时间,生产一个书架

需要 30 张木板和 4 小时劳动时间. 此外,他已经签定了每周供应 4 张桌子和 2 个书架的交货合同. 他希望确定桌子和书架的周生产计划,使获得的利润最大. 模型为

$$\max\ 25x_1+30x_2;$$

$$\begin{cases}20x_1+30x_2\leqslant 690(\text{木板}),\\5x_1+4x_2\leqslant 120(\text{劳动时间}),\\x_1\geqslant 4(\text{合同}),\\x_2\geqslant 2(\text{合同}).\end{cases}$$

1. 木匠问题的几何解法

线性规划中可以包含一系列线性等式和线性不等式约束. 自然,在只有两个变量的情形,一个等式约束表示线性规划的解正好位于该等式所表示的直线上. 那么不等式呢? 为了获得一点启示,考虑如下约束条件:

$$x_1+2x_2\leqslant 4,$$
$$x_1,x_2\geqslant 0.$$

非负约束 $x_1,x_2\geqslant 0$ 意味着可能的解只能位于第一象限. 不等式 $x_1+2x_2\leqslant 4$ 把第一象限分成两个区域,其中可行域是满足约束的半空间. 画出等式 $x_1+2x_2=4$ 所代表的直线,确定哪一个半平面是可行的,就可以找到可行域,如右图所示.

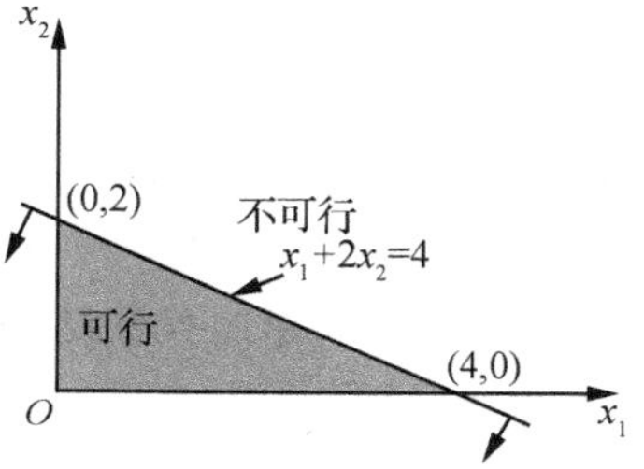

图　4

如果不能显而易见地判断哪一个半平面是可行的,选择一个方便的点(如原点)并将它代入约束条件,看看约束条件是否满足,则与该点位于直线同一侧的所有点也是满足约束条件的.

线性规划有一个重要的性质,即满足约束条件的所有点组成一个凸集. 所谓凸集,是指该集合中的任意两个点用直线段连接起来时,该直线段上的所有点仍位于该集合中. 下图(a)所示的集合不是凸的,而图(b)所示的集合是凸的.

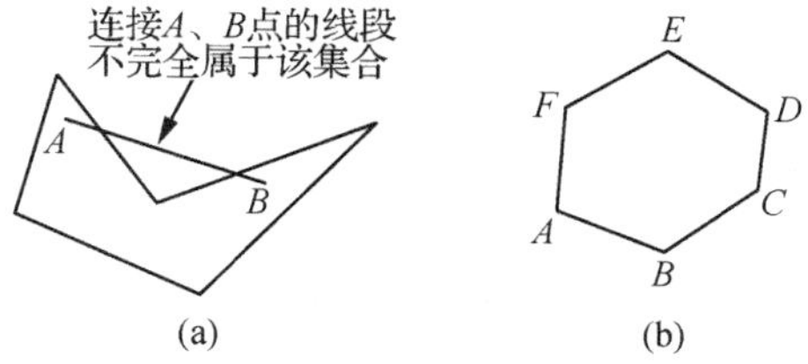

图　5

凸集的极点(角点)是该集合的一个边界点,该边界点是两条直线段边界的唯一交点. 图 5(b)中,点 $A\sim F$ 都是极点. 线性规划的约束集合是一个凸集,通常包括线性规划的无穷多个可行解. 如果一个线性规划存在最优解,它必然也会出现在一个或多个极点上,因此,为

了找到最优解,从所有极点中选择使目标函数取到最优值的一个即可.

木匠问题中的约束所代表的凸集在右图中用多边形区域 $ABCD$ 表示. 请注意,约束所代表的直线有 6 个交点,但只有 4 个交点(即 $A\sim D$)满足所有约束从而属于该凸集. 点 $A\sim D$ 是该多边形的极点. 变量 y_1,y_2 的含义将在后面再解释.

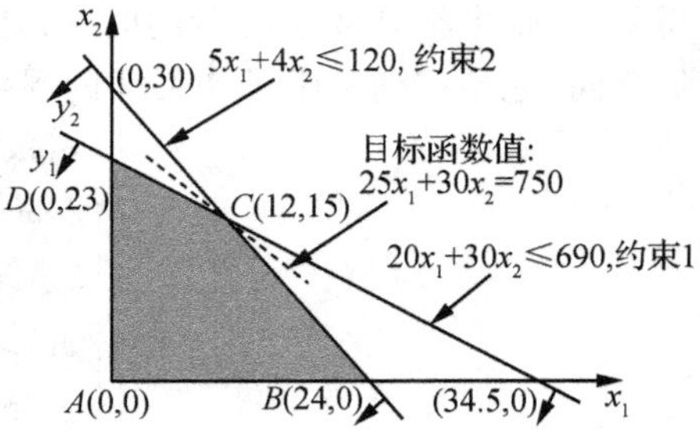

图 6

如果一个线性规划存在最优解,它必然也会出现在约束所形成的凸集的某个极点上. 极点上目标函数的值(木匠问题的利润)是

极点	目标函数值(美元)
$A(0,0)$	0
$B(24,0)$	600
$C(12,15)$	750
$D(0,23)$	690

因此,木匠每周应该制作 12 张桌子和 15 个书架,每周最大利润为 750 美元. 本节后面将进一步从几何意义上说明极点 C 是最优解.

2. 木匠问题的代数解法

木匠问题的图解法提出了在非空有界可行域上求线性规划问题最优解的基本步骤:

(1) 找到约束的所有交点;

(2) 判断哪个交点是可行解(如果有的话),从而得到所有极点;

(3) 计算每个极点的目标函数值;

(4) 选择使目标函数值取到最大(或最小)的极点.

为了用代数方法实现这一过程,必须刻画出交点和极点的特征来.

右图所示的凸集由三个线性约束所组成(加上两个非负约束). 图中的非负变量 y_1,y_2,y_3 分别表示一个点满足约束 1,2,3 的程度,即变量 y_i 加到不等式约束 i 的左边,把它转变成等式. 因此,$y_2=0$ 刻画的正好是位于约束 2 的边界上的点,而 y_2 为负时表示与约束 2 相冲突. 同样,决策变量 x_1,x_2 限定为非负数,因此,决策变量 x_1,x_2 的值表示一个点满足非负约束 $x_1\geqslant0,x_2\geqslant0$ 的程度. 请注意,沿着 x_1 轴,决策变量 x_2 是 0. 现在考虑整个变量集合 $\{x_1,x_2,y_1,y_2,y_3\}$ 的取值问题. 如果有两个变量同时取 0,在 x_1Ox_2 平面上表示的就是一个

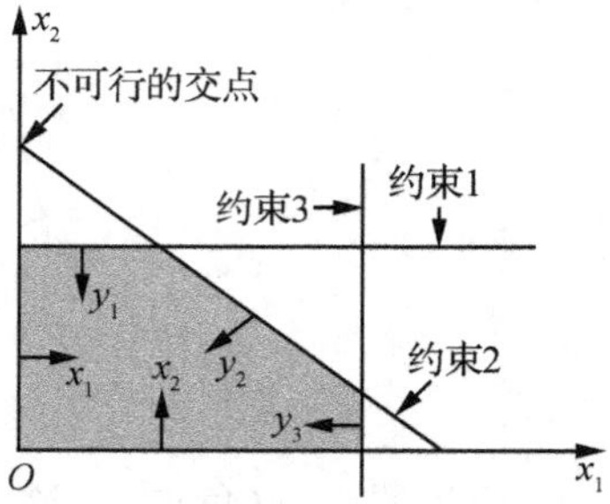

图 7

交点. 这样,通过枚举所有可能的组合,可以系统化地确定所有可能的交点. 将 5 个变量中的一对变量的取值设定为 0 后,需要解出其余三个相关变量的取值. 如果导出的方程组有解,那就得到了一个交点,该交点可能是可行解,也可能不是. 5 个变量中如果有任何一个为负,都表明有约束不满足,因此这样的交点是不可行的. 例如,在交点 B,$y_2=0$,$x_1=0$,得到的 y_1 为负值,因此是不可行的. 下面通过代数方法求解木匠问题,说明以上过程.

木匠问题的模型是:

$$\max 25x_1+30x_2;$$
$$\begin{cases}20x_1+30x_2\leqslant 690(\text{木板}),\\5x_1+4x_2\leqslant 120(\text{劳动时间}),\\x_1,x_2\geqslant 0(\text{非负性}).\end{cases}$$

通过增加新的非负松弛变量 y_1,y_2,可以将前两个不等式约束转化为等式约束. 只要 y_1,y_2 中有一个为负,约束就不满足. 因此,问题转化为

$$\max 25x_1+30x_2;$$
$$\begin{cases}20x_1+30x_2+y_1=690,\\5x_1+4x_2+y_2=120,\\x_1,x_2,y_1,y_2\geqslant 0.\end{cases}$$

现在考虑四个变量 $\{x_1,x_2,y_1,y_2\}$. 为了在 x_1Ox_2 平面上找到一个可能的交点,需要将四个变量中的两个赋值为 0. 在四个变量中取两个,这样的取法可能产生的交点数位为 $\dfrac{4!}{(2!\ 2!)}=6$.

首先令变量 x_1,x_2 为 0,得到如下方程组:

$$\begin{cases}y_1=690,\\y_2=120.\end{cases}$$

得到的交点 $A(0,0)$是一个可行点,因为此时四个变量都是非负的.

为了得到第二个交点,选择变量 x_1,y_1 为 0,得到方程组:

$$\begin{cases}30x_2=690,\\4x_2+y_2=120.\end{cases}$$

从而得到解为 $x_2=23$,$y_2=28$,这也是一个可行的交点,即 $D(0,23)$.

为了得到第三个交点,选择变量 x_1,y_2 为 0,得到方程组:

$$\begin{cases}30x_2+y_1=690,\\4x_2=120.\end{cases}$$

从而得到解为 $x_2=30$,$y_1=-210$,即第一个约束超过了 210 个单位,表明该交点是不可行的.

类似地,选择 y_1,y_2 并令其为 0,得到 $x_1=12$,$x_2=15$,对应的可行交点为 $C(12,15)$. 选

择 x_2，y_1 并令其为 0，得到 $x_1=34.5$，$y_2=-52.5$，所以第二个约束不满足，因此交点(34.5，0)是不可行的.

最后，通过将变量 x_2，y_2 设定为 0 来确定第六个交点，得到 $x_1=24$，$y_1=210$，因此交点 $B(24,0)$是可行的.

归纳起来，在 x_1Ox_2 平面上六个可能的交点中，有四个是可行的. 对这四个交点，计算其对应的目标函数值如下：

极点	目标函数值(美元)
$A(0,0)$	0
$D(0,23)$	690
$C(12,15)$	750
$B(24,0)$	600

这一过程确定了最大化利润的最优解是 $x_1=12$，$x_2=15$. 也就是说，该木匠应制作 12 张桌子和 15 个书架，最大利润为 750 美元.

案例 2 选课策略

某学校规定，运筹学专业的学生毕业时必须至少学习两门数学课、三门运筹学课和两门计算机课. 这些课程的编号、名称、学分、所属类别和选修课要求如下表所示. 那么，毕业时学生最少可以学习这些课程中的哪些课程？

课程编号	课程名称	学分	所属类别	选修课要求
1	微积分	5	数学	
2	线性代数	4	数学	
3	最优化方法	4	数学;运筹学	微积分;线性代数
4	数据结构	3	数学;计算机	计算机编程
5	应用统计	4	数学;运筹学	微积分;线性代数
6	计算机模拟	3	计算机;运筹学	计算机编程
7	计算机编程	2	计算机	
8	预测理论	2	运筹学	应用统计
9	数学实验	3	运筹学;计算机	微积分;线性代数

用 $x_i=1$ 表示选修表中按编号顺序的 9 门课程($x_i=0$ 表示不选；$i=1,2,\cdots,9$). 问题的目标为选修的课程总数最少，即

$$\min Z=\sum_{i=1}^{9}x_i.$$

约束条件包括两个方面：

(1) 每人最少要学习 2 门数学课、3 门运筹课和 2 门计算机课. 根据表中对每门课程所

属类别的划分,这一约束可以表示为

$$\begin{cases}x_1+x_2+x_3+x_4+x_5\geqslant 2,\\ x_3+x_5+x_6+x_8+x_9\geqslant 2,\\ x_4+x_6+x_7+x_9\geqslant 2.\end{cases}$$

(2) 某些课程有选修课程的要求. 例如,“数据结构”的选修课是“计算机编程”,这意味着如果 $x_4=1$,必须 $x_7=1$. 这个条件可以表示为 $x_4\leqslant x_7$(注意:$x_4=0$ 时对 x_7 没有限制). “最优化方法”的选修课程是“微积分”和“线性代数”,该条件可表示为 $x_3\leqslant x_1$,$x_3\leqslant x_2$,而这两个不等式可以用一个约束表示为 $2x_3-x_1-x_2\leqslant 0$. 这样,所有课程的选修课要求可表示为如下的约束:

$$\begin{cases}2x_3-x_1-x_2\leqslant 0,\\ x_4-x_7\leqslant 0,\\ 2x_5-x_1-x_2\leqslant 0,\\ x_6-x_7\leqslant 0,\\ x_8-x_5\leqslant 0,\\ 2x_9-x_1-x_2\leqslant 0.\end{cases}$$

由以上建立的规划模型,求解得到结果为 $x_1=x_2=x_3=x_6=x_7=x_9=1$,其他变量为 0. 对照课程编号,它们是微积分、线性代数、最优化方法、计算机模拟、计算机编程、数学实验,共 6 门课程,总学分为 21.

当然,这个解并不是唯一的,还可以找到与以上不完全相同的 6 门课程,也满足所给的约束.

进一步,如果某个学生既希望选修课程的数量少,又希望所获得的学分多,他可以选修哪些课程?

如果一个学生既希望选修课程数少,又希望所获得的学分数尽可能多,则除了课程总数目标之外,还应根据表中的学分数写出另一个目标学分数目标,即

$$\max W=5x_1+4x_2+3x_3+4x_5+3x_6+2x_7+2x_8+3x_9.$$

我们把只有一个优化目标的规划问题称为单目标规划,而将多于一个目标的规划问题称为多目标规划. 要得到多目标规划问题的解,通常需要知道决策者对每个目标的重视程度,称为偏好程度. 根据偏好程度,我们可以将一个多目标规划问题转化为一个单目标规划,即

$$\min Y=\theta\cdot Z-(1-\theta)\cdot W,$$

其中 θ 为偏好程度. 此外,对目标函数中的偏好程度可以进行敏感性分析,找到最优解发生变化时偏好程度的分界点.

本章不拟专门介绍多目标规划和其他有关优化论的知识,有兴趣可以参考有关书籍和专著.

第三篇 概率论与数理统计

【引言】 决策问题

决策问题是数学研究的另一个重要方面,基本的思想是如何控制条件使效益最大而使风险或损失最小,也常称为优化问题.此类问题在微积分学中的极值部分进行了初步的讨论,在确定性现象中,只要适当地控制条件(自变量 x 的值),就可以使结果(因变量 y 的值)达到极大(或极小).但在许多实际问题中,即使控制了条件,其结果仍有不确定性,面对这种不确定性,运用概率统计的思想方法与分析方法作出决策.

假设一个新建的住宅小区需要建造一所中学和一所小学,一家建筑公司考虑对其中一所学校的建筑合同进行投标.如果投标建造中学,需要花费4000元准备标书,若能中标建造中学,估计从中可得到20万元的收益(扣除准备标书的费用后);如果投标建造小学,因为该公司近年来建造了几所小学,准备标书只需要花费2000元,若能中标建造小学,估计从中可得到16万元的收益.该建筑公司只有足够的时间准备一项投标,且根据经验估计建造中学的中标机会为$\frac{1}{5}$,而建造小学的中标机会为$\frac{1}{4}$,那么该公司应该如何进行决策?

由于中标的不确定性,决策时考虑"投标中学和小学,哪个收益大"是没有什么实际意义的,只能比较"投标中学和小学,哪个收益的期望大".

现在,概率统计的理论与方法已经渗透到经济、管理、工程等领域,成为一个不可缺失的有力工具.

第八章 概率论基础知识

在法老的金字塔里，人们发现了一种骨制的、类似于17世纪盛行于欧洲宫廷赌博游戏中的骰子的物件，这说明早在公元前人们就已经观察到了自然界中的偶然现象，那时无法解释这种偶然性，只能把它归结为神的旨意. 直到15世纪，意大利数学家帕西奥里(L. Pacioli)提出了赌资分配问题，虽然没有解，但是引起人们的思索. 到17世纪中叶，法国数学家帕斯卡(B. Pascal)、费马(P. de Fermat)基于排列组合方法，共同解决了赌资分配问题，从此，机会问题的研究才引起学者和数学家的兴趣，人们通常公认他们首创了概率论的数学理论. 对于机会问题的研究，直到20世纪30年代由苏联数学家柯尔莫哥洛夫(A. Kolmogorov)提出概率公理化定义以后，得以飞速地发展，以至于成为现代科技发展中不可替代的一门科学.

本章先介绍事件的概率的概念，然后说明在特定的条件下如何计算这些概率，再引进随机变量的概念，从而使随机试验的结果数量化，研究随机变量的统计规律性以揭示随机现象的统计规律性. 本章包含下列主题：

- 随机事件的概念、关系及运算；
- 回顾排列组合的相关知识；
- 概率的统计定义及性质；
- 古典概型的计算；
- 条件概率与概率的乘法公式；
- 全概率公式与贝叶斯公式的应用；
- 事件的相互独立性及伯努利概型；
- 一维随机变量的分布；
- 随机变量的分布函数；
- 数字特征.

8.1 随机事件

8.1.1 随机现象与随机试验

案例导出

案例 1 在自然界和人类社会生活中普遍存在着两类现象.一类现象如:太阳从东边升起,从西边落下;异性电荷相互吸引,同性电荷相互排斥;等等.另一类现象如:某品牌电脑的寿命;将来某日某种股票的价格;某商场在一天内接待的顾客数量;等等.这两类现象有什么区别呢?

案例 2 研究随机现象统计规律最著名的试验是抛掷硬币的试验.表 8-1 是历史上抛掷硬币试验的记录.

表 8-1

试验者	掷硬币次数 n	出现正面次数 r_n	正面频率 r_n/n
德·摩尔根	2048	1061	0.518
浦丰	4040	2048	0.5069
皮尔逊	12000	6019	0.5016
皮尔逊	24000	12012	0.5005
维尼	30000	14994	0.4998

试验表明:虽然每次抛掷硬币事先无法预知将出现正面还是反面,但大量重复试验时,发现出现正面和反面的次数几乎相等,并且随着试验次数的增加,出现正面(或反面)占总试验次数的比例稳定地趋于 0.5,说明通过长期的观察或大量的重复试验,试验的结果是有规律可循的,这种规律是随机试验的结果自身所具有的特征.

相关知识

1. 随机现象的定义

定义 8.1 在一定条件下必然出现的现象称为必然现象,而在一定条件下我们事先无法准确预知其结果的现象称为随机现象.

由于随机现象的结果事先不能预知,但当大量观察或重复时,就会发现随机现象的结果的出现具有规律性.这种规律性称为统计规律性.概率论就是研究和揭示随机现象的统计规律性的一门学科.

2. 随机试验的定义

为了研究随机现象的统计规律性，必须对所述随机现象进行重复观察，我们把对随机现象的观察称为试验. 随机试验具备以下三个特征：

(1) 可重复性：试验可以在相同条件下重复进行；

(2) 可观察性：每次试验的可能结果不止一个，并且事先可以明确试验的所有可能结果；

(3) 不确定性：每次试验之前不能确定上述所有可能结果中的哪一个结果会出现.

8.1.2 样本空间和随机事件

案例导出

案例 3 确定新生儿性别的试验，所有可能结果为：女孩、男孩；记录某市 120 急救电话一昼夜接到的呼叫次数，可能结果有可数无穷多个，即接到的呼叫次数为 i 次($i=0,1,2,3,\cdots$)；测量某晶体管的寿命(单位：小时)，可能结果也有无穷多个(且不可数)，即寿命为 t 小时，$0\leqslant t<+\infty$.

相关知识

1. 样本点和样本空间的定义

定义 8.2 随机试验的所有可能结果是明确的，我们把随机试验的每一种可能的结果称为一个样本点，通常用 ω 表示. 样本点的全体称为样本空间，记为 Ω.

这样，案例 3 中，样本空间分别为 $\Omega_1=\{g,b\}$，其中 g 表示女孩，b 表示男孩；$\Omega_2=\{0,1,2,3,\cdots\}$；$\Omega_3=\{t\mid 0\leqslant t<+\infty\}$.

2. 随机事件的概念

由定义 8.2，样本空间是所有可能结果(样本点)的全集，每个样本点是该集合的一个元素，称样本空间的任意子集为随机事件，简称事件，即一个事件是试验的若干可能结果组成的集合. 通常用大写字母 A,B,C 等表示.

随机事件中有以下几个基本概念：

(1) 基本事件　由一个样本点组成的单元集，是不可再分的事件. 如案例 3 中，记 $A_i=\{$接到的呼叫次数为 $i\}$，$i=0,1,2,3,\cdots$，就是基本事件.

(2) 必然事件　在每次试验中都必然发生的事件，也记为 Ω.

(3) 不可能事件　在每次试验中一定不可能发生的事件，用空集符号 $\varnothing$ 表示.

显然，必然事件和不可能事件都是确定性事件，为讨论方便，我们还是把它们作为随机事件的两个极端情形来处理.

8.1.3 随机事件的关系与运算

案例导出

案例 4 从 1 至 100 这 100 个自然数中随机地取一个数. 事件 A 表示"取出的数能被 5 整除",事件 B 表示"取出的数大于 30",事件 C 表示"取出的数小于 50",这三个事件可以运算得到新的事件.

如"事件 B 或 C 发生"表示事件"取出的数为大于 30 或小于 50",为必然事件;"事件 A 与 B 同时发生"表示事件"取出的数为 35,40,45,50,55,60,65,70,75,80,85,90,95,100 中的一个".

相关知识

事件可以看作是样本空间的一个集合,所以事件之间的关系与运算可按集合之间的关系和运算来处理,并可以用文氏图很好地说明事件之间的逻辑关系.

1. 事件的包含

如果事件 A 发生必然导致事件 B 发生,则称事件 B 包含事件 A ,记做 $A\subset B$(或 $B\supset A$). 即事件 A 的每一个样本点都属于事件 B,如图 8-1 所示.

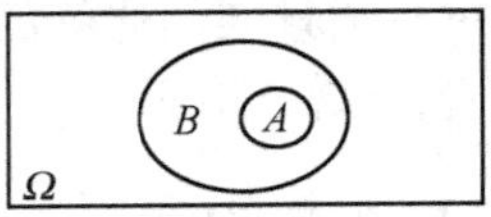

图 8-1

例如,$A=\{$活到 80 岁$\}$,$B=\{$活到 20 岁$\}$,则有 $A\subset B$.

对于两个事件 A,B,若 $A\subset B$ 与 $B\subset A$ 同时成立,则称事件 A 与 B 相等,记做 $A=B$. 显然,任意事件 A,有 $\varnothing\subset A\subset\Omega$.

2. 和事件

事件 A 与事件 B 中至少有一个发生得到的事件,称为事件 A 与事件 B 的和事件,记做 $A\cup B$. 当且仅当事件 A 发生,或事件 B 发生,或事件 A,B 都发生时,事件 $A\cup B$ 发生. 即事件 $A\cup B$ 由至少属于事件 A 或 B 中的一个的所有样本点所组成的集合. 如图 8-2 所示.

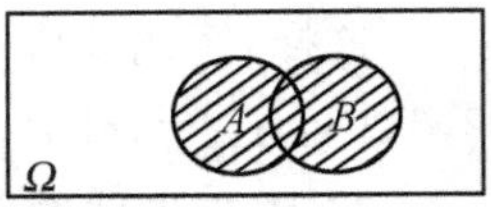

图 8-2

例如,投掷两枚均匀硬币的试验中,事件 $A=\{(H,H),(H,T),(T,H)\}$,$B=\{(H,T),(T,H)\}$,其中 H 表示出现正面,T 表示出现反面,则 $A\cup B=\{(H,H),(H,T),(T,H)\}$,因此,如果任何一枚硬币出现正面,则 $A\cup B$ 发生.

3. 积事件

事件 A 与事件 B 同时发生得到的事件,称为事件 A 与事件 B 的积事件,记作 $A\cap B$,简记为 AB. 当且仅当事件 A 与 B 同时发生时,事件 $A\cap B$ 发生. 即事件 $A\cap B$ 由既在事件 A 又在事件 B 中的样本点所组成的集合. 如图 8-3 所示.

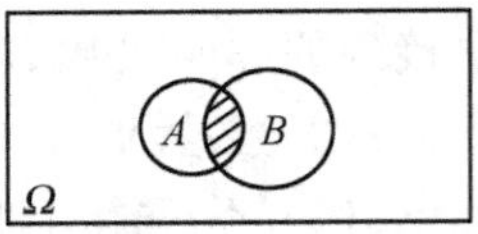

图 8-3

例如，上例中，$AB=\{(H,T),(T,H)\}$表示恰有一枚硬币出现正面和一枚硬币出现反面的事件.

4. 互不相容

如果事件 A 与 B 不能同时发生，则称事件 A 与事件 B 互不相容或互斥. 此时，事件 A 与事件 B 没有共同的样本点，即 $AB=\varnothing$. 如图 8-4 所示.

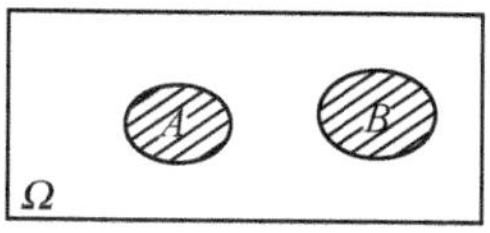

图 8-4

基本事件是两两互不相容的.

5. 差事件

事件 A 发生而事件 B 不发生的事件，称为事件 A 与事件 B 的差事件，记作 $A-B$. $A-B$ 是由包含在事件 A 中而不包含在事件 B 中的样本点所组成的集合. 如图 8-5 所示.

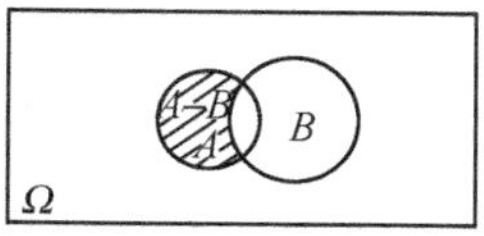

图 8-5

例如，掷硬币的试验中，$A-B=\{(H,H)\}$表示两枚硬币都出现正面.

6. 对立事件

如果事件 A 与 B 中有且仅有一个发生，则称事件 A 与事件 B 互为对立事件或逆事件. 表示对每次试验而言，事件 A 与 B 中一定有一个发生，且仅有一个发生. A 的对立事件记作 $\overline{A}$，是由所有不包含在 A 中的样本点组成的集合. 如图 8-6 所示.

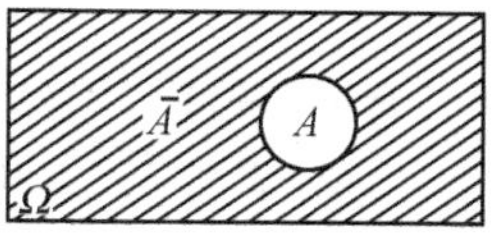

图 8-6

例如，掷硬币的试验中，$\overline{A}=\{(T,T)\}$，显然，$A-B=A\overline{B}$.

由对立事件的定义，A 与 $\overline{A}$ 之间有下列关系：

$$A\overline{A}=\varnothing,\ A\cup\overline{A}=\Omega,\ \overline{\overline{A}}=A.$$

(1) 互逆事件与互斥事件之间的区别：A,B 互逆时，表示两事件不能同时发生，但两者必须有一个发生；而 A,B 互斥时，仅要求两事件不能同时发生，也可能两者都不发生.

(2) 互逆事件与互斥事件的关系是：若两事件互逆，则它们一定互斥；但反之，若两事件互斥，它们未必互逆.

7. 完备事件组

设 $A_1,A_2,\cdots,A_n,\cdots$是有限或可数个事件，若满足：

(1) $A_i\cap A_j=\varnothing,\ i\neq j,\ i,j=1,2,\cdots$；

(2) $\bigcup\limits_i A_i=\Omega$，

则称 $A_1,A_2,\cdots,A_n,\cdots$是一个完备事件组.

显然，A 与$\overline{A}$构成一个完备事件组.

由集合的运算律，很容易就给出事件间的运算律.

设 A,B,C 是同一随机试验中的事件，则有

(1) 交换律 $A\cup B=B\cup A,\ A\cap B=B\cap A$；

(2) 结合律 $(A\cup B)\cup C=A\cup(B\cup C)$，$(A\cap B)\cap C=A\cap(B\cap C)$；

(3) 分配律 $(A\cup B)\cap C=(A\cap C)\cup(B\cap C)$，

$(A\cap B)\cup C=(A\cup C)\cap(B\cup C)$；

(4) 德·莫根对偶律 $\overline{A\cup B}=\overline{A}\cap\overline{B}$，$\overline{A\cap B}=\overline{A}\cup\overline{B}$.

例题精选

例 1 甲、乙、丙三人对同一靶子进行射击，用 A,B,C 分别表示事件“甲击中目标”、“乙击中目标”和“丙击中目标”，试用 A,B,C 表示下列事件：

(1) 甲、乙都击中目标而丙未击中；

(2) 只有甲击中目标；

(3) 目标未被击中；

(4) 三人中最多有两人击中目标；

(5) 三人中恰好有一人击中目标.

解 (1) 事件“甲、乙都击中目标而丙未击中”表示 A,B 发生而 C 未发生，即$AB\overline{C}$；

(2) 事件“只有甲击中目标”表示 A 发生而 B,C 均未发生，即 $A\overline{B}\ \overline{C}$；

(3) 事件“目标未被击中”表示 A,B,C 均未发生，即$\overline{A}\ \overline{B}\ \overline{C}$；

(4) 事件“三人中最多有两人击中目标”表示“三人中至少有一人未击中”，即$\overline{A}\cup\overline{B}\cup\overline{C}$；

(5) 事件“三人中恰好有一人击中目标”可表示为 $A\ \overline{B}\ \overline{C}\cup\overline{A}B\ \overline{C}\cup\overline{A}\ \overline{B}C$.

◆有时事件的表示方法并不是唯一的. 例如，“目标未被击中”也可考虑为“目标被击中”的对立事件，即可表示为$\overline{A\cup B\cup C}$.

例 2 考虑某单位的全体干部，其中 A 表示“女干部”，B 表示“已婚干部”，C 表示具有“硕士学位的干部”，试用语言描述 $AB\overline{C}$以及$(A\ \overline{B}\cup\overline{A}\ \overline{B})$的含义.

解 $AB\overline{C}$表示“非硕士学位的已婚女干部”；

$(A\overline{B}\cup\overline{A}\ \overline{B})=\overline{B}(A\cup\overline{A})=\overline{B}\cap\Omega=\overline{B}$，表示“全体未婚干部”.

知识拓展

1. n 个事件 $A_1,A_2,\cdots,A_n$ 的和事件

事件 $A_1,A_2,\cdots,A_n$ 中至少有一个发生，称为 n 个事件 $A_1,A_2,\cdots,A_n$ 的和事件，记作 $A_1\cup A_2\cup\cdots\cup A_n$，简记为$\bigcup\limits_{i=1}^{n}A_i$；事件 $A_1,A_2,\cdots,A_n,\cdots$ 中至少有一个发生，称为可列个事件 $A_1,A_2,\cdots,A_n,\cdots$的和事件，记作$\bigcup\limits_{i=1}^{\infty}A_i$.

2. n 个事件 $A_1,A_2,\cdots,A_n$ 的积事件

事件 $A_1,A_2,\cdots,A_n$ 同时发生，称为 n 个事件 $A_1,A_2,\cdots,A_n$ 的积事件，记作 $A_1\cap A_2\cap\cdots\cap A_n$，简记为 $\bigcap\limits_{i=1}^{n}A_i$；事件 $A_1,A_2,\cdots,A_n,\cdots$ 同时发生，称为可列个事件 $A_1,A_2,\cdots,A_n,\cdots$ 的积事件，记作 $\bigcap\limits_{i=1}^{\infty}A_i$.

3. 德·莫根对偶律可以推广到任意多个事件的情形

$\overline{\bigcup\limits_{i=1}^{n}A_i}=\bigcap\limits_{i=1}^{n}\overline{A_i}$，$\overline{\bigcap\limits_{i=1}^{n}A_i}=\bigcup\limits_{i=1}^{n}\overline{A_i}$.

知识演练

1. 盒中有三粒弹子，分别是红、绿、蓝三种颜色，现从盒中取出一粒弹子，然后把它放回并取出第二粒弹子，试写出样本空间. 若取出的第一粒弹子不放回就取出第二粒弹子，样本空间又该是怎么样的呢？

2. 掷 2 颗均匀的骰子，试写出样本空间. 设 A 表示事件“两次出现的点数之和为 7”，B 表示事件“两次的点数之和为奇数，且其中有一个点为 1”，试分别写出 A 和 B 所包含的样本点.

3. 从 0，1，2 三个数码中任取一个，取后放回，现依次取两次(每次取一个)：

(1) 列出所有基本事件；

(2)“第一次取出的数码是 0”这一事件由哪几个基本事件合并成？

(3)“第二次取出的数码是 1”这一事件由哪几个基本事件合并成？

(4)“至少有一个是数码 2”这一事件由哪几个基本事件合并成？

4. 设 A,B,C 为三个事件，用它们表示下列各事件：

(1) A 发生，B 与 C 不发生；

(2) 三个中至少有一个发生；

(3) 三个都发生；

(4) 三个都不发生；

(5) 三个中不多于两个发生；

(6) 三个中至少有两个发生.

5. 设一个人向靶子射击 3 次，用 A_i 表示“第 i 次击中靶子”($i=1,2,3$)，试用语言描述下列事件：(1)$\overline{A}_1\cup\overline{A}_2\cup\overline{A}_3$；(2)$\overline{A}_1\ \overline{A}_2\ \overline{A}_3$；(3)$(A_1A_2\overline{A}_3)\cup(\overline{A}_1A_2A_3)$.

6. 下列各式哪些成立，哪些不成立？并说明理由：

(1) 若 $A\subset B$，则$\overline{B}\subset\overline{A}$；(2)$(A\cup B)-B=A$；(3)$A(B-C)=AB-AC$.

8.2 随机事件的概率

一个企业决策者对本企业产品未来的市场销售情况、购买力上升情况等重要经济信息的了解，是作出企业经营决策的重要依据．未来市场对某种产品的需求量是下降、上升，还是维持原状，决定着产品的生产数量．而市场销售情况是滞销、畅销，还是一般状态，是一个随机事件，显然，这个随机事件发生的可能性大小是企业决策者关心的事情．这就提出一个很重要的问题，怎样描述事件发生的可能性大小呢？这就需要概率的知识．

8.2.1 预备知识(排列组合)

案例导出

案例 1 从上海到北京可以乘火车，也可以乘飞机．一天中火车有 35 种班次，飞机有 46 种班次．问乘坐不同班次的火车或飞机共有几种走法？由于乘火车到北京有 35 种班次，即有 35 种走法．同样，乘飞机有 46 种班次，多了 46 种走法．所以从上海到北京的走法是乘火车和乘飞机的总和，即 $35+46=81$ 种．

案例 2 如果前两位用字母、后 5 位用数字，那么这样的 7 位牌照有多少个？牌照由 7 位构成，而牌照的第一位是 26 个字母中的一个，即有 26 种，同样，第二位也有 26 种，第三位是 10 个数字中的一个，即有 10 种，同样第四位到第七位都各有 10 种．所以这样的牌照共有

$$26\times26\times10\times10\times10\times10\times10=67600000 \text{ 个}.$$

案例 3 在上海—青岛—大连这条航线上，需要准备几种不同船票？从每个始发港口到终点港口需要准备一种船票．那么船票的种类就是始发港口在前，终点港口在后的排列种类．先在三个港口中任选一个为始发港，有 3 种选法，再从剩下的两个港口中任选一个为终点港，有 2 种选法．从三个港口中每次取出两个，一个为始发港一个为终点港的排列共有 $3\times2=6$ 种．即需要 6 种不同的船票．

案例 4 在上海—青岛—大连这条航线上，有几种票价？与案例 3 不同的是，上海到青岛与青岛到上海是两种不同的船票，但是是相同的票价．也就是说，船票与顺序有关，票价与顺序无关．两个港口对应两种船票，一种票价．所以票价的种类是船票种类的一半，即 $\frac{6}{2}=3$ 种不同的票价．

相关知识

1. 加法原理

定理 8.1 完成某件事共有 k 类互斥方法，第 1 类有 m_1 种不同方法，第 2 类有 m_2 种不同方法……第 k 类有 m_k 种不同方法. 那么完成某件事共有

$$M=m_1+m_2+\cdots+m_k$$

种不同方法.

2. 乘法原理

定理 8.2 完成某件事分成 k 个独立阶段进行，第 1 个阶段有 m_1 种方法，第二个阶段有 m_2 种方法……第 k 个阶段有 m_k 种方法. 那么完成某件事共有

$$M=m_1\times m_2\times\cdots\times m_k$$

种不同方法.

在排列组合中，将反复运用加法原理和乘法原理.

3. 排列

一般地，从 n 个不同的元素中任取 $r(r\leqslant n)$ 个元素，按照一定的顺序排成一列，称为一个排列. 排列的第一个位置可以是 n 个元素中的任意一个，排列的第二个位置可以是剩下的 $n-1$ 个元素中的任意一个，依此类推，第 r 个位置是剩下的 $n-r+1$ 个元素中的一个，由乘法原理可知，一共有 $n(n-1)\cdots(n-r+1)$ 种可能排列. 称 $n(n-1)\cdots(n-r+1)$ 为排列数，记作

$$\mathrm{A}_n^r，即\ \mathrm{A}_n^r=n(n-1)\cdots(n-r+1).$$

案例 3 中，不同的船票有 A_3^2 种.

特别地，若 $r=n$，即将 n 个不同的元素排成有次序的一列，称为全排列，共有 A_n^n 种，记作 $n!$（读作 n 的阶乘）. 它等于自然数 1 到 n 的连乘积. 我们约定 $0!=1$.

若从 n 个不同元素中每次取一个，然后放回去，再任取一个，再放回去（称为有放回地抽取），一共取 m 次，所得的 m 个元素的排列（其中有重复元素），共有

$$\underbrace{n\times n\times\cdots\times n}_{m个}=n^m（种），$$

这是可重复排列的计算公式.

4. 组合

不讲排列顺序的问题就是组合问题. 事实上，考虑排列顺序时，从 n 个不同的元素中任取 $r(r\leqslant n)$ 个元素排成一列，我们可以分两步考虑，先从 n 个不同的元素中任取 r 个元素为一组，然后再将这 r 个元素进行全排列，所以由 n 个不同的元素中任取 r 个元素所组成的不同的组数应为

$$\frac{n(n-1)\cdots(n-r+1)}{r!}=\frac{n!}{(n-r)!\ r!},$$

称为组合数，记作 C_n^r 或 $\binom{n}{r}$，即 $C_n^r=\frac{n!}{(n-r)!\ r!}$. 案例 4 中，有 $C_3^2=3$ 种不同票价.

一些常用的组合恒等式：

(1) $C_n^r=C_n^{n-r}$；

(2) $C_n^r=C_{n-1}^{r-1}+C_{n-1}^r$.

例题精选

例 1 现有 10 本不同的教科书，其中数学书有 4 本，语文书 4 本，英语书 2 本，将这些书摆在书架上，要求同类的书放在一起，问可能有多少种不同的摆法？

解 数学书有 4！种摆法，语文书有 4！种摆法，英语书有 2！种摆法，而三类书又有 3！种摆法，所以不同的摆法有

$$4!\times4!\times2!\times3!=6912(\text{种}).$$

例 2 某城市的电话号码是五位数字，如果首位数字不能是 0，问最多可以安装多少部不同号码的电话？

解 电话号码的后四位是 0 到 9 的可重复排列，有 10^4 种，首位从除 0 外的 9 个数字中任选一个，有 9 种取法. 由乘法原理，有 $9\times10^4=90000$ 部不同号码的电话.

例 3 某人有 8 个朋友，他想邀请其中 5 个参加晚会，但是其中有 2 个朋友由于长期不和不能同时来参加晚会，问有多少种邀请方案？

解 可以将他的朋友分成两组，其中一组是两个长期不和的，其他的 6 人在另一组里，则邀请其中一个朋友的邀请方案共有 $C_2^1\cdot C_6^4=2\times15=30$ 种；而这两个朋友都不邀请的方案有 $C_6^5=6$ 种，因此，他共有 36 种邀请方案.

8.2.2 概率的统计定义及性质

案例导出

案例 5 抛硬币的试验，在一次试验中不能确定是否会出现正面，但大量重复试验时，发现出现正面和出现反面的频率大致相同，并且总在 0.5 附近来回摆动，而且随着试验次数的增加，这个值逐渐稳定于 0.5（见表 8-1），这个稳定的值 0.5 是事件 A 本身所具有的属性，在这个试验中，它会取决于硬币的结构、形状以及质量等因素.

案例 6 某自动生产线上有两个料仓，在一天内甲料仓仓满需要清理的概率是 0.15，乙料仓仓满需要清理的概率是 0.25，两料仓同时满的概率是 0.08，那么一天内至少有一个料

仓需要清理的概率是 0.15+0.25−0.08=0.32.

相关知识

1. 频率

定义 8.3　若在相同条件下将随机试验重复进行 n 次，其中随机事件 A 发生了 n_A 次，则称 $f_n(A)=\frac{n_A}{n}$ 为事件 A 发生的频率.

随着试验重复次数的增加，事件 A 发生的频率 $f_n(A)$ 会稳定在某个常数 p 附近，我们称这种性质为频率的稳定性.

2. 概率的统计定义

频率的稳定性说明随机事件 A 发生的可能性大小是事件本身所具有的客观属性，而刻画可能性大小的常数 p 是客观存在的，我们称这个常数为概率. 具体定义如下：

定义 8.4　在相同条件下将试验重复进行 n 次，若事件 A 发生的频率 $f_n(A)=\frac{n_A}{n}$ 随着试验次数 n 的增加而稳定地在某个常数 $p(0\leqslant p\leqslant 1)$ 附近摆动，则称 p 为事件 A 发生的概率. 记作 $P(A)$.

这个定义是随机事件概率的统计定义. 在实际应用时，我们无法把一个试验无限次地重复下去，因此要精确获得频率的稳定值是困难的，但概率的统计定义提供了概率的一个可供想象的具体值，并且在试验重复次数较大时，可用频率给出概率的一个近似值. 事实上，伯努利早在 1713 年以严格的数学形式表达了频率的稳定性，这就是伯努利大数定律.

3. 概率的性质

概率具有下列一些重要性质：

性质 8.1　对于任意事件 A，有 $0\leqslant P(A)\leqslant 1$.

性质 8.2　$P(\Omega)=1$，$P(\varnothing)=0$.

注：若事件 A 与 B 互不相容，则 $P(AB)=0$. 但反之，若 $P(AB)=0$，则 A 与 B 不一定互不相容.

性质 8.3　设事件 A，B 互不相容，则

$$P(A\cup B)=P(A)+P(B).$$

性质 8.4　对于任意事件 A，有 $P(\overline{A})=1-P(A)$.

性质 8.5　$P(A-B)=P(A)-P(AB)$.

由此，若 $B\subset A$，则

(1) $P(A-B)=P(A)-P(B)$；

(2) $P(A)\geqslant P(B)$.

证　因为 $B\subset A$，则有 $AB=B$，所以由性质 8.5，得

$$P(A-B)=P(A)-P(AB)=P(A)-P(B).$$

而由性质 8.1,$P(A-B)\geqslant 0$,故有 $P(A)-P(B)\geqslant 0$,即 $P(A)\geqslant P(B)$.

性质 8.6 对于任意事件 A,B,有

$$P(A\cup B)=P(A)+P(B)-P(AB).$$

该性质称为概率的加法公式.可以推广至任意 n 个事件的和的情况.比如 $n=3$ 时,有

$$P(A\cup B\cup C)=P(A)+P(B)+P(C)-P(AB)-P(AC)-P(BC)+P(ABC).$$

例题精选

例 4 某设备由甲、乙两个部件组成,当负荷超载时,各自出故障的概率分别为 0.9 和 0.86,同时出故障的概率为 0.8,求负荷超载时设备不出故障的概率.

解 设 A 表示事件"甲部件出故障",B 表示事件"乙部件出故障",则

$P(A)=0.9,P(B)=0.86,P(AB)=0.8$,

事件"设备不出故障"可以表示为 $\overline{A}\,\overline{B}$,由事件的对偶律,得 $\overline{A}\,\overline{B}=\overline{A\cup B}$,所以由对立事件的概率公式,得 $P(\overline{A}\,\overline{B})=1-P(A\cup B)$,而

$$P(A\cup B)=P(A)+P(B)-P(AB)=0.9+0.86-0.8=0.96,$$

故所求的概率为 0.04.

例 5 已知 $P(A)=P(B)=P(C)=\frac{1}{4},P(AB)=0,P(AC)=P(BC)=\frac{1}{16}$,求事件 A,B,C 中至少有一个发生的概率.

解 "A,B,C 中至少有一个发生"可以表示为 $A\cup B\cup C$,由概率的加法公式,得

$$\begin{aligned}P(A\cup B\cup C)&=P(A)+P(B)+P(C)-P(AB)-P(AC)-P(BC)+P(ABC)\\&=\frac{3}{4}-\frac{2}{16}+P(ABC).\end{aligned}$$

又因为 $ABC\subset AB$,所以 $0\leqslant P(ABC)\leqslant P(AB)=0$,得到 $P(ABC)=0$,故

$$P(A\cup B\cup C)=\frac{5}{8}.$$

知识拓展

◆概率的有限可加性

设 $A_1,A_2,\cdots,A_n$ 为 n 个两两互不相容的事件,即 $A_iA_j=\varnothing(i\neq j$ 时),则 $P(\sum\limits_{i=1}^{n}A_i)=\sum\limits_{i=1}^{n}P(A_i)$.称该性质为概率的有限可加性.

此性质是 8.2.2 中性质 8.3 的推广.

8.2.3 古典概型

案例导出

案例 7 在一次口试中,考生要从 5 道题中随机地抽取 3 道题进行回答,要是答对 2 道题就获得优秀.现有一考生会回答这 5 题中的两题,那么他能获得优秀的可能性有多大呢?我们可以将这 5 题分别记为 1,2,3,4,5,则从 5 题中随机回答 3 题的样本空间为

$\Omega=\{(1,2,3),(1,2,4),(1,2,5),(1,3,4),(1,3,5),(1,4,5),(2,3,4),(2,3,5),(2,4,5),(3,4,5)\}$,共 10 个基本事件.因该考生会回答两题,所以若获得优秀,则他要随机抽取的 3 道题中应该是有 2 道题是他会的,还有 1 道题是他不会的那 3 道题中的一题,那么就包含 3 个基本事件.比如说他会第 1,2 题,那么他获得优秀就有(1,2,3),(1,2,4),(1,2,5)这 3 个基本事件.所以该考生获得优秀的概率为$\frac{3}{10}$.

相关知识

在概率论的历史上,研究得比较早,而且内容比较丰富的概率模型之一就是古典概型.具体地说,我们称具有下列两个特征的随机试验为古典概型:

(1) 随机试验只有有限个结果,即样本空间 Ω 是有限的;

(2) 每一个结果发生的可能性是相同的,即每一个基本事件的概率相同.

因而,古典概型又称为等可能概型.根据古典概型的特点,我们可以定义任意随机事件的概率.

定义 8.5 对给定的古典概型,若其样本空间所包含的基本事件总数为 n,事件 A 包含其中 k 个基本事件,则事件 A 的概率为

$$P(A)=\frac{k}{n}=\frac{\text{事件 }A\text{ 所包含的基本事件数}}{\text{样本空间 }\Omega\text{ 包含的基本事件数}}. \tag{8-1}$$

该定义称为概率的古典定义.事件 A 所包含的基本事件数也称为对事件 A 有利的场合数.这样,求概率的问题可以转化为对基本事件的计数问题,因而在计算中经常要用到排列组合的知识(可见 8.2.1 预备知识).简单地说,当事件的组成与顺序有关的时候,是排列问题;当事件的组成与顺序无关的时候,是组合问题.有时两者都可以用,但是在计算事件 A 所包含的基本事件数和样本空间 Ω 所包含的基本事件数时,要么同时用排列,要么同时用组合,绝不能混用.

例题精选

例 6 掷两枚硬币,求出现一个正面一个反面的概率.

解 这个试验的样本空间 $\Omega=\{(H,H),(H,T),(T,H),(T,T)\}$,其中 H 表示出现正面,T 表示出现反面.可见,样本空间所包含的基本事件数为 4,对事件"出现一个正面一个反面"有利的基本事件数为 2,故所要求的概率为 $\frac{2}{4}=\frac{1}{2}$.

此例中,若考虑样本空间为{(出现两个正面),(出现两个反面),(出现一个正面一个反面)},虽然也符合常规,但是这三个结果不是等可能的,所以不能用古典概型的方法来计算这个概率了.在计算古典概型时,可以不用写出样本空间,但是一定要保证每一个结果是等可能的.

例 7 已知袋中有 6 个白球、4 个黑球,求:

(1) 不放回地任取 3 个球,其中恰有 2 个白球、1 个黑球的概率;

(2) 不放回地抽取,每次取 1 个球,第 2 次取到白球的概率.

解 (1)设 A 表示事件"取出 2 个白球、1 个黑球",从装有 10 个球的袋中不放回地抽取 3 个球,与顺序无关,所以有 C_{10}^3 种取法.又因在 6 个白球中任取 2 个,有 C_6^2 种取法,在 4 个黑球中任取 1 个,有 C_4^1 种取法,所以对事件 A 有利的基本事件数有 $C_6^2\cdot C_4^1$.由古典概型的计算公式,得

$$P(A)=\frac{C_6^2\cdot C_4^1}{C_{10}^3}=\frac{15\times4}{120}=0.5.$$

(2) 设 B 表示事件"第 2 次取到白球",给出两种解法:

解法 1 若考虑取球的顺序,第一次有 10 种取法,第二次有 9 种取法,因此共有 $A_{10}^2=10\times9$ 种取法.第 2 次取到白球有两种可能:第一次取到白球,第二次取到白球,或是第一次取到黑球,第二次取到白球,所以对事件 B 有利的基本事件数有 $6\times5+4\times6$,故得

$$P(B)=\frac{6\times5+4\times6}{10\times9}=\frac{6}{10}=\frac{3}{5}.$$

解法 2 若不考虑取球的顺序,把取出的球排列在一条直线的 10 个位置上,若把 6 个白球的位置固定下来,其他的位置放黑球,那么白球的位置可以有 C_{10}^6 种放法.而由于第二次取到白球,说明第 2 个位置肯定放白球,剩下的白球可以在其他的 9 个位置上任意放,因此有 C_9^5 种放法,故得

$$P(B)=\frac{C_9^5}{C_{10}^6}=\frac{126}{210}=\frac{3}{5}.$$

可见,尽管取球的先后顺序不一样,但每次取到白球的概率是一样的,都等于第一次取到白球的概率,体现了抽签的公平性.

另外，从这两个不同的方法，我们知道，对同一个问题，由于对样本空间的看法不同而有不同解法，但要注意在计算样本空间所包含的基本事件数和对事件有利的基本事件数的时候，必须在同一个样本空间进行.

例 8 从 1～2000 的整数中随机地取一个数，问取到的数既不能被 6 整除，又不能被 8 整除的概率是多少？

解 设 A 表示事件“取到的数能被 6 整除”，B 表示事件“取到的数能被 8 整除”，则事件“取到的数既不能被 6 整除，又不能被 8 整除”表示为$\overline{A}\,\overline{B}$.

由于 $333<\frac{2000}{6}<334$，所以 $P(A)=\frac{333}{2000}$. 而$\frac{2000}{8}=250$，所以 $P(B)=\frac{250}{2000}$. 又由于一个数既能被 6 整除，又能被 8 整除，就相当于能被 24 整除，$83<\frac{2000}{24}<84$，所以 $P(AB)=\frac{83}{2000}$，故 $P(A\cup B)=P(A)+P(B)-P(AB)=\frac{333}{2000}+\frac{250}{2000}-\frac{83}{2000}=\frac{1}{4}$. 因此，所要求的概率为 $P(\overline{A}\,\overline{B})=P(\overline{A\cup B})=1-P(A\cup B)=\frac{3}{4}$.

例 9 某班级有 60 个人，问这 60 个人的生日全不相同的概率是多少？（假定一年有 365 天）

解 因为每个人的生日有 365 天可供选择，所以一共有 365^{60} 种可能的生日. 60 个人的生日不相同，就相当于 365 天中恰好有 60 天作为每个人的生日. 所以有 $C_{365}^{60}\cdot 60!$ 种. 所以这 60 个人的生日不相同的概率是 $P=\frac{C_{365}^{60}\cdot 60!}{365^{60}}\approx 0.0078$.

那么这 60 人中至少有 2 个人的生日在同一天的概率就高达 0.992 2，这是出乎我们的预料的.

例 10 某城市的电话号码是五位数字，且首位数字不能是 0，如果忘记了对方电话号码，试求一次能拨通的概率.

解 电话号码共有 9×10^4 种(见 8.2.1 例 2)，对方号码是其中之一，所以一次能拨通的概率为

$$P=\frac{1}{90000}\approx 0.001\%.$$

即拨通的概率是九万分之一，这种事件通常称为小概率事件. 小概率事件一般认为在一次试验中是不可能发生的. 如果在一次试验中，小概率事件居然发生了，则只能认为前提条件不真. 例如，通话人一次就拨通了号码，说明前提条件“通话人忘记对方电话号码”不真，也就是说通话人没有忘记电话号码. 这就是小概率事件原理.

知识演练

7. 在一铁路沿线上共有 20 个车站,问需要准备多少种客车票?

8. 解放军某部队收到 5 封不同的慰问信,分给 5 个班,每班 1 封,问可以有多少种分法?

9. 某种产品加工时需要经过五道工序:

(1) 加工顺序共有多少种排法?

(2) 其中一道工序必须最早开始,工序有几种排法?

(3) 其中一道工序不能排在最后,工序有几种排法?

(4) 其中有两道工序必须连排,而且这两道工序只能一个在前另一个在后,工序有几种排法?

10. 写出:

(1) 从 4 个元素 a,b,c,d 里每次取出 2 个的所有组合;

(2) 从 8 个元素 $a_1,a_2,\cdots,a_8$ 中,每次取出 3 个相乘,可以组成多少种不同的乘积?

11. 计算:

(1) A_{10}^{5};(2)A_{12}^{3};(3)$9!$;(4)C_{20}^{3};(5)C_{59}^{57}.

12. 设 $P(A)=0.2$,$P(A\cup B)=0.7$,且 A 与 B 互不相容,求 $P(B)$.

13. 设 $P(A)=\frac{1}{3}$,$P(B)=\frac{1}{4}$,$P(A\cup B)=\frac{1}{2}$,求 $P(\overline{A}\cup\overline{B})$.

14. 10 把钥匙中有 3 把能打开门,现从中任取 2 把,求能打开门的概率.

15. 两封信随机地投入四个邮筒中,求前两个邮筒内没有信的概率.

16. 从 0,1,2,…,9 中任意选出 3 个不同的数字,求 3 个数字中不含 0 或 5 的概率.

17. 从 5 双不同的鞋子中任取 4 只,求:

(1) 4 只鞋子中没有 2 只成双的概率;

(2) 4 只鞋子中至少有 2 只成双的概率.

18. 某高 20 层写字楼的一部电梯内,从底层载着 10 名乘客将在每一层停靠,假定每位乘客在每一层离开的可能性相同,求没有 2 位及以上的乘客在同一层离开电梯的概率.

8.3 条件概率及全概率公式

8.3.1 条件概率

案例导出

案例 1 现有一批产品是由甲、乙两厂生产的，产品情况如下：

数量 \ 厂别 / 等级	甲厂	乙厂	合计
合格品	460	540	1000
次品	40	60	100
合计	500	600	1100

从这批产品中随机地抽取 1 件，则取到的是次品的概率为$\frac{100}{1100}\approx 9.1\%$.

现在假设已经知道取出的产品是甲厂生产的，那么取到的是次品的概率又是多少呢？因为我们已经知道取出的是甲厂生产的，那么肯定是甲厂生产的 500 件产品中的 1 件，由于其中有 40 件次品，所以在我们已经知道取出的产品是甲厂生产的情况下，取出的是次品的概率应该是$\frac{40}{500}=8\%$.

相关知识

1. 条件概率的定义

定义 8.6 设 A 与 B 是样本空间 Ω 中的两个事件，若 $P(A)>0$，则称

$$P(B|A)=\frac{P(AB)}{P(A)} \tag{8-2}$$

为在事件 A 发生的条件下事件 B 发生的条件概率. 相应地，我们把 $P(B)$称为无条件概率.

(1) 一般地，$P(B|A)$ 和 $P(B)$ 没有必然的大小关系，也就是说 $P(B|A)>P(B)$，$P(B|A)<P(B)$ 和 $P(B|A)=P(B)$ 都是有可能的. 此外，若事件 A 不是 100% 发生时，$P(B|A)\neq P(AB)$.

(2) 容易验证：$P(B|A)+P(\overline{B}|A)=1$.

根据具体的情况，在计算条件概率时有两种方法：

(3) 在缩减后的样本空间 Ω_A 中计算事件 B 的概率；

(4) 在原来的样本空间 Ω 中，先求 $P(AB)$ 和 $P(A)$，再按定义计算.

2. 乘法公式

由条件概率的定义，可以立即推出乘法公式.

定义 8.7 如果 $P(A)>0$，则有 $P(AB)=P(A)P(B|A)$； (8-3)

如果 $P(B)>0$，则有 $P(AB)=P(B)P(A|B)$. (8-4)

乘法公式可以推广到有限个事件之积的情形，比如，三个事件之积的概率公式为：

设 A_1,A_2,A_3 为三个事件，且有 $P(A_1A_2)>0$，则

$$P(A_1A_2A_3)=P(A_1)P(A_2|A_1)P(A_3|A_1A_2). \quad (8\text{-}5)$$

例题精选

例 1 某单位员工有两个孩子，并且至少有一个是男孩，问她的两个孩子都是男孩的概率是多少？（假设生男孩生女孩是等可能的）

解 样本空间 $\Omega=\{(b,b),(b,g),(g,b),(g,g)\}$，其中 b 表示是男孩，g 表示是女孩. 现已经知道该员工至少有一个是男孩，样本空间缩减为 $\Omega_A=\{(b,b),(b,g),(g,b)\}$，即不包含两个都是女孩的情况. 故所求的条件概率为 $P=\frac{1}{3}$.

另一种方法是若设 A 表示事件“至少有一个孩子是男孩”，B 表示事件“两个孩子均是男孩”，则 $P(A)=\frac{3}{4}$，$P(AB)=\frac{1}{4}$，故由条件概率的定义，所求的条件概率为

$$P(B|A)=\frac{P(AB)}{P(A)}=\frac{1}{3}.$$

例 2 某人有一笔资金，他投入基金的概率是 0.68，购买股票的概率是 0.4，两个同时投资的概率是 0.2，问已知他已投入基金，再购买股票的概率是多少？

解 设 A 表示事件“把资金投入基金”，B 表示事件“把资金购买股票”，则有 $P(A)=0.68$，$P(AB)=0.2$，所以 $P(B|A)=\frac{0.2}{0.68}=\frac{5}{17}$.

例 3 某种元件的使用寿命是 6000 个小时的概率是 80%，使用寿命是 8000 个小时的概率是 60%，现有一个此种元件，已经使用了 6000 个小时，问它能再使用 2000 个小时的概率是多少？

解 设 A 表示“使用寿命是 6000 个小时”，B 表示“使用寿命是 8000 个小时”，则有 $P(A)=80\%$，$P(B)=60\%$. 由于 $B\subset A$，故，所求的概率为

$$P(B|A)=\frac{P(AB)}{P(A)}=\frac{P(B)}{P(A)}=\frac{0.6}{0.8}=75\%.$$

例 4　袋中装有 10 个球，其中 3 个黑球、7 个白球，从中不放回地任取 1 个球，取两次，求两次都取到黑球的概率.

解　设 A_i 表示"第 i 次取到黑球"$(i=1,2)$，则事件"两次都取到黑球"可以表示为 A_1A_2. 因为 $P(A_1)=\frac{3}{10}$，$P(A_2|A_1)=\frac{2}{9}$，所以由乘法公式，得

$$P(A_1A_2)=P(A_1)P(A_2|A_1)=\frac{3}{10}\times\frac{2}{9}=\frac{1}{15}.$$

例 5　在空战训练中，甲机先向乙机开火，它击落乙机的概率是 0.2；若乙机未被击落，就进行还击，击落甲机的概率是 0.3；若甲机未被击落，则再进攻乙机，击落乙机的概率是 0.4，求在这几个回合中乙机被击落的概率.

解　设 A 表示"乙机被击落"，A_i 表示"第 i 回合射击成功"$(i=1,2,3)$，则有 $A=A_1\cup\overline{A}_1\overline{A}_2A_3$，由于 $A_1(\overline{A}_1\overline{A}_2A_3)=\varnothing$，所以

$$\begin{aligned}P(A)&=P(A_1)+P(\overline{A}_1\overline{A}_2A_3)=P(A_1)+P(\overline{A}_1)P(\overline{A}_2|\overline{A}_1)P(A_3|\overline{A}_1\overline{A}_2)\\&=0.2+0.8\times0.7\times0.4=0.424.\end{aligned}$$

8.3.2　全概率公式和贝叶斯公式

案例导出

案例 2　两台车床加工同样的零件，第一台车床加工产品的合格品率为 0.97，第二台车床加工产品的合格品率为 0.98. 现把加工出来的零件放在一起，并且第一台车床加工出来的零件比第二台加工出来的零件多一倍，从这堆产品中任取一件，则是合格品的概率是多少呢？从这堆产品中抽取出来的产品有两种可能，要么是第一台车床加工出来的，其可能性是 $\frac{2}{3}$；要么是第二台车床加工出来的，其可能性是 $\frac{1}{3}$. 那么取出来的是合格品也有两种可能，如果是第一台车床加工的，概率是 0.97；如果是第二台车床加工的，概率是 0.98. 所以取出来的是合格品的概率应该为 $0.97\times\frac{2}{3}+0.98\times\frac{1}{3}\approx0.973$.

再进一步，如果取出来的是合格品，则是第一台车床加工的概率就应该为 $\frac{0.97\times\frac{2}{3}}{0.973}\approx0.665$.

相关知识

概率的加法公式和乘法公式为概率的计算提供了很多便利，由它们可以得到全概率公式和贝叶斯公式.

1. 全概率公式

定理 8.3 设 $A_1,A_2,\cdots,A_n$ 是样本空间的一个完备事件组,且 $P(A_i)>0,i=1,2,\cdots,n$,则对任一事件 B,有

$$P(B)=P(A_1)P(B|A_1)+P(A_2)P(B|A_2)+\cdots+P(A_n)P(B|A_n). \tag{8-6}$$

证 $B=B\Omega=B(A_1\cup A_2\cup\cdots\cup A_n)=BA_1\cup BA_2\cup\cdots\cup BA_n$,因为 $BA_1,BA_2,\cdots,BA_n$ 两两互不相容,所以由概率的有限可加性,得

$$P(B)=P(BA_1)+P(BA_2)+\cdots+P(BA_n).$$

再由乘法公式,$P(BA_i)=P(A_i)P(B|A_i),i=1,2,\cdots,n$,代入上式即可得式(8-6).

由此可以看出,如果直接求事件 B 的概率有困难,我们把 B 用一个完备事件组 $A_1,A_2,\cdots,A_n$ 分解成 n 个事件 $BA_1,BA_2,\cdots,BA_n$(见图 8-7),然后再用乘法公式分别求出这 n 个事件的概率,最后相加就可以了.

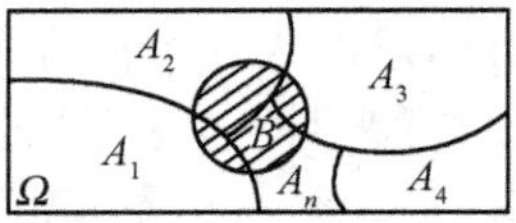

图 8-7

全概率公式的最简单形式是:假如 $0<P(A)<1$,则

$$P(B)=P(A)P(B|A)+P(\overline{A})P(B|\overline{A}). \tag{8-7}$$

2. 贝叶斯公式

定理 8.4 (贝叶斯(Bayes)公式) 设 $A_1,A_2,\cdots,A_n$ 是样本空间的一个完备事件组,若 $P(B)>0,P(A_i)>0$,则有

$$P(A_i|B)=\frac{P(A_i)P(B|A_i)}{\sum\limits_{i=1}^{n}P(A_i)P(B|A_i)},i=1,2,\cdots,n. \tag{8-8}$$

在公式中,$P(A_i)$是不知道事件 B 是否发生的情况下各事件发生的概率,称为先验概率;$P(A_i|B)$是在知道事件 B 发生的情况下各事件发生的概率,称为后验概率. 贝叶斯公式是从先验概率反过来推算后验概率的公式,所以又称为逆概公式.

例题精选

例 6 设仓库有 10 箱同种产品,已知这 10 箱中分别有 5 箱、3 箱、2 箱是由甲、乙、丙厂生产的,又甲、乙、丙厂生产的次品率分别为 0.02,0.01,0.03. 现从这 10 箱产品中任取 1 箱,再从取得的箱中任取 1 件产品,求取得的产品是正品的概率.

解 设 A_1,A_2,A_3 分别表示"取得的这箱产品是甲厂、乙厂、丙厂生产的",B 表示"取得的产品是正品",A_1,A_2,A_3 两两互不相容,且 $A_1\cup A_2\cup A_3=\Omega$.

已知 $P(A_1)=0.5,P(A_2)=0.3,P(A_3)=0.2,P(B|A_1)=0.98,P(B|A_2)=0.99,P(B|A_3)=0.97$,

所以由全概率公式可得

$$P(B)=P(A_1)P(B|A_1)+P(A_2)P(B|A_2)+P(A_3)P(B|A_3)$$

$=0.5\times0.98+0.3\times0.99+0.2\times0.97=98.1\%$.

知识应用

例 7　保险公司认为人可以分为两类:第一类是容易出事故的人,第二类是比较谨慎的,不易出事故的人.统计数据表明,第一类人在一年内某一时刻出事故的概率是 0.4,第二类人在一年内某一时刻出事故的概率是 0.2.若第一类人占 30%,求一个新客户在购买保险后一年内需要理赔的概率.

解　设 A 表示"第一类人",B 表示"该客户在购买保险后一年内出事故",显然,$A,\overline{A}$是样本空间的一个划分,且 $P(A)=0.3$,$P(\overline{A})=0.7$,$P(B|A)=0.4$,$P(B|\overline{A})=0.2$,所以

$$P(B)=P(A)P(B|A)+P(\overline{A})P(B|\overline{A})=0.3\times0.4+0.7\times0.2=26\%.$$

例 8　以往数据结果表明,当机器调整良好时,产品的合格率是 98%,而当机器发生故障时,合格率是 55%.每天早上机器开动时,机器调整良好的概率是 95%.求已知某日早上第一件产品是合格品时,机器调整良好的概率.

解　设 A 表示"机器调整良好",B 表示"产品合格",则

$$P(B|A)=0.98,P(B|\overline{A})=0.55,P(A)=0.95,P(\overline{A})=0.05,$$

所以由贝叶斯公式可得

$$P(A|B)=\frac{P(A)P(B|A)}{P(A)P(B|A)+P(\overline{A})P(B|\overline{A})}$$

$$=\frac{0.95\times0.98}{0.95\times0.98+0.05\times0.55}\approx97\%.$$

其中,概率 95%是由以往的数据分析得到的,是先验概率,而在知道第一件产品是合格品之后,再重新修正的概率 97%是后验概率.有了后验概率,我们就能对机器的情况有进一步了解,从而可按要求决定是否进一步开工生产.

正因为贝叶斯公式在一定程度上能帮助我们分析事件发生的原因,因此它在疾病诊断、机器故障分析、市场经济预测等方面都有着广泛的应用.

例 9　美国总统常常向经济顾问委员会寻求各种建议.假设有持三种不同经济理论的顾问甲,乙,丙,总统正在考虑采取一项关于工资和价格控制的新政策,并关注这项政策对失业率的影响,每位顾问就这种影响给总统一个个人预测,见下表.

失业率变化的概率

	下降	保持不变	上升
甲	0.1	0.1	0.8
乙	0.6	0.2	0.2
丙	0.2	0.6	0.2

若用 A,B,C 分别表示顾问甲,乙,丙的经济理论是正确的,根据以往总统与这些顾问一

起工作的经验,总统对其顾问的理论的正确性估计为 $P(A)=\frac{1}{6}$,$P(B)=\frac{1}{3}$,$P(C)=\frac{1}{2}$. 假设总统采纳了其中一种新政策,一年后,失业率上升了,总统应如何调整他对其顾问的理论的正确性的估计?

解 设 D 表示"失业率上升",显然 A,B,C 是样本空间的一个完备事件组.

首先由全概率公式,有

$$P(D)=P(A)P(D|A)+P(B)P(D|B)+P(C)P(D|C)$$
$$=\frac{1}{6}\times\frac{8}{10}+\frac{1}{3}\times\frac{2}{10}+\frac{1}{2}\times\frac{2}{10}=\frac{3}{10}.$$

再由贝叶斯公式有

$$P(A|D)=\frac{P(A)P(D|A)}{P(D)}=\frac{\frac{1}{6}\times\frac{8}{10}}{\frac{3}{10}}=\frac{4}{9},$$

$$P(B|D)=\frac{P(B)P(D|B)}{P(D)}=\frac{\frac{1}{3}\times\frac{2}{10}}{\frac{3}{10}}=\frac{2}{9},$$

$$P(C|D)=\frac{P(C)P(D|C)}{P(D)}=\frac{\frac{1}{2}\times\frac{2}{10}}{\frac{3}{10}}=\frac{1}{3}.$$

也就是说,总统对其顾问的理论的正确性估计分别调整为 $\frac{4}{9}$,$\frac{2}{9}$,$\frac{1}{3}$.

知识演练

19. 已知 $P(A)=\frac{1}{4}$,$P(B|A)=\frac{1}{3}$,$P(A|B)=\frac{1}{2}$,求 $P(A\cup B)$.

20. 设 10 件产品中有 4 件不合格品,从中任取 2 件,已知所取的 2 件产品中有一件不合格品,求另一件也是不合格品的概率.

21. 某人提出一个问题,甲先答,答对的概率是 0.4;若甲答错,由乙答,乙答对的概率是 0.5,求此问题是由乙答对的概率.

22. 已知 10 件产品中有 2 件次品,在其中任取一件,不放回地再取一件,求:

(1) 2 件都是正品的概率;(2) 2 件都是次品的概率.

23. 用 3 个机床加工同一种零件,零件由各机床加工的概率分别为 0.5,0.3,0.2,各机床加工的零件为合格品的概率分别为 0.94,0.9,0.95,求全部产品中的合格率.

24. 已知男人中有 5%是色盲患者，女人中有 0.25%是色盲患者，现从男女人数相等的人群中随机地选一人，恰好是色盲患者，求此人是男性的概率.

25. 在数字通信中，当发送端发出 0 时，接收端能正确接收的概率是 0.9；当发送 1 时，能被正确接收的概率是 0.8. 发送端发送 0 和 1 的概率是等可能的，当接收端接收到的是 1 时，求发送端发送的是 1 的概率.

26. 玻璃杯成箱出售，每箱 20 只，各箱次品数为 0，1，2 的概率分别为 0.8，0.1，0.1，一顾客欲买下一箱玻璃杯，售货员随机地取出一箱，顾客开箱后随机取 4 只进行检查，若无次品，则购买，否则退回，求：

(1) 顾客买下该箱玻璃杯的概率；

(2) 在顾客买下的一箱中，确实没有次品的概率.

8.4　事件的独立性与伯努利概型

8.4.1　事件的独立性

案例导出

案例 1　某产品有两类缺陷 A，B 中的一个或两个. 若这两个缺陷的发生是互不影响的，且 $P(A)=0.05$，$P(B)=0.03$，那么这两类缺陷都有的概率为 $P(AB)=0.05\times 0.03=0.0015$.

相关知识

一般情况下，$P(B)\neq P(B|A)$，但在许多实际问题中，常常会遇到两个事件中任何一个事件发生都不会对另一个事件发生的概率产生影响的情况. 那么此时 $P(B)=P(B|A)$. 这样的两个事件就是相互独立的.

定义 8.8　对任意的两个事件 A 与 B，若满足

$$P(AB)=P(A)P(B), \tag{8-9}$$

则称事件 A 与 B 相互独立，简称 A 与 B 独立.

在实际问题中，更多的是根据问题的实际意义（即相互是否有影响）来判断事件是否独立.

由此定义可以知道：

(1) 必然事件 Ω 和不可能事件 $\varnothing$ 与任何事件是相互独立的.

(2) 事件独立与互斥是两个不同的概念. 它们从两个不同的角度表述了两事件之间的某种联系. 可以证明当 $P(A)>0$,$P(B)>0$ 时,若 A 与 B 独立,那么 A 与 B 一定不互斥;若 A 与 B 互斥,那么 A 与 B 也一定不独立. 只有当 $P(A)$ 和 $P(B)$ 中至少有一个为 0 时,A 与 B 才可能既独立又互斥.

(3) 若事件 A 与 B 独立,且 $P(B)>0$,则 $P(A|B)=P(A)$. 反之也成立.

(4) 设事件 A 与 B 独立,则事件 A 与$\overline{B}$,$\overline{A}$与 B,$\overline{A}$与$\overline{B}$也相互独立.

证 $P(A\overline{B})=P(A)-P(AB)=P(A)-P(A)P(B)=P(A)[1-P(B)]=P(A)P(\overline{B})$.

故 A 与$\overline{B}$独立. 由此推得$\overline{A}$与 B,$\overline{A}$与$\overline{B}$也相互独立.

两个事件的相互独立性的定义可以推广至三个事件的情形:

定义 8.9 若事件 A, B,C 满足等式

$$\begin{cases}P(AB)=P(A)P(B),\\ P(AC)=P(A)P(C),\\ P(BC)=P(B)P(C),\\ P(ABC)=P(A)P(B)P(C),\end{cases} \tag{8-10}$$

则称事件 A, B,C 相互独立.

若同时满足前三个等式,则称事件 A, B,C 两两独立.

例题精选

例 1 设甲、乙两名射手独立地射击同一目标,他们击中目标的概率分别是 0.6 与 0.8,现让两人各射击一次,求目标被击中的概率.

解 设 A 表示"甲击中目标",B 表示"乙击中目标",则 A 与 B 相互独立,且 $P(A)=0.6$,$P(B)=0.8$,所以目标被击中的概率为

$$\begin{aligned}P(A\cup B)&=P(A)+P(B)-P(AB)=P(A)+P(B)-P(A)P(B)\\ &=0.6+0.8-0.6\times 0.8=92\%.\end{aligned}$$

此题也可以先计算 $P(\overline{A\cup B})$,因为$\overline{A\cup B}=\overline{A}\,\overline{B}$,而$\overline{A}$与$\overline{B}$相互独立,由定义 8.8 易计算出 $P(\overline{A}\,\overline{B})$,再利用对立事件的概率关系求出 $P(A\cup B)$. 大家可以自己试试.

例 2 设袋中有四个仅颜色不同的球,其中一个是红色,一个是黄色,一个是蓝色,还有一个兼有红、黄、蓝三种颜色,现从中任取一球,用 A,B,C 分别表示取出的球出现红、黄、蓝色,试讨论事件 A,B,C 的独立性.

解 显然 $P(A)=P(B)=P(C)=\frac{1}{2}$,

$$P(AB)=P(AC)=P(BC)=P(ABC)=\frac{1}{4},$$

因此 $$P(AB)=P(A)P(B),P(AC)=P(A)P(C),P(BC)=P(B)P(C),$$

这表明 A,B,C 是两两独立的.

但是有
$$P(ABC)=\frac{1}{4}\neq\frac{1}{8}=P(A)P(B)P(C),$$
这表明 A,B,C 并不相互独立.

知识拓展

我们可以定义 n 个事件的相互独立性:

定义 8.10 设 $A_1,A_2,\cdots,A_n$ 是 $n(n\geqslant 2)$ 个事件,若对其中任意 $k(1<k\leqslant n)$ 个事件($1\leqslant i_1<i_2<\cdots<i_k\leqslant n$)均满足等式
$$P(A_{i_1}A_{i_2}\cdots A_{i_k})=P(A_{i_1})P(A_{i_2})\cdots P(A_{i_k}),\tag{8-11}$$
则称事件 $A_1,A_2,\cdots,A_n$ 相互独立.

若其中任意两个事件之间均相互独立,则称 $A_1,A_2,\cdots,A_n$ 两两独立.

(1) 若事件 $A_1,A_2,\cdots,A_n(n\geqslant 2)$ 相互独立,则其中任意 $k(1<k\leqslant n)$ 个事件也相互独立;

(2) 若事件 $A_1,A_2,\cdots,A_n(n\geqslant 2)$ 相互独立,则将其中任意多个事件换成它们的对立事件,所得的 n 个事件仍相互独立.

(3) 若事件 $A_1,A_2,\cdots,A_n$ 相互独立,则它们必是两两独立的;但反之,若事件 $A_1,A_2,\cdots,A_n$ 两两相互独立,并不能保证它们是相互独立的.

例 3 某医院的挂号处,新到者是一名急诊病人的概率是 $\frac{1}{6}$,求第 8 个到达的病人是首例急诊病人的概率.(设各到达的病人是否为急诊病人是相互独立的.)

解 设 A_i 表示"第 i 个到达的病人是急诊病人",$i=1,2,\cdots,8$,则 $A_1,A_2,\cdots,A_8$ 是相互独立的,且 $P(A_i)=\frac{1}{6}$,$i=1,2,\cdots,8$,"第 8 个到达的病人是首例急诊病人"可以表示为 $\overline{A}_1\,\overline{A}_2\cdots\overline{A}_7A_8$,所以要求的概率为
$$P(\overline{A}_1\,\overline{A}_2\cdots\overline{A}_7A_8)=P(\overline{A}_1)P(\overline{A}_2)\cdots P(\overline{A}_7)P(A_8)=\left(1-\frac{1}{6}\right)^7\frac{1}{6}=\frac{5^7}{6^8}\approx 4.65\%.$$

8.4.2 独立试验与伯努利概型

案例导出

案例 2 若知道某种灯泡耐用时间在 1000 小时以上的概率为 0.2,现有三个这种灯泡在使用,那么 1000 小时以后最多只有一个坏了的概率是多少呢?

"最多只有一个坏了"包括"三个都是好的"和"只有一个坏了"两种情形.其中"三个都是好的"的概率应该是 $p_1=0.2\times0.2\times0.2=0.008$;"只有一个坏了"的概率应该考虑一个是坏

的，概率是 0.8，两个是好的，概率是 0.2^2，而哪个是坏的有 C_3^1 种可能，由乘法原理，$p_2 = C_3^1 0.8 \cdot 0.2^2 = 0.096$. 所以最多只有一个坏了的概率为 $p = p_1 + p_2 = 0.104$.

相关知识

我们知道，在相同条件下进行大量的重复观察或试验，随机现象的统计规律就可以呈现出来. 其中广泛应用的一种概率模型就是 n 次重复独立试验. 所谓的 n 次重复独立试验是指具有下述特点的 n 次重复试验：

(1) 每次试验的条件相同；

(2) 每次试验的结果都与其他各次试验的结果是相互独立的.

而 n 重伯努利(Bernoulli)试验(或称为伯努利概型)要满足：

(1) 是 n 次重复独立试验；

(2) 每次试验只有两种结果，一般记为 A(成功)和 $\overline{A}$(失败)，且 $P(A) = p, P(\overline{A}) = 1 - p$.

例如，投掷一颗骰子的试验中，重复投掷 20 次，若每次观察投掷的点数，这就是一个重复独立试验，但不能称为伯努利概型. 因为每次试验的结果有 6 种. 若每次观察投掷的点数是否为 2 点，那么这就能称为伯努利概型了. 因为这时试验不仅是重复独立进行的，而且每次试验结果只有两种，要么是 2 点，要么不是 2 点.

这种试验最早由瑞士数学家雅克·伯努利(Jacques Bernoulli，1654—1705)所研究的，故此得名.

伯努利概型中事件的概率计算有下面的伯努利定理：

定理 8.5 设在 n 重伯努利试验中，事件 A 在每次试验中发生的概率为 p，不发生的概率为 $1-p$，则事件 A 恰好发生 k 次的概率为

$$P_n(k) = C_n^k p^k (1-p)^{n-k}, k = 0, 1, 2, \cdots, n. \tag{8-12}$$

证明略.

(1) 由二项式定理可以得到 $\sum_{k=0}^{n} P_n(k) = 1$.

(2) 在成功率为 p 的 n 重伯努利试验中，事件 A 首次成功发生在第 k 次试验的概率为

$$p_k = (1-p)^{k-1} p \ (k = 1, 2, \cdots).$$

这是因为第 k 次试验结果是首次成功，说明前 $k-1$ 次试验结果都是失败的.

例题精选

例 4 在某个车间内有 12 台同类的机器，每台机器由于工艺上的原因，经常需要停车，设各台机器的停车或开车是独立的，又每台机器在任一时刻停车的概率都是 $\frac{1}{3}$. 求该车间在任一指定时刻恰有 2 台机器停产的概率.

解　对这 12 台机器的观察就是 12 重伯努利试验. 因为各台机器的类型及使用情况都相同，每台机器只有两种结果，即停车和开车，且是相互独立的. 由伯努利定理得

$$P_{12}(2)=C_{12}^{2}\left(\frac{1}{3}\right)^{2}\left(\frac{2}{3}\right)^{10}\approx 12.72\%.$$

例 5　某人进行射击，设每次射击的命中率为 0.6，问至少进行多少次独立射击，才能有 99% 的把握至少击中一次？

解　设进行 n 次独立射击，而每次射击结果只有击中和未击中两种，所以可以看作是 n 重伯努利试验. 由伯努利定理，至少击中一次的概率为

$$P_n(k\geqslant 1)=1-P_n(0)=1-(0.4)^n\geqslant 0.99,\ (0.4)^n\leqslant 0.01,$$

所以

$$n\geqslant\frac{\lg 0.01}{\lg 0.4}\approx 5.03.$$

即至少进行 6 次独立射击.

知识演练

27. 一个自动报警器由雷达和计算机两部分组成，两部分有任何一个失灵，这个报警器就失灵. 若使用 100 小时后，雷达失灵的概率为 0.1，计算机失灵的概率为 0.3. 假定两部分是否失灵是相互独立的，求这个报警器使用 100 小时而不失灵的概率.

28. 三人独立地去破译一个密码，他们能译出密码的概率分别是 $\frac{1}{5}$，$\frac{1}{3}$，$\frac{1}{4}$，问能将此密码译出的概率是多少？

29. 甲、乙、丙三部机床独立地工作，由一个人照管. 某段时间它们不需要照管的概率分别是 0.9，0.8，0.85，求在这段时间内，机床因无人照管而停工的概率.

30. 一批产品中，有 20% 的次品，进行重复抽样检查，共取 5 件样品，求这 5 件样品中：

(1) 恰好有 3 件次品的概率；(2) 最多有 3 件次品的概率.

31. 设每次射击命中率为 0.2，问至少进行多少次独立射击，才能使至少击中一次的概率不少于 0.9？

32. 炮弹命中目标的概率为 0.2，现发射 14 发炮弹. 已知至少有两发炮弹命中目标才能摧毁它，求摧毁目标的概率.

8.5 一维随机变量及其分布

8.5.1 随机变量

案例导出

案例 1 抛掷一枚均匀的硬币，如果出现正面则对应数 1，如果出现反面则对应数 0. 若以 $X=\begin{cases}1,\text{出现正面}\\0,\text{出现反面}\end{cases}$ 来表示随机试验的结果，从而把随机事件数量化. 这样可以用数学方法进一步研究随机试验的统计规律性. 比如，重复独立进行这个试验 10 次，用 $X_i=\begin{cases}1,\text{出现正面}\\0,\text{出现反面}\end{cases}(i=1,2,\cdots,10)$ 表示每次试验的结果，那么出现正面的次数就可以表示为 $X_1+X_2+\cdots+X_{10}$.

案例 2 车站每 10 分钟开来一辆车，则等车时间是 0 到 10 之间的任何数，可以用 X 表示，$0\leqslant X\leqslant 10$，这样把随机事件数量化了. 比如 $X=5$ 表示事件“候车时间为 5 分钟”，$X>7$ 表示事件“候车时间超过 7 分钟”.

相关知识

为了便于对随机事件进行数量分析，必须把随机事件数量化，数量化的方法就是把一个随机事件用一个变量来表示，这个变量随着随机事件的变化而变化，它的取值与随机事件的结果有关，我们称它为随机变量. 通常用大写字母 X,Y,Z 或希腊字母 ξ,η,ζ 来表示. 而用小写字母 x,y,z 等来表示随机变量所取的值. 案例 1 中的 $X=\begin{cases}1,\text{出现正面}\\0,\text{出现反面}\end{cases}$ 就是一个随机变量；案例 2 中，随机变量 X 表示候车时间，X 可能取的值为 x，则 x 是 $[0,10]$ 中的数.

由此，我们发现：

(1) 随机变量可以看作是定义在随机试验的样本空间上的实值单值函数.

(2) 随机变量取某个值或某个确定范围的值有一定的概率.

根据随机变量的取值情况，可把它分成两类：

(1) 离散性随机变量；

(2) 非离散型随机变量.

在非离散型随机变量中，连续型随机变量是最重要的.

8.5.2　离散型随机变量及其概率分布

案例导出

案例 3　在一个袋子中装有 10 个球，其中有 6 个白球，4 个红球. 从中任取 3 个，若用 X 表示取到的红球数，则 X 可以取为 0，1，2，3，分别表示没有取到红球，恰好取到 1 个、2 个、3 个红球，且有 $P\{X=0\}=\frac{1}{6}$，$P\{X=1\}=\frac{1}{2}$，$P\{X=2\}=\frac{3}{10}$，$P\{X=3\}=\frac{1}{30}$.

相关知识

1. 离散型随机变量及其概率分布

定义 8.11　若随机变量 X 的全部可能的取值只有有限个或可数无穷多个，则称 X 是离散型随机变量.

例如，投掷一颗骰子，出现的点数 X 只能取有限个可能值 1，2，3，4，5，6；电话交换台在单位时间内接收到的呼唤次数 X 只能取可数个可能值 0，1，2，…，它们都是离散型随机变量.

定义 8.12　设离散型随机变量 X 的所有可能取值为 $x_i(i=1,2,\cdots)$，则 X 取值 x_i 的概率

$$P\{X=x_i\}=p_i,i=1,2,\cdots \tag{8-13}$$

称为随机变量 X 的概率分布或分布律. 常用表格形式来表示 X 的概率分布：

X	x_1	x_2	…	x_n	…
P	p_1	p_2	…	p_n	…

也称为随机变量的分布列. 显然，$p_i(i=1,2,\cdots)$具有下列性质：

(1) $p_i\geqslant 0$，　$i=1,2,\cdots$；

(2) $\sum\limits_{i=1}^{\infty}p_i=1$.

2. 常见的离散型分布

◆两点分布

若随机变量 X 只有两个可能取值，且其分布为

$$P\{X=x_1\}=p,P\{X=x_2\}=1-p\ (0<p<1),$$

则称 X 服从 x_1,x_2 处参数为 p 的两点分布.

特别地，若两点分布中的两个取值分别是 0 和 1，即

X	0	1
P	$1-p$	p

或 $P\{X=k\}=p^k(1-p)^{1-k}, k=0,1(0<p<1)$,

则称 X 服从参数为 p 的0-1分布.

对于任何一个只有两种可能结果$\{\omega_1,\omega_2\}$的随机试验,我们都可以定义一个服从0-1分布的随机变量

$$X=X(\omega)=\begin{cases}0, & \omega=\omega_1\\ 1, & \omega=\omega_2\end{cases}$$

来描述这个随机试验的结果.例如,抛掷硬币中"正面向上"与"反面向上"的概率分布,产品抽样中"正品"与"次品"的概率分布等.

◆二项分布

二项分布是最重要的离散型分布之一,它产生的重要现实源泉就是伯努利试验.

在 n 重伯努利试验中,若每次试验中事件 A 发生的概率是 $p(0<p<1)$,即 $P(A)=p$,事件 A 恰好发生 k 次($0\leqslant k\leqslant n$)的概率为 $P_n(k)=C_n^k p^k(1-p)^{n-k}$.

若用 X 表示 n 重伯努利试验中事件 A 发生的次数,则可得 X 的分布律为

$$P\{X=k\}=C_n^k p^k(1-p)^{n-k}, k=0,1,2,\cdots,n, 0<p<1, \tag{8-14}$$

此时,我们称随机变量 X 服从参数为 n,p 的二项分布,记作 $X\sim B(n,p)$.

特别地,当 $n=1$ 时,二项分布就是0-1分布,故0-1分布也可记作 $B(1,p)$.二项分布与两点分布有密切关系.设一个试验只有两个结果:A 和$\overline{A}$,且 $P(A)=p$.现将试验独立进行 n 次.若用 X_i 表示"第 i 次试验中结果 A 是否出现",即

$$X_i=\begin{cases}1, & \text{第 } i \text{ 次试验中结果 } A \text{ 出现},\\ 0, & \text{第 } i \text{ 次试验中结果 } A \text{ 不出现},\end{cases} \quad i=1,2,\cdots,n,$$

则 $X_i\sim B(1,p)$,并且 $X_1,X_2,\cdots,X_n$ 相互独立.用 X 表示 n 次试验中结果 A 出现的次数,则 $X\sim B(n,p)$,且有 $X=X_1+X_2+\cdots+X_n$.

◆泊松分布

泊松分布是1837年由法国数学家泊松引入的,在经济与管理科学中占有重要的地位.

若离散型随机变量 X 的分布律为

$$P\{X=k\}=\frac{\lambda^k}{k!}e^{-\lambda} \quad (k=0,1,2,\cdots), \tag{8-15}$$

其中 $\lambda>0$ 为常数,则称 X 服从参数为 λ 的泊松分布,记作 $X\sim P(\lambda)$.

实际问题中许多随机现象都服从或近似服从泊松分布.例如,某电话交换台单位时间内接收到的呼唤次数,某机场降落的飞机数,单位事件内某商店售出的某种商品的件数,车站里某段时间内等候乘车的旅客数,一纱锭在某一时间段里发生断头的次数,等等,都是近似

服从泊松分布的.泊松分布的概率值可查附表1.

二项分布和泊松分布之间存在着下列关系：

定理 8.6　设随机变量 $X_n \sim B(n,p)(n=1,2,\cdots)$，其中 p 与 n 有关，并且满足 $\lim\limits_{n\to\infty} np=\lambda>0$，则

$$\lim_{n\to\infty} C_n^k p^k (1-p)^{n-k}=\frac{\lambda^k}{k!}e^{-\lambda} \quad (k=0,1,2,\cdots).$$

证明略.

这就是泊松定理.该定理说明泊松分布是二项分布的极限.对于二项分布 $B(n,p)$，当试验次数 n 很大时，p 很小时(实际计算中，$n\geqslant 100$，$np\leqslant 10$ 时近似效果就很好)，可将二项分布 $B(n,p)$ 转化为泊松分布 $P(\lambda)$ 计算，其中 $\lambda=np$.

例题精选

例 1　掷两枚骰子，随机变量 X 表示"两枚骰子的点数之和"，试求 X 的分布律.

解　X 的所有可能取值有：2，3，4，…，12，试验的样本空间为

$$\Omega=\{(i,j)\mid i,j=1,2,\cdots,6\},$$

包含的样本点数为 $6\times 6=36$，事件 $\{X=2\}$ 包含的样本点为 $\{(1,1)\}$，样本点数为1，所以 $P\{X=2\}=\frac{1}{36}$，依次可计算事件 $\{X=k\}$，$k=3,4,5,\cdots 12$ 包含的样本点数分别为2，3，4，5，6，5，4，3，2，1，所以可得 X 的分布律为

X	2	3	4	5	6	7	8	9	10	11	12
P	1/36	2/36	3/36	4/36	5/36	6/36	5/36	4/36	3/36	2/36	1/36

例 2　对某一目标进行射击，每次命中与否是相互独立的，射击的命中率都是0.9，直到击中目标就停止射击，设 X 表示"首次击中目标所需要的射击次数"，试求 X 的分布律和首次击中目标所需要的射击次数不超过10的概率.

解　X 的所有可能取值为1，2，…，设 A_i 表示"第 i 次击中"，$i=1,2,\cdots$，因而 X 的分布律为

$$\begin{aligned}P\{X=k\}&=P(\overline{A}_1\,\overline{A}_2\cdots\overline{A}_{k-1}A_k)=P(\overline{A}_1)P(\overline{A}_2)\cdots P(\overline{A}_{k-1})P(A_k)\\&=(0.1)^{k-1}0.9\ ,\ k=1,2,\cdots.\end{aligned}$$

首次击中目标所需要的射击次数不超过10次可用 $\{X\leqslant 10\}$ 来表示，它的概率为

$$\begin{aligned}P\{X\leqslant 10\}&=P\{\bigcup_{k=1}^{10}(X=k)\}=\sum_{k=1}^{10}P\{X=k\}=\sum_{k=1}^{10}(0.1)^{k-1}0.9\\&=1-(0.1)^{10}\approx 0.99.\end{aligned}$$

例 3　在次品率为0.02的一批产品中，从中任取100件，求：

(1) 其中恰有一件次品的概率；

（2）至少有一件次品的概率.

解 设次品数为 X.

方法 1 因为 $X \sim B(100,0.02)$，所以

（1）$P\{X=1\}=C_{100}^{1}(0.02)(0.98)^{99} \approx 0.27065$；

（2）$P\{X \geqslant 1\}=1-P\{X=0\}=1-(0.98)^{100} \approx 0.86738$.

方法 2 用泊松分布近似计算. $\lambda=np=2$，所以

（1）$P\{X=1\} \approx \frac{2}{1!}e^{-2} \approx 0.271$；

（2）$P\{X \geqslant 1\}=1-P\{X=0\}=1-e^{-2} \approx 0.865$.

例 4 设某城市在一周内发生交通事故的次数服从参数为 0.3 的泊松分布，试求在一周内恰好发生两次交通事故的概率.

解 设 X 表示“该城市一周内发生交通事故的次数”，则 $X \sim P(0.3)$，所以查泊松分布表可得

$$P\{X=2\}=\frac{(0.3)^{2}}{2!}e^{-0.3}=0.033.$$

（注：由附表 1，$P\{X=2\}=P\{X \leqslant 2\}-P\{X \leqslant 1\}$）

知识应用

例 5 设家畜感染某种疾病的概率为 30%，为了检验一种新发现的血清的效用，对 20 只健康的动物注射这种血清，若注射后只有一种动物受感染. 试对此种血清的作用进行评价.

解 设 X 表示“注射新血清后受感染的动物数”，假设新血清对这种疾病没有作用，则家畜感染疾病的概率仍为 30%，所以 $X \sim B(20,0.3)$，这样至多有一只动物受感染的概率为

$$P\{X \leqslant 1\}=P\{X=0\}+P\{X=1\}=(0.7)^{20}+C_{20}^{1}(0.3)(0.7)^{19} \approx 0.0076.$$

这个概率相当小，我们认为一次试验很难出现，但现在这个概率很小的事件竟然出现了，于是我们认为假设新血清没有效果是错误的，即应该认为这种新发现的血清是有效的.

例 6 某保险公司，有 2500 辆同型号的摩托车参加了安全保险，在一年里每辆摩托车丢失的概率是 0.002，投保人每年 1 月上旬向保险公司支付 12 元的保险费，而在车被丢失时可向公司领回 2000 元的赔偿金，试计算该公司亏本的概率.

解 该公司在每年 1 月初可收入 $12 \times 2500=30000$ 元，那么支出是多少呢？设一年中丢失 X 辆摩托车，则需付出 $2000X$ 元，于是公司亏本等价于 $2000X>30000$，即 $X>15$ 辆，注意到 2500 辆投保的摩托车被丢失的概率是相同的，都是 0.002，而且它们被丢失是独立的，可以看作是成功概率是 0.002 的 2500 重伯努利试验，即 $X \sim B(2500,0.002)$，所以

$$P\{X>15\}=1-P\{X\leqslant 15\}=1-\sum_{k=0}^{15}C_{2500}^{k}(0.002)^{k}(0.998)^{2500-k}$$
$$\approx 0.00007.$$

可见,该保险公司在一年内亏本的概率是很小的.

8.5.3 连续型随机变量及其概率密度

案例导出

案例 4 测量球的直径,发现它的值等可能地取于区间[12,14],那么直径大于 13 的概率为 50%.

相关知识

1. 连续型随机变量及其概率密度

定义 8.13 若随机变量 X 的取值充满某个区间(有限或无限区间),且存在一个非负可积函数 $f(x)$,使得 $P\{a<X\leqslant b\}=\int_a^b f(x)\mathrm{d}x$,则称 X 为连续型随机变量,而称 $f(x)$ 为 X 的概率密度函数,简称为概率密度或密度函数.

密度函数 $f(x)$ 具有下列性质:

(1) $f(x)\geqslant 0$;

(2) $\int_{-\infty}^{+\infty}f(x)\mathrm{d}x=1$.

可以证明,若函数 $f(x)$ 满足这两个性质,那么它一定是某一随机变量的密度函数.

对于连续型随机变量 X 来说,我们有:

(1) $P\{X=a\}=0$. 可见,若一个事件的概率为零,则这事件不一定是不可能事件;同理,概率是 1 的事件也不一定是必然事件.

(2) $P\{a<X<b\}=P\{a<X\leqslant b\}=P\{a\leqslant X<b\}=P\{a\leqslant X\leqslant b\}$.

这与离散型随机变量是不同的.

2. 常见的连续型分布

◆ 均匀分布

设连续型随机变量 X 具有概率密度函数为,

$$f(x)=\begin{cases}\dfrac{1}{b-a}, & a\leqslant x\leqslant b,\\ 0, & \text{其他},\end{cases} \tag{8-16}$$

则称 X 在区间$[a,b]$上服从均匀分布,记作 $X\sim U(a,b)$.

$f(x)$ 的图形如图 8-8 所示.

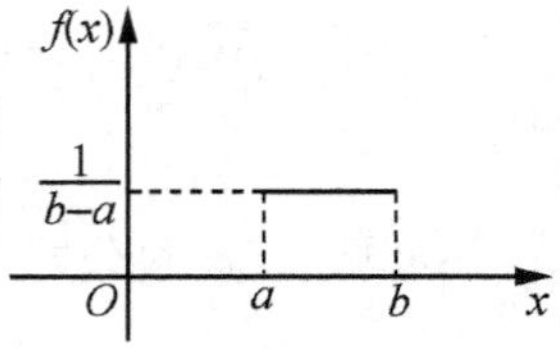

图 8-8

均匀分布描绘几何型随机试验中随机点的分布.向区间$[a,b]$内均匀地投掷一点,令 X 表示落点处的坐标,则 X 服从$[a,b]$上的均匀分布.而对于任何实数 $c,d(a<c<d<b)$,都有

$$P\{c<X<d\}=\int_c^d f(x)\mathrm{d}x=\frac{1}{b-a}(d-c),$$

这表明随机点落入(a,b)内的任一小区间的概率与该小区间的长度成正比,而与该小区间的位置无关.

◆ 指数分布

设连续型随机变量 X 的概率密度函数为

$$f(x)=\begin{cases}\lambda \mathrm{e}^{-\lambda x}, & x\geqslant 0,\\ 0, & x<0,\end{cases} \tag{8-17}$$

其中 $\lambda>0$,则称 X 服从参数为 λ 的指数分布,记作 $X\sim E(\lambda)$.

$f(x)$ 的图形如图 8-9 所示.

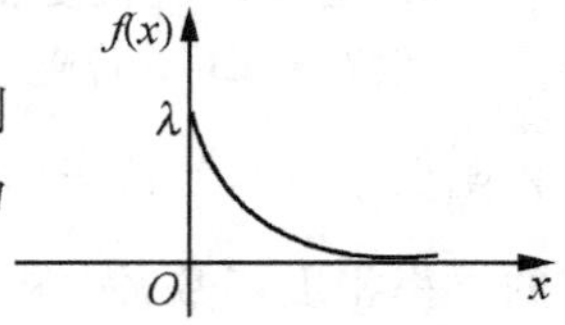

图 8-9

指数分布有重要应用,常被用来作为各种"寿命"分布的近似,例如,电子元件的使用寿命、电话的通话时间、动物的寿命等都可认为是服从指数分布的.

指数分布具有"无记忆性",即对任意的 $s>0,t>0$,有

$$P\{X>s+t\mid X>s\}=P\{X>t\}.$$

比如,若 X 表示寿命,则表示如果已经活了 s 年之后,再活 t 年的概率与年龄 s 无关,所以有时也形象地称指数分布是"永远年轻"的分布.

◆ 正态分布

设连续型随机变量 X 的概率密度函数为

$$f(x)=\frac{1}{\sqrt{2\pi}\sigma}\mathrm{e}^{-\frac{(x-\mu)^2}{2\sigma^2}},\quad -\infty<x<+\infty, \tag{8-18}$$

其中 μ 与 $\sigma>0$ 都是常数,则称 X 服从参数为 μ,σ 的正态分布,记作 $X\sim N(\mu,\sigma^2)$.

$f(x)$ 的图形如图 8-10 所示.

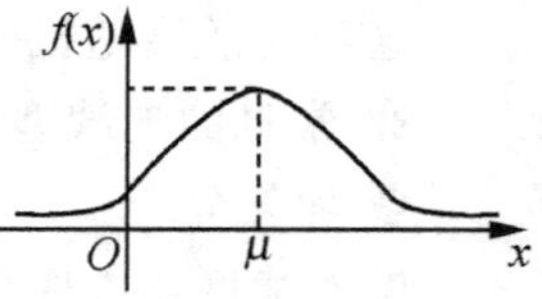

图 8-10

它具有下列性质:

(1) 曲线关于 $x=\mu$ 对称.

(2) 曲线在 $x=\mu$ 时取到最大值 $f(x)=\dfrac{1}{\sqrt{2\pi}\sigma}$,$x$ 离 μ 越远,$f(x)$ 的值越小.

(3) 曲线在 $x=\mu\pm\sigma$ 处有拐点,且以 x 轴为渐近线.

(4) 曲线依赖于两个参数 μ 和 σ,其中 μ 确定了曲线的位置,σ 确定了曲线中峰的陡峭程

度. 若固定 μ 的值, σ 越小时, $f(x)$ 的图形越陡峭, σ 越大时, $f(x)$ 的图形越平缓(图 8-11).

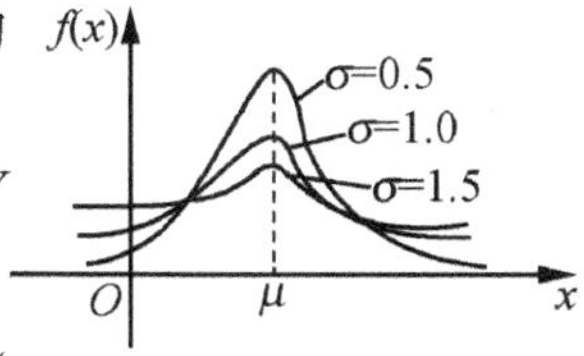

图 8-11

(5) $X \sim N(\mu_1, \sigma_1^2)$, $Y \sim N(\mu_2, \sigma_2^2)$, X, Y 相互独立, 那么 $X \pm Y$ 也服从正态分布.

特别地, 当 $\mu = 0$, $\sigma = 1$ 时称为标准正态分布, 记作 $X \sim N(0,1)$. 此时密度函数记作 $\varphi(x)$, 即 $\varphi(x) = \frac{1}{\sqrt{2\pi}} e^{-\frac{x^2}{2}}$, 图形如图 8-12 所示.

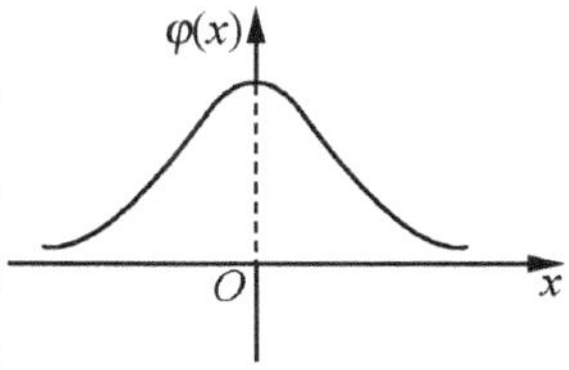

图 8-12

正态分布是最重要的一种分布. 有相当多的随机现象都可以用正态分布来近似描述. 例如, 人的身高、体重, 生产的利润, 学生的考试成绩等都可以看作近似地服从正态分布. 尤其在误差理论中正态分布是最基本的分布. 一般地, 若影响某一数量指标的随机因素很多, 而每个因素所起的作用不太大, 则这个指标服从正态分布.

例题精选

例 7　设 X 的密度函数为

$$f(x) = \begin{cases} C(1+2x), & 2 < x < 4, \\ 0, & \text{其他}, \end{cases}$$

试求(1) 常数 C; (2) $P\{1 < X < 3\}$.

解　(1) 根据密度函数的性质有

$$1 = \int_{-\infty}^{+\infty} f(x)\,dx = \int_2^4 C(1+2x)\,dx = 14C,$$

可得

$$C = \frac{1}{14};$$

(2) $P\{1 < X < 3\} = \int_1^3 f(x)\,dx = \int_1^3 \frac{1}{14}(1+2x)\,dx = \frac{5}{7}.$

例 8　某公共汽车站从上午 7 时起, 每 15 分钟来一班车, 即 7:00, 7:15, 7:30, 7:45 等时刻都有汽车到达此站, 如果乘客到达此站的时间 X 是 7:00 到 7:30 之间的均匀分布的随机变量, 试求他候车时间少于 5 分钟的概率.

解　将 7:00 看作起点 0, 由题意, $X \sim U(0,30)$,

$$f(x) = \begin{cases} \frac{1}{30}, & 0 < x < 30, \\ 0, & \text{其他}. \end{cases}$$

为使候车时间少于 5 分钟, 乘客必须在 7:10 到 7:15 之间, 或者在 7:25 到 7:30 之间到达车站. 所以所求的概率为

$$P\{10<X<15\}+P\{25<X<30\}=\int_{10}^{15}\frac{1}{30}\mathrm{d}x+\int_{25}^{30}\frac{1}{30}\mathrm{d}x=\frac{1}{3}.$$

例 9 有 3 只独立工作的同型号的电子元件，其寿命都服从参数为$\frac{1}{1000}$的指数分布. 试求在使用 200 个小时之内，至少有 1 只元件损坏的概率.

解 设随机变量 X 表示“电子元件的寿命”，则 $X\sim E\left(\frac{1}{1000}\right)$，即

$$f(x)=\begin{cases}\frac{1}{1000}\mathrm{e}^{-\frac{x}{1000}}, & x\geqslant 0,\\ 0, & x<0,\end{cases}$$

则电子元件使用 200 小时损坏的概率为

$$P\{X\leqslant 200\}=\int_{-\infty}^{200}f(x)\mathrm{d}x=\int_{0}^{200}\frac{1}{1000}\mathrm{e}^{-\frac{x}{1000}}\mathrm{d}x=1-\mathrm{e}^{-\frac{1}{5}}.$$

设 3 只元件中损坏的个数为 Y，那么 $Y\sim B(3,1-\mathrm{e}^{-\frac{1}{5}})$，则至少有 1 个元件损坏的概率为

$$P\{Y\geqslant 1\}=1-P\{Y=0\}=1-\mathrm{e}^{-\frac{3}{5}}\approx 0.4512.$$

知识演练

33. 盒中装有大小相同的球 10 个，编号为 0，1，2，…，9，从中任取 1 个，试定义一个随机变量来表示试验结果为“号码小于 5”、“号码等于 5”、“号码大于 5”，并写出该随机变量取每一个特定值的概率.

34. 试确定常数 C 的值，使下列各式是某一随机变量 X 的分布律：

(1) $P\{X=k\}=\frac{C}{n}, k=1,2,\cdots,n$；

(2) $P\{X=k\}=C\frac{1}{2^k}, k=1,2,\cdots$；

(3) $P\{X=k\}=C\left(\frac{2}{3}\right)^k, k=1,2,3$.

35. 设随机变量 X 的分布律为 $P\{X=k\}=\frac{k}{15}, k=1,2,\cdots,5$，试求：

(1) $P\left\{\frac{1}{2}<X<\frac{5}{2}\right\}$；(2) $P\{X\leqslant 3\}$；(3) $P\left\{\frac{7}{2}<X<\frac{11}{2}\right\}$.

36. 一袋中装有 5 只球，编号为 1，2，3，4，5. 在袋中同时取 3 只，以 X 表示“取出的 3 只球中的最大号码”，求随机变量 X 的分布律.

37. 掷一枚不均匀的硬币，出现正面的概率是 $p(0<p<1)$，直到正、反面都出现，结束投掷. 设 X 表示“投掷的次数”，求随机变量 X 的分布律.

38. 一盒中装有 5 个球，其中 2 个旧的、3 个新的，从中任取 2 个，设 X 表示“取到的新球个数”，求：(1) 随机变量 X 的分布律；(2) $P\{0 < X \leqslant 2\}$.

39. 有一汽车站，每天有大量汽车通过，设每辆汽车在一天的某段时间内出事故的概率是 0.0001，在某天的该段时间内有 1000 辆汽车通过，求出事故的次数不少于 2 次的概率.

40. 由销售记录可知，某家商店出售的某种商品每月的销售量服从参数为 5 的泊松分布，为了有 95% 以上的把握保证不脱销，问商店在月初至少应进多少件此种商品？

41. 确定下列函数中的常数 C 的值，使之成为密度函数：

(1) $f(x) = \begin{cases} Cx^2, 1 \leqslant x < 2, \\ Cx,\ 2 \leqslant x < 3, \\ 0,\quad 其他; \end{cases}$　　(2) $f(x) = \begin{cases} C\cos x, |x| < \dfrac{\pi}{2}, \\ 0,\quad 其他. \end{cases}$

42. 已知随机变量 X 的密度函数为 $f(x) = \begin{cases} Cx^3, 0 < x < 1; \\ 0,\quad 其他, \end{cases}$

求：(1) 常数 C；(2) 数 a，使 $P\{X > a\} = 0.01$.

43. 设随机变量 X 的密度函数为 $f(x) = \begin{cases} 2e^{-2x}, x > 0, \\ 0,\quad x \leqslant 0, \end{cases}$

求 C，满足 $P\{X < C\} = \dfrac{1}{2}$.

44. 某型号电子管，其寿命(以小时计) 为一随机变量，概率密度为

$$f(x) = \begin{cases} \dfrac{100}{x^2}, x \geqslant 100, \\ 0,\quad 其他. \end{cases}$$

某一电子设备内配有三个这样的电子管，求电子管使用 150 小时都不需要更换的概率.

45. 某城市每天用电量不超过百万千瓦时，以 X 表示“每天的耗电率”(即用电量除以百万千瓦时)，它的密度函数为

$$f(x) = \begin{cases} 12x(1-x)^2, 0 < x < 1, \\ 0,\quad 其他. \end{cases}$$

若该城市每天的供电量仅 80 万千瓦时，求供电量不足的概率.

46. 设顾客在某银行的窗口等待服务的时间 X(以分计) 服从参数为$\dfrac{1}{5}$ 的指数分布. 某顾客在窗口等待服务，若超过 10 分钟，他就离开. 他一个月要去银行 5 次，以 Y 表示一个月内他未等到服务而离开窗口的次数，试求 Y 的分布律和 $P\{Y \geqslant 1\}$.

8.6 分布函数及随机变量函数的分布

8.6.1 随机变量的分布函数

案例导出

案例 1 参加录用工人考试的考生 2000 名,拟录取前 300 名,已知考试成绩 $X \sim N(400,100^2)$,那么录取分数线应定为多少分?若设录取分数线定为 x,则要满足 $P\{X > x\} \leqslant \frac{300}{2000}$,即 $P\{X \leqslant x\} = 1 - P\{X > x\} \geqslant \frac{1700}{2000}$. 而 $X \sim N(400,100^2)$,概率 $P\{X \leqslant x\}$ 可以直接查标准正态分布表得到结果,所以很容易得到录取分数线应为 504 分.

相关知识

定义 8.14 设 X 是一个随机变量,称

$$F(x) = P\{X(\omega) \leqslant x\}, -\infty < x < +\infty \tag{8-19}$$

为随机变量 X 的分布函数.

分布函数 $F(x)$ 是一个定义域是 $(-\infty, +\infty)$,值域是 $[0,1]$ 的普通的实函数. 正是通过它,我们可以用高等数学的工具来研究随机变量.

分布函数有下列性质:

(1) $0 \leqslant F(x) \leqslant 1$,且

$$F(+\infty) = \lim_{x \to +\infty} F(x) = 1,$$
$$F(-\infty) = \lim_{x \to -\infty} F(x) = 0;$$

(2) $F(x)$ 是 x 的不减函数,即若 $x_1 < x_2$,则 $F(x_1) \leqslant F(x_2)$;

(3) $F(x)$ 是右连续函数,即 $F(x_0 + 0) = \lim\limits_{x \to x_0^+} F(x) = F(x_0)$.

我们还可以证明,任何满足这三个性质的函数,一定可以作为某个随机变量的分布函数.

利用随机变量的分布函数的定义和性质,我们可以得到下列的一些概率计算公式:

(1) $P\{X > a\} = 1 - F(a)$;

(2) $P\{a < X \leqslant b\} = F(b) - F(a)$.

下面我们分别研究离散型和连续型随机变量的分布函数:

1. 离散型随机变量的分布函数

设离散型随机变量 X 的分布律为 $P\{X=x_i\}=p_i(i=1,2,\cdots)$，则 X 的分布函数为

$$F(x)=P\{X\leqslant x\}=\sum_{x_i\leqslant x}P\{X=x_i\}=\sum_{x_i\leqslant x}p_i. \tag{8-20}$$

如图 8-13 所示，$F(x)$ 是一个阶梯形函数，且在 $x=x_i(i=1,2,\cdots)$ 处跳跃.

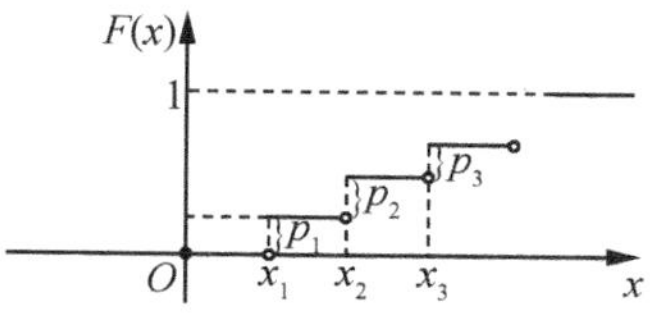

图 8-13

2. 连续型随机变量的分布函数

设连续型随机变量 X 的密度函数为 $f(x)$，则 X 的分布函数为

$$F(x)=P\{X\leqslant x\}=\int_{-\infty}^{x}f(t)\mathrm{d}t. \tag{8-21}$$

由分布函数的定义和微积分的基本定理可得：

(1) $F(x)$ 是$(-\infty,+\infty)$上的连续函数；

(2) 若密度函数 $f(x)$ 连续，则 $F'(x)=f(x)$.

3. 正态分布的分布函数

若 $X\sim N(\mu,\sigma^2)$，则 X 的分布函数为

$$F(x)=\frac{1}{\sqrt{2\pi}\sigma}\int_{-\infty}^{x}\mathrm{e}^{-\frac{(t-\mu)^2}{2\sigma^2}}\mathrm{d}t,$$

特别地，标准正态分布 $N(0,1)$ 的分布函数记作 $\Phi(x)$，即 $\Phi(x)=\frac{1}{\sqrt{2\pi}}\int_{-\infty}^{x}\mathrm{e}^{-\frac{t^2}{2}}\mathrm{d}t$，图形如图 8-14 所示.

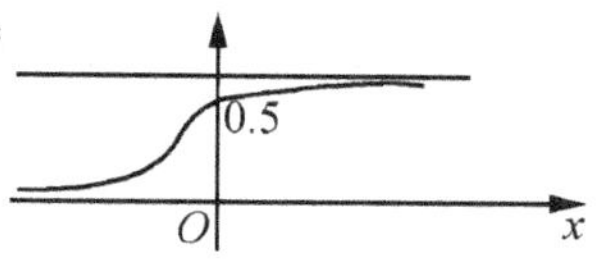

图 8-14

它的值可以直接查标准正态分布表(见附表 2). 查表时，注意：

(1) 当 $x\geqslant 0$ 时，$\Phi(-x)=1-\Phi(x)$.

(2) 当 $x\geqslant 3.9$ 时，$\Phi(x)\approx 1$.

对于一般的正态分布，可以通过变换，转化成标准正态分布.

定理 8.7　设 $X\sim N(\mu,\sigma^2)$，则 $Y=\dfrac{X-\mu}{\sigma}\sim N(0,1)$.

证　$Y=\dfrac{X-\mu}{\sigma}$ 的分布函数为

$$P\{Y\leqslant x\}=P\left\{\frac{X-\mu}{\sigma}\leqslant x\right\}=P\{X\leqslant\mu+\sigma x\}=\int_{-\infty}^{\mu+\sigma x}\frac{1}{\sqrt{2\pi}\sigma}\mathrm{e}^{-\frac{(t-\mu)^2}{2\sigma^2}}\mathrm{d}t.$$

令 $u=\dfrac{t-\mu}{\sigma}$，则上式为

$$P\{Y\leqslant x\}=\int_{-\infty}^{x}\frac{1}{\sqrt{2\pi}}\mathrm{e}^{-\frac{u^2}{2}}\mathrm{d}u,$$

所以
$$Y=\frac{X-\mu}{\sigma}\sim N(0,1).$$

若 $X\sim N(\mu,\sigma^2)$，我们可以这样计算概率 $P\{a<X<b\}$：

(1) 将随机变量 X 标准化，即 $P\{a<X<b\}=P\left\{\frac{a-\mu}{\sigma}<\frac{X-\mu}{\sigma}<\frac{b-\mu}{\sigma}\right\}$；

(2) 由于 $\frac{X-\mu}{\sigma}\sim N(0,1)$，直接查标准正态分布表，可得
$$P\{a<X<b\}=P\left\{\frac{a-\mu}{\sigma}<\frac{X-\mu}{\sigma}<\frac{b-\mu}{\sigma}\right\}=\Phi\left(\frac{b-\mu}{\sigma}\right)-\Phi\left(\frac{a-\mu}{\sigma}\right).$$

例题精选

例 1　设随机变量 X 的分布函数为 $F(x)=A+B\arctan x$，试求常系数 A,B.

解　由分布函数的性质，得
$$F(-\infty)=A-\frac{\pi}{2}B=0,\quad (\text{因为} \lim_{x\to-\infty}\arctan x=-\frac{\pi}{2})$$
$$F(+\infty)=A+\frac{\pi}{2}B=1.\quad (\text{因为} \lim_{x\to+\infty}\arctan x=+\frac{\pi}{2})$$

解方程组，可得 $A=\frac{1}{2},B=\frac{1}{\pi}$.

例 2　设离散型随机变量的分布律为

X	0	1	2
P	0.36	0.48	0.16

求：(1) X 的分布函数；

(2) $P\left\{X\leqslant\frac{1}{2}\right\}$ 和 $P\left\{1<X\leqslant\frac{3}{2}\right\}$.

解　(1) 当 $x<0$ 时，$F(x)=P\{X\leqslant x\}=P\{\varnothing\}=0$；

当 $0\leqslant x<1$ 时，$F(x)=P\{X\leqslant x\}=P\{X=0\}=0.36$；

当 $1\leqslant x<2$ 时，$F(x)=P\{X\leqslant x\}=P\{X=0\}+P\{X=1\}=0.84$；

当 $x\geqslant 2$ 时，$F(x)=P\{X\leqslant x\}=P(\Omega)=1$.

从而 X 的分布函数为
$$F(x)=\begin{cases}0, & x<0,\\ 0.36, & 0\leqslant x<1,\\ 0.84, & 1\leqslant x<2,\\ 1, & x\geqslant 2.\end{cases}$$

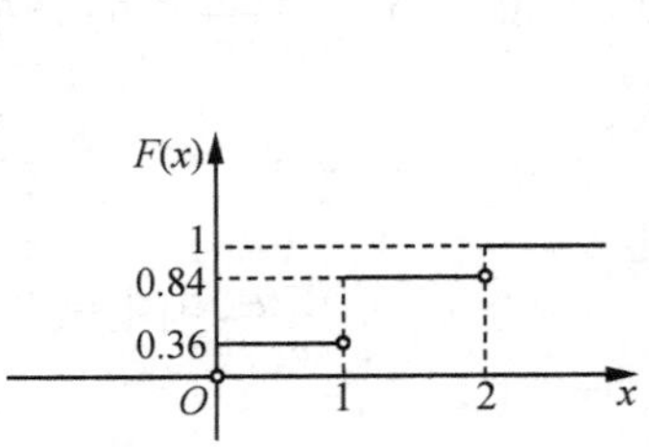

图 8-15

分布函数的图形如图 8-15 所示.

(2) $P\left\{X \leqslant \frac{1}{2}\right\} = F\left(\frac{1}{2}\right) = 0.36$；

$$P\left\{1 < X \leqslant \frac{3}{2}\right\} = F\left(\frac{3}{2}\right) - F(1) = 0.84 - 0.84 = 0.$$

也可以利用分布律得到一样的结果.

例 3　设随机变量 X 的分布函数为

$$F(X) = \begin{cases} 0, & x < 0, \\ \frac{1}{3}, & 0 \leqslant x < 1, \\ \frac{1}{2}, & 1 \leqslant x < 2, \\ 1, & x \geqslant 2. \end{cases}$$

试求 X 的概率分布律.

解　可见随机变量 X 可以分别取 0,1,2,且

$$P\{X = 0\} = P\{X \leqslant 0\} - P\{X < 0\} = F(0) - \lim_{x \to 0^-} F(x) = \frac{1}{3};$$

同样地,

$$P\{X = 1\} = F(1) - \lim_{x \to 1^-} F(x) = \frac{1}{2} - \frac{1}{3} = \frac{1}{6};$$

$$P\{X = 2\} = F(2) - \lim_{x \to 2^-} F(x) = 1 - \frac{1}{2} = \frac{1}{2}.$$

即 X 的概率分布律为

X	0	1	2
P	$\frac{1}{3}$	$\frac{1}{6}$	$\frac{1}{2}$

例 4　设随机变量 X 的分布函数为

$$F(x) = \begin{cases} 0, & x < 0, \\ cx^2, & 0 \leqslant x \leqslant 2, \\ 1, & x > 2. \end{cases}$$

试求:(1) 常数 c；(2) $P\{0.3 < X < 0.7\}$；　(3) 密度函数 $f(x)$.

解　(1) 利用分布函数的连续性,有

$$\lim_{x \to 2^+} F(X) = F(2),$$

因此 $1 = c \times 2^2 = 4c$,故 $c = \frac{1}{4}$；

(2) $P\{0.3 < X < 0.7\} = F(0.7) - F(0.3) = \frac{1}{4}\times(0.7)^2 - \frac{1}{4}\times(0.3)^2 = 0.1$；

(3) $f(x) = F'(x) = \begin{cases} 0, & x < 0, \\ \frac{x}{2}, & 0 \leqslant x \leqslant 2 \\ 0, & x > 2 \end{cases} = \begin{cases} \frac{x}{2}, 0 \leqslant x \leqslant 2, \\ 0, \text{其他}. \end{cases}$.

例 5　设随机变量 X 的密度函数为

$$f(x) = \begin{cases} \lambda e^{-\lambda x}, x \geqslant 0, \\ 0, \quad x < 0, \end{cases}$$

试求 X 的分布函数.

解　当 $x < 0$ 时，$F(x) = \int_{-\infty}^{x} f(t)\mathrm{d}t = \int_{-\infty}^{x} 0\mathrm{d}t = 0$；

当 $x \geqslant 0$ 时，$F(x) = \int_{-\infty}^{x} f(t)\mathrm{d}t = \int_{-\infty}^{0} 0\mathrm{d}t + \int_{0}^{x} \lambda e^{-\lambda t}\mathrm{d}t = 1 - e^{-\lambda x}$.

所以 X 的分布函数为

$$F(x) = \begin{cases} 1 - e^{-\lambda x}, x \geqslant 0, \\ 0, \quad x < 0. \end{cases}$$

这就是服从参数为 λ 的指数分布的随机变量的分布函数.

例 6　设 $X \sim N(0,1)$，试求 $P\{|X| < 1\}$，$P\{|X| < 2\}$，$P\{|X| < 3\}$.

解　$P\{|X| < 1\} = P\{-1 < X < 1\} = \Phi(1) - \Phi(-1) = 2\Phi(1) - 1 \approx 0.6826$.

类似地，
$$P\{|X| < 2\} = 2\Phi(2) - 1 \approx 0.9544,$$
$$P\{|X| < 3\} = 2\Phi(3) - 1 \approx 0.9974.$$

由此例，我们可以看到标准正态随机变量的取值几乎全部集中在区间$(-3,3)$内，超出这个范围的可能性不到0.3%. 更一般地，若 $X \sim N(\mu,\sigma^2)$，则 X 的值几乎全部集中在区间$(\mu - 3\sigma, \mu + 3\sigma)$内，这在统计学上称为$3\sigma$准则（三倍标准差准则），即$\{|x-\mu| > 36\}$是小概率事件.

例 7　设 $X \sim N(1,2^2)$，试求：

(1) $F(4)$；　(2) $P\{X > 2\}$；　(3) $P\{0 < X \leqslant 1.6\}$.

解　因为 $X \sim N(1,2^2)$，则$\frac{X-1}{2} \sim N(0,1)$，所以有

(1) $F(4) = \Phi\left(\frac{4-1}{2}\right) = \Phi(1.5) \approx 0.9332$；

(2) $P\{X > 2\} = 1 - P\{X \leqslant 2\} = 1 - P\left\{\frac{X-1}{2} \leqslant \frac{2-1}{2}\right\} = 1 - \Phi(0.5) \approx 1 - 0.6915$
$= 0.3085$；

(3) $P\{0 < X \leqslant 1.6\} = P\left\{\frac{0-1}{2} < \frac{X-1}{2} \leqslant \frac{1.6-1}{2}\right\} = \Phi(0.3) - \Phi(-0.5)$

$= \Phi(0.3) - [1 - \Phi(0.5)] \approx 0.6179 - (1 - 0.6915) = 0.3094.$

知识应用

例 8 某学院考生的数学成绩分布近似为正态分布 $N(72, \sigma^2)$，其中 96 分以上的考生占 2.3%，试求成绩在 60 ~ 84 分之间的概率.

解 设随机变量 X 表示"考生的数学成绩"，则 $X \sim N(72, \sigma^2)$.

因为 $P\{X > 96\} = 1 - P\{X \leqslant 96\} = 1 - P\left\{\dfrac{X-72}{\sigma} \leqslant \dfrac{96-72}{\sigma}\right\} = 1 - \Phi\left(\dfrac{24}{\sigma}\right) = 0.023,$

所以
$$\Phi\left(\frac{24}{\sigma}\right) = 0.977,$$

查标准正态分布表，可得 $\Phi(2.0) = 0.977$，因此 $\dfrac{24}{\sigma} = 2.0$，即 $\sigma = 12$.

所以
$$P\{60 < X < 84\} = P\left\{\frac{60-72}{12} < \frac{X-72}{12} < \frac{84-72}{12}\right\} = \Phi(1) - \Phi(-1)$$
$$= 2\Phi(1) - 1 \approx 0.6826.$$

即考生的数学成绩在 60 ~ 84 分之间的概率为 68.26%.

例 9 某城市的男子身高 $X \sim N(170, 36)$(单位:cm)，问应如何选择公共汽车的车门高度使男子与车门碰头的机会小于 0.01?

解 设公共汽车的车门高度为 x，则男子与车门碰头的机会即为 $P\{X \geqslant x\}$，
所以有 $P\{X \geqslant x\} \leqslant 0.01$，即 $P\{X < x\} \geqslant 0.99$，

而
$$P\{X < x\} = P\left\{\frac{X-170}{6} < \frac{x-170}{6}\right\} = \Phi\left(\frac{x-170}{6}\right),$$

查标准正态分布表，可得 $\Phi(2.33) = 0.9901 > 0.99$，

因此 $\dfrac{x-170}{6} = 2.33$，即 $x = 183.98$.

即车门高度超过 183.98cm 时，男子与车门碰头的机会小于 0.01.

8.6.2 随机变量函数的分布

案例导出

案例 2 投掷一枚均匀的硬币，若出现正面，可赢得 2 元，若出现反面，则输掉 4 元，即若以 $X = \begin{cases} 1, & \text{出现正面} \\ -1, & \text{出现反面} \end{cases}$ 表示投掷硬币的结果，则 $Y = 3X - 1$ 表示赌金的得失. 可以得到

X	1	-1
$Y=3X-1$	2	-4
P	$\frac{1}{2}$	$\frac{1}{2}$

相关知识

设 X 是一个随机变量，$g(x)$ 是一个函数，若 $g(X)$ 也是随机变量，则称之为随机变量 X 的函数. 我们主要研究的是如何由随机变量 X 的分布来确定随机变量 Y 的分布.

1. 离散型随机变量函数的分布

设离散型随机变量 X 的概率分布律为

$$P\{X=x_i\}=p_i, i=1,2,\cdots,$$

显然，随机变量 X 的函数 $Y=g(X)$ 还是离散型随机变量.

所以，由 X 的概率分布律来确定 Y 的概率分布律的一般方法是：

(1) 根据 X 的取值确定 Y 的所有可能取值 $y_j=g(x_i)$；

(2) 若 $g(x_i)$ 各不相同时，显然可以得到 Y 的概率分布律为

$$P\{Y=g(x_i)\}=P\{X=x_i\}=p_i, i=1,2,\cdots;$$

(3) 若 $g(x_i)$ 有相同值时，则要将相同值所对应的概率相加作为一项.

2. 连续型随机变量函数的分布

一般地，连续型随机变量的函数不一定是连续型随机变量，情况比较复杂. 这里我们只考虑若 X 是连续型随机变量，$Y=g(X)$ 也是连续型随机变量的情形.

根据 X 的密度函数 $f(x)$ 去求 Y 的密度函数 $f_Y(y)$，常见的方法是分布函数法，详细的解法见例 11.

例题精选

例 10 设随机变量 X 的分布律为

X	-1	0	1	2
P	0.2	0.3	0.1	0.4

试求：(1) $Y=2X$ (2) $Z=(X-1)^2$ 的分布律.

解 (1) $Y=2X$ 可能取值为 $-2,0,2,4$，可得 Y 的分布律为

Y	-2	0	2	4
P	0.2	0.3	0.1	0.4

(2) $Z=(X-1)^2$ 可能取值为 $0,1,4$，其中 $(0-1)^2=(2-1)^2=1$，所以将 $X=0$，$X=$

2 对应的概率相加，得到 $Z=1$ 的概率，故得到 Z 的分布律为

Z	0	1	4
P	0.1	0.7	0.2

例 11　设随机变量 X 的密度函数为 $f(x)$，求线性函数 $Y=aX+b(a>0)$ 的密度函数.

解　记 X 的分布函数为 $F_X(x)$，Y 的分布函数为 $F_Y(y)$，先求出 Y 的分布函数

$$F_Y(y)=P\{Y\leqslant y\}=P\{aX+b\leqslant y\}=P\left\{X\leqslant\frac{y-b}{a}\right\}=F_X\left(\frac{y-b}{a}\right),$$

再将 $F_Y(y)$ 求导，得到 Y 的密度函数，即

$$f_Y(y)=(F_Y(y))'=\left(F_X\left(\frac{y-b}{a}\right)\right)'=F'_X\left(\frac{y-b}{a}\right)\left(\frac{y-b}{a}\right)'=\frac{1}{a}f\left(\frac{y-b}{a}\right).$$

这就是“分布函数法”.

由此例，容易得到：

(1) 若 $X\sim U(c,d)$，则它的线性函数 $Y=aX+b\sim U(ac+b,ad+b)$；

(2) 若 $X\sim N(\mu,\sigma^2)$，则它的线性函数 $Y=aX+b\sim N(\mu a+b,(a\sigma)^2)$.

知识拓展

由 X 的密度函数 $f(x)$ 去求 Y 的密度函数 $f_Y(y)$ 也可以用公式法：

$$f_Y(y)=f[h(y)]\cdot|h'(y)|,$$

其中 $h(y)$ 是 $g(x)$ 的反函数，而对反函数无意义的 y，密度函数 $f_Y(y)$ 为零.

例 11 也可以用公式法解决. $y=ax+b$ 的反函数为 $h(y)=\dfrac{y-b}{a}$，$h'(y)=\dfrac{1}{a}$，直接代入公式，可得 $f_Y(y)=\dfrac{1}{a}f\left(\dfrac{y-b}{a}\right)$.

知识演练

47. 已知随机变量 X 的分布函数为 $F(x)$，试用分布函数表示下列事件的概率：

(1) $\{|X|<1\}$；(2) $\{|X-1|<4\}$；(3) $\{3X+1>7\}$；(4) $\{X^2\leqslant 4\}$.

48. 已知离散型随机变量 X 的分布律为

X	0	1	2	3
P	$\frac{1}{3}$	$\frac{1}{8}$	$\frac{1}{6}$	$\frac{3}{8}$

试求：

(1) X 的分布函数；(2) 概率 $P\{0<X\leqslant 2\}$，$P\{X\geqslant 2\}$.

49. 设离散型随机变量 X 的分布函数为 $F(x)=\begin{cases}0, & x<-1,\\ 0.4, & -1\leqslant x<1,\\ 0.8, & 1\leqslant x<3,\\ 1, & x\geqslant 3,\end{cases}$ 试求 X 的分布律.

50. 设连续型随机变量 X 的密度函数为 $f(x)=\begin{cases}x, & 0\leqslant x\leqslant 1,\\ 2-x, & 1<x\leqslant 2,\\ 0, & 其他,\end{cases}$ 试求:

(1) X 的分布函数;(2) 概率 $P\left\{X<\dfrac{1}{2}\right\}$,$P\{0.2<X<1.5\}$.

51. 设随机变量 X 的分布函数为 $F(x)=\begin{cases}0, & x<0,\\ C-e^{-2x}, & x\geqslant 0,\end{cases}$ 试求:

(1) 常数 C;(2) X 的密度函数.

52. 设 $X\sim N(0,1)$,试求:

(1) $P\{0.05<X<2.35\}$;(2) $P\{-1.85<X<0.01\}$;(3) $P\{|X|>1.5\}$.

53. 设 $X\sim N(3,4)$,试求:(1) $P\{2<X<5\}$;(2) $P\{-4<X<10\}$;(3) $P\{|X|>2\}$.

54. 设 $X\sim N(108,9)$,试求:

(1) $P\{101.1<X<117.6\}$;(2) 常数 a,使得 $P\{X<a\}=0.90$;

(3) 常数 b,使得 $P\{|X-b|>b\}=0.01$.

55. 某人乘汽车去火车站乘火车,有两条路可走.第一条路程较短,但交通拥挤,所需时间 $X_1\sim N(40,100)$;第二条路程较长,但交通顺畅,所需时间 $X_2\sim N(50,16)$(以分计).

(1) 若出发时离火车开车只有一个小时,问应走哪一条路,乘上火车的把握较大?

(2) 若出发时离火车开车只有 45 分钟,问应走哪一条路,乘上火车的把握较大?

56. 设 X 的分布律为

X	-2	-1	0	1	2
P	0.15	0.2	0.3	0.2	0.15

试求:(1) $Y=2X-1$;(2) $Z=X^2$ 的分布律.

57. 设 X 是在$[0,1]$上取值的连续型随机变量,且 $P\{X\leqslant 0.29\}=0.75$,而 $Y=1-X$. 试求 k,使得 $P\{Y\leqslant k\}=0.25$.

58. 设随机变量 X 的概率密度为 $f(x)=\begin{cases}e^{-x}, & x>0,\\ 0, & x\leqslant 0,\end{cases}$ 试求 $Y=X^2$ 的概率密度 $f_Y(y)$.

8.7 随机变量的数字特征

虽然随机变量的分布函数已经比较完整地描述了随机变量的统计规律，但在许多实际问题中，我们并不需要全面地考察随机变量的变化情况，而只需要知道随机变量的某些特征即可. 例如，评价两人的射击技术时，并不在乎他们每次射击的具体环数，而是考虑他们射击的平均环数，在平均环数相同的情况下还要考虑他们射击的稳定性（即射击环数与平均环数之间的偏离程度）.

事实上，随机变量的平均值和偏离程度能更好地反映出随机变量的本质，这些就是所谓的数字特征.

8.7.1 数学期望

案例导出

案例 1 国际市场每年对我国某种出口商品的需求量 X 是一个随机变量，它服从区间 $(2000,4000)$ 上的均匀分布，若每售出一吨，可得外汇 3 万美元，如销售不出而积压，则每吨需付保养费 1 万美元，应组织多少货源，才能使平均收益最大？

设组织 m 吨货源时，收益为

$$Y = I(X) = \begin{cases} 3m, & X > m, \\ 3X-(m-X), & X \leqslant m \end{cases} = \begin{cases} 3m, & X > m, \\ 4X-m, & X \leqslant m, \end{cases}$$

而 $X \sim U[2000,4000]$，则 X 的密度函数为 $f(x) = \begin{cases} \dfrac{1}{2000}, & 2000 \leqslant x \leqslant 4000, \\ 0, & \text{其他}. \end{cases}$

平均收益就是收益 Y 的数学期望，可以求出当 $m = 3500$ 时，平均收益最大.（详见例 5）.

相关知识

简单地说，数学期望是刻画随机变量取值平均程度的一个数字特征.

1. 离散型随机变量的数学期望

定义 8.15 设离散型随机变量 X 的概率分布律为

$$P\{X = x_i\} = p_i, i = 1,2,\cdots$$

若级数 $\sum\limits_{i=1}^{\infty} x_i p_i$ 绝对收敛，则称之为 X 的数学期望，简称期望，记作 $E(X)$，即

$$E(X)=\sum_{i=1}^{\infty}x_ip_i. \tag{8-22}$$

其中定义中要求级数绝对收敛的直观意义是表示对随机变量 X 而言，它取值的平均值应该与这些值的排列次序无关，也就是说，任意改变取值的次序不影响级数的收敛性及其和值.

2. 连续型随机变量的数学期望

定义 8.16 设连续型随机变量 X 的密度函数为 $f(x)$，若积分 $\int_{-\infty}^{+\infty}xf(x)\mathrm{d}x$ 绝对收敛，则称之为 X 的数学期望，即

$$E(X)=\int_{-\infty}^{+\infty}xf(x)\mathrm{d}x. \tag{8-23}$$

3. 数学期望的性质

性质 8.7 若 C 是常数，则 $E(C)=C$.

性质 8.8 $E(CX)=CE(X)$.

性质 8.9 $E(X_1+X_2)=E(X_1)+E(X_2)$；

可推广至有限多个随机变量的情形，即

$$E(X_1+X_2+\cdots+X_n)=E(X_1)+E(X_2)+\cdots+E(X_n).$$

性质 8.10 若 X,Y 相互独立，则 $E(XY)=E(X)E(Y)$；

也可推广至有限多个随机变量的情形，即若 $X_1,X_2,\cdots,X_n$ 相互独立，则

$$E(X_1X_2\cdots X_n)=E(X_1)E(X_2)\cdots E(X_n).$$

4. 常见分布的数学期望

◆ 两点分布　若 $X\sim B(1,p)$，则 $E(X)=0\times(1-p)+1\times p=p$.

◆ 泊松分布　若 $X\sim P(\lambda)$，则 $E(X)=\sum_{k=0}^{\infty}k\cdot\frac{\lambda^k}{k!}\mathrm{e}^{-\lambda}=\lambda\mathrm{e}^{-\lambda}\sum_{k=0}^{\infty}\frac{\lambda^k}{k!}=\lambda\mathrm{e}^{-\lambda}\cdot\mathrm{e}^{\lambda}=\lambda$.

◆ 二项分布　若 $X\sim B(n,p)$，则 $E(X)=np$，这是因为在 n 重伯努利试验中，若每次试验事件 A 成功的概率为 p，记 $X_i=\begin{cases}1, & \text{第 } i \text{ 次试验中事件 } A \text{ 成功},\\ 0, & \text{第 } i \text{ 次试验中事件 } A \text{ 未成功},\end{cases}$ 则

$$E(X_i)=p, i=1,2,\cdots,n.$$

而 $X=X_1+X_2+\cdots+X_n$，则 $E(X)=E(X_1+X_2+\cdots+X_n)=np$.

◆ 均匀分布　若 $X\sim U(a,b)$，则 $E(X)=\int_{-\infty}^{+\infty}xf(x)\mathrm{d}x=\int_a^b x\cdot\frac{1}{b-a}\mathrm{d}x=\frac{a+b}{2}$.

◆ 指数分布　若 $X\sim E(\lambda)$，则 $E(X)=\int_{-\infty}^{+\infty}xf(x)\mathrm{d}x=\int_0^{+\infty}x\cdot\lambda\mathrm{e}^{-\lambda x}\mathrm{d}x=\frac{1}{\lambda}$.

◆ 正态分布　若 $X\sim N(\mu,\sigma^2)$，则 $E(X)=\mu$.（详见 8.7.2 例 8）

5. 随机变量函数的数学期望

设 X 是一个随机变量，$Y=g(X)$，且 $E(Y)$ 存在.

(1) 若 X 是离散型随机变量,其概率分布律为 $P\{X=x_i\}=p_i, i=1,2,\cdots$,则 Y 的数学期望为

$$E(Y)=\sum_{i=1}^{\infty}g(x_i)p_i; \tag{8-24}$$

(2) 若 X 是连续型随机变量,其密度函数为 $f(x)$,则 Y 的数学期望为

$$E(Y)=\int_{-\infty}^{+\infty}g(x)f(x)\mathrm{d}x. \tag{8-25}$$

例题精选

例 1　设甲、乙两射手在相同条件下进行射击,两人击中的环数是随机变量,分别记作 X_1, X_2,分布律如下:

环数 x	7	8	9	10
$P\{X_1=x\}$	0.1	0.3	0.2	0.4
$P\{X_2=x\}$	0.2	0.3	0.3	0.2

试评价两射手的射击技术.

解　我们仅从分布律难以进行评价,可以根据两射手击中的平均环数进行评价. 他们击中的平均环数分别是

甲:$7\times0.1+8\times0.3+9\times0.2+10\times0.4=8.9$;

乙:$7\times0.2+8\times0.3+9\times0.3+10\times0.2=8.5$.

在这个意义下,甲射手的射击技术好些.

例 2　某小巴车上有 10 个乘客,沿途有 5 个车站可以下车. 如果到达一个车站没有乘客下车就不停车. 用随机变量 X 表示"停车的次数",试求 $E(X)$.(设每位乘客在各个车站下车是等可能的,且各乘客是否下车是相互独立的)

解　设随机变量 $X_i=\begin{cases}1, \text{在第 } i \text{ 站有人下车,}\\ 0, \text{在第 } i \text{ 站没有人下车,}\end{cases} i=1,2,\cdots,5,$

则 $X=X_1+X_2+\cdots+X_5$. 由题意,任一乘客不在第 i 站下车的概率是 $\frac{4}{5}$,因此

$$P\{X_i=0\}=\left(\frac{4}{5}\right)^{10}, P\{X_i=1\}=1-\left(\frac{4}{5}\right)^{10}, i=1,2,\cdots,5.$$

由此
$$E(X_i)=1-\left(\frac{4}{5}\right)^{10}, i=1,2,\cdots,5,$$

所以
$$\begin{aligned}E(X)&=E(X_1+X_2+\cdots+X_5)=E(X_1)+E(X_2)+\cdots+E(X_5)\\&=5\left[1-\left(\frac{4}{5}\right)^{10}\right]\approx4.463.\end{aligned}$$

即平均停车 4.463 次.

例 3 设 X 表示在抛掷一枚均匀硬币的两次试验中正面向上的次数,求 $E(X^2)$.

解 X 的分布律为 $P\{X=0\}=P\{X=2\}=\frac{1}{4}$,$P\{X=1\}=\frac{1}{2}$,所以

$$E(X^2)=0^2\times\frac{1}{4}+1^2\times\frac{1}{2}+2^2\times\frac{1}{4}=1.5.$$

知识应用

例 4 某商场计划在户外搞一次促销活动,统计资料表明,如果在商场内搞促销活动,可获得经济效益 3 万元;在商场外搞促销活动,就要受到天气的影响,如果不遇到雨天可获得经济效益 12 万元,遇到雨天则带来经济损失 5 万元,若天气预报称当日有雨的概率为 40%,则商场应该如何选择?

解 设随机变量 X 表示"该商场当日在户外搞促销活动可获得的经济效益",显然

$$P\{X=12\}=0.6, P\{X=-5\}=0.4,$$

故若选择商场外搞促销,则预期可获得平均经济效益为

$$E(X)=12\times0.6+(-5)\times0.4=5.2(\text{万元});$$

而若选择商场内搞促销,则预期可获得经济效益为 3 万元,所以该商场在此情况下应该选择户外搞促销.

例 5 国际市场每年对我国某种出国商品的需求量 X 是一个随机变量,它服从区间 $[2000,4000]$ 上的均匀分布,若每售出一吨,可得外汇 3 万美元,如销售不出而积压,则每吨需付保养费 1 万美元,问应组织多少货源,才能使平均收益最大?(本节案例 1)

解 设组织 m 吨货源时,收益为

$$Y=I(X)=\begin{cases}3m, & X>m,\\ 3X-(m-X), & X\leqslant m\end{cases}=\begin{cases}3m, & X>m,\\ 4X-m, & X\leqslant m,\end{cases}$$

而 $X\sim U(2000,4000)$,则 X 的密度函数为 $f(x)=\begin{cases}\frac{1}{2000}, & 2000\leqslant x\leqslant 4000,\\ 0, & \text{其他},\end{cases}$

所以

$$E(Y)=\int_{-\infty}^{+\infty}I(x)f(x)\mathrm{d}x=\int_{2000}^{m}\frac{4x-m}{2000}\mathrm{d}x+\int_{m}^{4000}\frac{3m}{2000}\mathrm{d}x$$
$$=-\frac{m^2}{1000}+7m-4000.$$

故当 $m=3500$ 时,$E(Y)$ 最大. 即应组织 3500 吨货源,才能使平均收益最大.

8.7.2　方差

案例导出

案例 2　甲、乙两工人在一天生产中出现废品的概率分布如下：

X_1	0	1	2	3	X_2	0	1	2	3
P	0.4	0.3	0.2	0.1	P	0.25	0.5	0.25	0

设两人的日产量相同，那谁的技术较好呢？首先，我们可以比较两人生产的废品数的数学期望：

$$E(X_1)=0\times0.4+1\times0.3+2\times0.2+3\times0.1=1;$$

$$E(X_2)=0\times0.25+1\times0.5+2\times0.25+3\times0=1.$$

两人生产的平均废品数相同，为了比较两人生产的技术高低就要通过比较废品数的分散程度. 每个废品数与平均废品数之差 $X-E(X)$ 称为离差，它取值可正可负，在相加时有可能抵消，因此不能用于衡量随机变量的分散程度. 事实上，我们可以取离差的平方的平均值，即 $E[X-E(X)]^2$ 来比较. 对于甲而言，为 1；对于乙而言，为 0.5. 说明乙工人的生产技术比较稳定，因此乙工人的技术较好.

相关知识

在许多实际问题中，除了要考虑随机变量的平均取值，还要考虑取值的稳定性，也就是取值的离散程度. 方差就是度量随机变量取值在其均值附近的平均偏离程度的数字特征.

1. 方差的定义

定义 8.17　设 X 是一个随机变量，若 $E[X-E(X)]^2$ 存在，则称之为 X 的方差，记作 $D(X)$，即

$$D(X)=E[X-E(X)]^2, \tag{8-26}$$

称方差的算术平方根 $\sqrt{D(X)}$ 为标准差或均方差.

方差越小，随机变量 X 的取值越集中；方差越大，随机变量 X 的取值越分散.

计算方差有两种方法：

(1) 直接应用定义，具体来说：

若 X 是离散型随机变量，其概率分布律为 $P\{X=x_i\}=p_i(i=1,2,\cdots)$，则

$$D(X)=\sum_{i=1}^{\infty}[x_i-E(X)]^2p_i. \tag{8-27}$$

若 X 是连续型随机变量，其密度函数是 $f(x)$，则

$$D(X)=\int_{-\infty}^{+\infty}[x-E(X)]^2 f(x)\mathrm{d}x. \tag{8-28}$$

(2) 应用简化公式

$$D(X)=E(X^2)-[E(X)]^2, \tag{8-29}$$

这个公式更常用.

2. 方差的性质

方差具有如下性质:

性质 8.11 设 C 是常数,则 $D(C)=0$.

性质 8.12 $D(CX)=C^2D(X)$.

性质 8.13 若 X,Y 相互独立,则 $D(X\pm Y)=D(X)+D(Y)$;

可以推广至有限多个随机变量的情形,即若 $X_1,X_2,\cdots,X_n$ 相互独立,则

$$D(X_1+X_2+\cdots+X_n)=D(X_1)+D(X_2)+\cdots+D(X_n).$$

3. 常见分布的方差

◆ 两点分布　若 $X\sim B(1,p)$,因为 $E(X)=p$,而 $E(X^2)=0^2\times(1-p)+1^2\times p=p$,所以 $D(X)=E(X^2)-[E(X)]^2=p-p^2=p(1-p)$.

◆ 泊松分布　若 $X\sim P(\lambda)$,因为 $E(X)=\lambda$,而

$$E(X^2)=\sum_{k=0}^{\infty}k^2\frac{\lambda^k}{k!}\mathrm{e}^{-\lambda}=\sum_{k=1}^{\infty}k\frac{\lambda^k}{(k-1)!}\mathrm{e}^{-\lambda}=\lambda\sum_{k=0}^{\infty}(k+1)\frac{\lambda^k}{k!}\mathrm{e}^{-\lambda}$$

$$=\left(\sum_{k=0}^{\infty}k\frac{\lambda^k}{k!}\mathrm{e}^{-\lambda}+\sum_{k=0}^{\infty}\frac{\lambda^k}{k!}\mathrm{e}^{-\lambda}\right)=\lambda(\lambda+1)=\lambda^2+\lambda,$$

所以 $D(X)=E(X^2)-[E(X)]^2=(\lambda^2+\lambda)-\lambda^2=\lambda$.

◆ 二项分布　若 $X\sim B(n,p)$,将 X 分解成 n 个相互独立的随机变量 $X_1,X_2,\cdots,X_n$,且 $X_i\sim B(1,p)$,则 $D(X_i)=p(1-p)$,所以

$$D(X)=D(X_1)+D(X_2)+\cdots+D(X_n)=np(1-p).$$

◆ 均匀分布　若 $X\sim U(a,b)$,因为 $E(X)=\dfrac{a+b}{2}$,而

$$E(X^2)=\int_a^b x^2\frac{1}{b-a}\mathrm{d}x=\frac{a^2+ab+b^2}{3},$$

所以 $D(X)=E(X^2)-[E(X)]^2=\dfrac{a^2+ab+b^2}{3}-\left(\dfrac{a+b}{2}\right)^2=\dfrac{(b-a)^2}{12}$.

◆ 指数分布　若 $X\sim E(\lambda)$,因为 $E(X)=\dfrac{1}{\lambda}$,而

$$E(X^2)=\int_0^{+\infty}x^2\lambda\mathrm{e}^{-\lambda x}\mathrm{d}x=-\int_0^{+\infty}x^2\mathrm{d}\mathrm{e}^{-\lambda x}$$

$$=-x^2\mathrm{e}^{-\lambda x}\Big|_0^{+\infty}+2\int_0^{+\infty}x\mathrm{e}^{-\lambda x}\mathrm{d}x=2\frac{1}{\lambda^2},$$

所以 $D(X)=E(X^2)-[E(X)]^2=\frac{2}{\lambda^2}-\frac{1}{\lambda^2}=\frac{1}{\lambda^2}$.

◆ 正态分布 若 $X\sim N(\mu,\sigma^2)$，则 $D(X)=\sigma^2$.（详见 8.7.2 例 8）

例题精选

例 6　设随机变量 X 的概率分布律为 $P\{X=k\}=\frac{1}{10}\ (k=2,4,\cdots,18,20)$，求 $E(X)$，$D(X)$.

解　$E(X)=2\times\frac{1}{10}+4\times\frac{1}{10}+\cdots+18\times\frac{1}{10}+20\times\frac{1}{10}=\frac{1}{10}\times110=11$，

$$E(X^2)=2^2\times\frac{1}{10}+4^2\times\frac{1}{10}+\cdots+18^2\times\frac{1}{10}+20^2\times\frac{1}{10}=\frac{1}{10}\times1540=154,$$

由公式(8-29)得 $D(X)=E(X^2)-[E(X)]^2=33$.

例 7　设随机变量 X 的概率密度为

$$f(x)=\begin{cases}1+x, & -1\leqslant x\leqslant 0,\\ 1-x, & 0<x\leqslant 1,\\ 0, & \text{其他}.\end{cases}$$

求 $E(X)$，$D(X)$.

解　$E(X)=\int_{-\infty}^{+\infty}xf(x)\mathrm{d}x=\int_{-1}^{0}x(1+x)\mathrm{d}x+\int_{0}^{1}x(1-x)\mathrm{d}x=0$.

$$E(X^2)=\int_{-\infty}^{+\infty}x^2f(x)\mathrm{d}x=\int_{-1}^{0}x^2(1+x)\mathrm{d}x+\int_{0}^{1}x^2(1-x)\mathrm{d}x=\frac{1}{6}.$$

由公式(8-29)得 $D(X)=E(X^2)-[E(X)]^2=\frac{1}{6}$.

例 8　设 $X\sim N(\mu,\sigma^2)$，求 $E(X)$，$D(X)$.

解　$X\sim N(\mu,\sigma^2)$，设 $Y=\frac{X-\mu}{\sigma}\sim N(0,1)$，先求 Y 的数学期望和方差. 因为 Y 的密度函数为 $\varphi(x)=\frac{1}{\sqrt{2\pi}}\mathrm{e}^{-\frac{x^2}{2}}$，所以

$$E(Y)=\int_{-\infty}^{+\infty}x\varphi(x)\mathrm{d}x=\frac{1}{\sqrt{2\pi}}\int_{-\infty}^{+\infty}x\mathrm{e}^{-\frac{x^2}{2}}\mathrm{d}x=0,$$

$$E(Y^2)=\int_{-\infty}^{+\infty}x^2\varphi(x)\mathrm{d}x=\frac{1}{\sqrt{2\pi}}\int_{-\infty}^{+\infty}x^2\mathrm{e}^{-\frac{x^2}{2}}\mathrm{d}x=-\frac{2}{\sqrt{2\pi}}\int_{0}^{+\infty}x\mathrm{d}\mathrm{e}^{-\frac{x^2}{2}}$$

$$=-\frac{2}{\sqrt{2\pi}}x\mathrm{e}^{-\frac{x^2}{2}}\Big|_0^{+\infty}+\frac{2}{\sqrt{2\pi}}\int_{0}^{+\infty}\mathrm{e}^{-\frac{x^2}{2}}\mathrm{d}x=\frac{2}{\sqrt{2\pi}}\cdot\frac{\sqrt{2\pi}}{2}=1.$$

所以

$$D(Y)=E(Y^2)-[E(Y)]^2=1.$$

分别利用期望与方差的性质得 $E(X)=E(\mu+\sigma Y)=\mu$，

$$D(X)=D(\mu+\sigma Y)=\sigma^2 D(Y)=\sigma^2.$$

可见，正态分布的密度函数中的两个参数 μ,σ^2 分别是该分布的数学期望和方差，因此，正态分布完全由数学期望和方差所确定. 我们将常用分布的数学期望和方差总结见表 8-2.

表 8-2

分　布	参　数	分布律或概率密度	数学期望	方差
0-1 分布 $X\sim B(1,p)$	$0<p<1$	$P\{X=k\}=p^k(1-p)^{1-k}$, $k=0,1$	p	$p(1-p)$
二项分布 $X\sim B(n,p)$	$n\geqslant 1,0<p<1$	$P\{X=k\}=C_n^k p^k(1-p)^{n-k}$, $k=0,1,2,\cdots,n$	np	$np(1-p)$
泊松分布 $X\sim P(\lambda)$	$\lambda>0$	$P\{X=k\}=\dfrac{\lambda^k\cdot e^{-\lambda}}{k!}$, $k=0,1,\cdots$	λ	λ
均匀分布 $X\sim U(a,b)$	$a<b$	$f(x)=\begin{cases}\dfrac{1}{b-a}, & a\leqslant x\leqslant b,\\ 0, & \text{其他}\end{cases}$	$\dfrac{a+b}{2}$	$\dfrac{(b-a)^2}{12}$
指数分布 $X\sim E(\lambda)$	$\lambda>0$	$f(x)=\begin{cases}\lambda\cdot e^{-\lambda x}, & x\geqslant 0,\\ 0, & x<0\end{cases}$	$\dfrac{1}{\lambda}$	$\dfrac{1}{\lambda^2}$
正态分布 $X\sim N(\mu,\sigma^2)$	$\mu,\sigma>0$	$f(x)=\dfrac{1}{\sqrt{2\pi}\sigma}e^{-\frac{(x-\mu)^2}{2\sigma^2}}$	μ	σ^2

例 9　投掷 n 颗骰子，骰子的每一面出现是等可能的，求出现的点数之和的方差.

解　设 X_i 表示“第 i 颗骰子出现的点数”，$i=1,2,\cdots,n$，则有 $X_1,X_2,\cdots,X_n$ 相互独立，且出现的点数之和 $X=X_1+X_2+\cdots+X_n$.

因为 $P\{X_i=k\}=\dfrac{1}{6}$，$k=1,2,\cdots,6$，所以有 $E(X_i)=1\times\dfrac{1}{6}+2\times\dfrac{1}{6}+\cdots+6\times\dfrac{1}{6}=\dfrac{21}{6}$，

$$E(X_i^2)=1^2\times\frac{1}{6}+2^2\times\frac{1}{6}+\cdots+6^2\times\frac{1}{6}=\frac{91}{6},$$

由公式(8-29)得 $D(X_i)=E(X_i^2)-[E(X_i)]^2=\dfrac{35}{12}$，

故根据方差的性质得 $D(X)=D(X_1)+D(X_2)+\cdots+D(X_n)=\dfrac{35}{12}n$.

例 10　设 $X\sim N(\mu_1,\sigma_1^2)$，$Y\sim N(\mu_2,\sigma_2^2)$，$X,Y$ 相互独立，
求证：$X-Y\sim N(\mu_1-\mu_2,\sigma_1^2+\sigma_2^2)$.

证
$$E(X-Y)=E(X)-E(Y)=\mu_1-\mu_2,$$
$$D(X-Y)=D(X)+(-1)^2D(Y)=\sigma_1^2+\sigma_2^2,$$
由正态分布的性质，$X-Y\sim N(\mu_1-\mu_2,\sigma_1^2+\sigma_2^2)$.

知识应用

例 11　有 2 家商店联营，它们每两周售出某种商品的数量分别为 X_1,X_2，已知
$$X_1\sim N(700,625),X_2\sim N(500,600),$$
且 X_1,X_2 相互独立.

(1) 求这 2 家商店两周的总销量的期望和方差；

(2) 商店每隔两周进货一次，为了使产品在商店进货之前不会脱销的概率大于 0.99，问商店的仓库应储存多少产品？

解　用随机变量 Y 表示“产品的总销量”，则 $Y=X_1+X_2$，因而有

(1) $E(Y)=E(X_1)+E(X_2)=700+500=1200$,

$D(Y)=D(X_1)+D(X_2)=625+600=1225$.

(2) 设仓库应储存产品数量为 m，才能使产品不脱销的概率大于 0.99，即
$$P\{Y\leqslant m\}>0.99.$$

注：若 $X_1\sim N(\mu,\sigma_1^2)$，$X_2\sim N(\mu_2,\sigma_2^2)$ 则 $X_1+X_2\sim N(\mu,\sigma^2)$，其中 $\mu=E(X_1+X_2)$，$\sigma^2=D(X_1+X_2)$.

因为 $Y\sim N(1200,1225)$，所以
$$P\{Y\leqslant m\}=P\left\{\frac{Y-1200}{35}\leqslant\frac{m-1200}{35}\right\}=\Phi\left(\frac{m-1200}{35}\right)>0.99.$$

查标准正态分布表，知 $\Phi(2.33)=0.9901>0.99$，从而 $\frac{m-1200}{35}\geqslant 2.33$，故 $m\geqslant 1281.55$. 即仓库应至少储存 1282 件该产品，才能使产品不脱销的概率大于 0.99.

知识演练

59. 袋中装有 5 个球，其中有 3 个白球，2 个黑球，从中任取 2 个球，求白球数 X 的数学期望.

60. 设随机变量 X 的分布律为

X	-2	0	2
P	0.4	0.3	0.3

求 $E(X)$.

61. 设连续型随机变量 X 的概率密度为 $f(x)=\begin{cases}ax^b, 0<x<1,\\0, \text{其他},\end{cases}$ 其中 $a,b>0$. 已知

$E(X)=0.75$，求 a,b 的值.

62. 设随机变量 X 的概率密度为 $f(x)=\begin{cases}1-|1-x|, & 0<x<2,\\ 0, & \text{其他},\end{cases}$ 求 $E(X)$.

63. 某产品的次品率为0.1，检验员每天检验4次，每次随机地取10件产品进行检验. 各产品是否为次品是相互独立的. 如果发现其中的次品数多于1件，就去调整设备. 以 X 表示"一天中调整设备的次数"，求 $E(X)$.

64. 设随机变量 X 的分布律为

X	-2	0	1	3
P	0.1	0.2	0.3	0.4

求 $E(2X+1)$，$E(X^2)$.

65. 设随机变量 X 的概率密度为 $f(x)=\begin{cases}e^{-x}, & x>0,\\ 0, & x\leqslant 0,\end{cases}$ 求 $E(e^{-2X})$，$E(X^2)$.

66. 游客乘电梯从底层到电视塔顶层观光. 电梯于每个整点的第5分钟、25分钟和55分钟从底层起行，假设一游客在早八点的第 X 分钟到达底层候梯处，且 $X\sim U(0,60)$. 求该游客等候时间 Y 的数学期望.

67. 设甲、乙两家灯泡厂生产的灯泡的寿命 X 和 Y 的分布律分别为

X	900	1000	1100
P	0.1	0.8	0.1

Y	950	1000	1050
P	0.3	0.4	0.3

试问哪家厂生产的灯泡质量较好？

68. 设随机变量 X 的概率密度为 $f(x)=\begin{cases}0.5x, & 0<x<2,\\ 0, & \text{其他},\end{cases}$ 求 $D(X)$.

69. 已知 $X\sim B(n,p)$，且 $E(X)=3$，$D(X)=2$，试求 X 的分布律.

70. 设随机变量 X 服从泊松分布，且 $3P\{X=1\}+2P\{X=2\}=4P\{X=0\}$，试求 X 的期望和方差.

71. 一个螺钉的重量 X 为随机变量，已知它的数学期望 $E(X)=10$（克），标准差 $\sqrt{D(X)}=1$（克）. 100个装一盒，求每盒重量的数学期望和标准差.

72. 设随机变量 X_1,X_2,X_3,X_4 相互独立，且有 $E(X_i)=i$，$D(X_i)=5-i$，$i=1,2,3,4$. 已知 $Y=2X_1-X_2+3X_3-\frac{1}{2}X_4$，求 X 的期望和方差.

73. 设随机变量 X 和 Y 相互独立，且 $X\sim N(720,900)$，$Y\sim N(64,625)$，求 $Z=2X+Y$ 的分布.

第八章复习题

一、填空题

1. 设 A,B 为任意两个事件，则 $(A\cup B)-B$ ______ A.（填"="、"$\subset$"或"$\supset$"）

2. 已知 $P(A)=0.7, P(A-B)=0.3$，则 $P(\overline{A}\cup\overline{B})=$ ______.

3. 已知 $P(A)=0.92, P(B)=0.93, P(B\mid\overline{A})=0.85$，则 $P(A\mid\overline{B})=$ ______；$P(A\cup B)=$ ______.

4. 设两个相互独立的事件 A 和 B 都不发生的概率为 $\frac{1}{9}$，A 发生 B 不发生的概率与 B 发生 A 不发生的概率相等，则 $P(A)=$ ______.

5. 下列可以看作某个随机变量的分布律的是______.

a.

1	3	5
0.5	0.3	0.2

b.

1	2	3
0.7	0.1	0.1

c.

0	1	2	…	n	…
$\frac{1}{2}$	$\frac{1}{2}\left(\frac{1}{3}\right)$	$\frac{1}{2}\left(\frac{1}{3}\right)^2$	…	$\frac{1}{2}\left(\frac{1}{3}\right)^n$	…

d.

1	2	…	n	…
$\frac{1}{2}$	$\left(\frac{1}{2}\right)^2$	…	$\left(\frac{1}{2}\right)^n$	…

6. 设随机变量 X 服从泊松分布，且 $P\{X=1\}=P\{X=2\}$，则 $P\{X=4\}=$ ______.

7. 设函数 $f(x)=\begin{cases}\dfrac{ax}{(1+x)^4}, & x>0,\\ 0, & x\leqslant 0\end{cases}$ 是某随机变量的概率密度，则 $a=$ ______.

8. 设 $X\sim N(1.5,4)$，则 $P\{|X|<3\}=$ ______.

9. 设 $X\sim B\left(4,\frac{1}{4}\right)$，则 $E(X^2)=$ ______.

10. 在每次试验中,事件 A 发生的概率为 0.5. 估计在 1000 次试验中,事件 A 发生的次数在 400 至 600 之间的概率为____________.(利用切比雪夫不等式:$P\{|X-E(x)|<\varepsilon\}\geqslant 1-\frac{D(x)}{\varepsilon^2}$,其中 $E(x)$ 为随机变量 X 的期望,$D(x)$ 为 X 的方差)

二、解答题

11. 甲从 2,4,6,8,10 中任取一数,乙从 1,3,5,7,9 中任取一数,求甲取得的数大于乙取得的数的概率.

12. 在整数 0 ~ 9 中,任意地取出三个数,求能排成一个三位偶数的概率.

13. 某学生宿舍住 5 个人,设每个人的生日在一年 365 天中的任何一天的可能性是相同的,试求:

(1) 每个人的生日全不相同的概率;

(2) 没有人的生日在 10 月份的概率;

(3) 每个人的生日都在 8 月份的概率.

14. 设一枚深水炸弹击沉一艘潜水艇的概率为 $\frac{1}{3}$,击伤的概率为 $\frac{1}{2}$,击不中的概率为 $\frac{1}{6}$,并设击伤两次会导致潜水艇下沉,求投放 4 枚深水炸弹击沉潜水艇的概率.

15. 要验收一批 100 件的乐器,验收方案如下:从该批乐器中随机地取 3 件测试(设 3 件乐器的测试是相互独立的),如果 3 件中至少有一件被认为音色不纯,则这批乐器被拒绝接收. 设一件音色不纯的乐器经测试查出其为音色不纯的概率为 0.95,而一件音色纯的乐器经测试被误认为不纯的概率为 0.01,如果已知这 100 件乐器中恰好有 4 件是音色不纯的,求这批乐器被接收的概率.

16. 在整数 1 ~ 100 中随机地取一个数,已知取到的数不能被 2 整除,求它能被 3 或 5 整除的概率.

17. 一个人看管三台独立工作的车床,假设在一个小时内车床不出故障的概率分别是:第一台为 0.9,第二台为 0.8,第三台为 0.7,求在一个小时内:

(1) 没有一台车床出故障的概率;

(2) 三台车床中最多有一台出故障的概率.

18. A,B,C 三人在同一办公室工作,房间内有一部电话. 据统计知,打给他们的电话的概率分别为 $\frac{2}{5},\frac{2}{5},\frac{1}{5}$. 他们三人经常因工作外出,外出的概率分别为 $\frac{1}{2},\frac{1}{4},\frac{1}{4}$. 设三人的行动相互独立,试求:

(1) 无人接电话的概率; (2) 被呼叫人在办公室的概率;

若某一时间打进 3 个电话,求:

(3) 都打给同一个人的概率; (4) 都打给不相同的人的概率;

(5) 都打给 B 的条件下，B 却都不在的概率.

19. 一道 4 选 1 的选择题，某考生知道答案的概率是 $\frac{1}{2}$，从而乱猜的概率也是 $\frac{1}{2}$，又考生乱猜而猜对的概率为 $\frac{1}{4}$. 如果已知考生答对了，问他知道答案的概率是多少？

20. 甲、乙两名篮球队员轮流投篮，直至某人投中为止. 如果甲投中的概率为 0.4，乙投中的概率为 0.6，并假设甲先投，试分别求出投篮终止时甲、乙两人投篮次数的分布律.

21. 某加油站替公共汽车站代营出租汽车业务，每出租一辆汽车，可从出租公司得到 3 元. 因代营业务，每天加油站要多付给职工服务费 60 元. 设每天出租汽车数 X 是一个随机变量，它的概率分布律为

X	10	20	30	40
P	0.15	0.25	0.45	0.15

求因代营业务得到的收入大于当天的额外支出费用的概率.

22. 某厂产品的不合格率为 0.03. 现在要把产品装满，若要以不小于 0.9 的概率保证每箱中至少有 100 个合格品，那么每箱至少要装多少个产品？

23. 有甲、乙两种味道和颜色都极为相似的名酒各 4 杯. 如果从中挑 4 杯，能将甲种酒全部挑出来，算是试验成功一次.

(1) 某人随机地去试，问他试验成功一次的概率是多少？

(2) 某人声称他通过品尝能区分两种酒. 他连续试验 10 次，成功 3 次. 试推断他是猜对的，还是他确实有区分能力.(设各次试验是相互独立的)

24. 设连续型随机变量 X 的分布函数为

$$F(x)=\begin{cases}0, & x\leqslant 0,\\ Ax^3, & 0<x\leqslant 1,\\ 1, & x\geqslant 1.\end{cases}$$

试求：(1) 常数 A；(2) X 的概率密度；(3) 概率 $P\{|X|>0.5\}$.

25. 设随机变量 X 的概率密度为 $f(x)=\begin{cases}2x, 0<x<1,\\ 0,\ 其他,\end{cases}$ 随机变量 Y 表示对 X 的三次独立重复观察中事件 $\left\{X\leqslant\frac{1}{2}\right\}$ 出现的次数，试求 $P\{Y=2\}$.

26. 已知 X 的概率分布为

X	-2	-1	0	1	2	3
P	$2a$	$\frac{1}{10}$	$3a$	a	a	$2a$

试求：(1) 常数 a；(2) $Y=X^2-1$ 的概率分布；(3) Y 的分布函数.

27. 设连续型随机变量 X 的概率密度为 $f_X(x)=\begin{cases}2, 0<x<0.5,\\ 0, \text{其他}.\end{cases}$ 求 $Y=4X^2-1$ 的概率密度 $f_Y(y)$.

28. 设随机变量 $X\sim N(2,\sigma^2)$，且 $P\{2<X<4\}=0.3$，求 $P\{X<0\}$.

29. 已知某台机器生产的螺栓长度 $X\sim N(10.05,0.06^2)$（单位：cm）. 规定螺栓长度在 (10.05 ± 0.12)cm 内为合格品，试求螺栓为合格品的概率.

30. 现有甲、乙两人进行乒乓球比赛，规定一方先胜三局，则比赛结束. 设每局比赛甲获胜的概率为 $\frac{1}{2}$，求比赛场次数 X 的数学期望.

31. 从学校乘汽车到火车站途中有三个交通岗，假设在各个交通岗遇到红灯的事件是相互独立的，且概率都是 0.4. 设随机变量 X 为途中遇到红灯的次数，求：

(1) X 的分布律；(2) X 的分布函数；(3) 数学期望 $E(X)$，方差 $D(X)$.

32. 设随机变量 X 的概率密度为

$$f(x)=\begin{cases}ax, & 0<x<2,\\ cx+b, & 2\leqslant x\leqslant 4,\\ 0, & \text{其他}.\end{cases}$$

已知 $E(X)=2, P\{1<X<3\}=\frac{3}{4}$. 试求常数 a,b,c 的值.

33. 设某种商品每 10 天的需求量满足 $X\sim U(10,30)$，某经销商进货数量为 $[10,30]$ 中的某一整数，商店每销售一件商品可得利润 500 元. 若供大于求，则削价处理每件商品而亏损 100 元；若供不应求，则从它处调剂的每件商品仅获利 300 元.

(1) 为使商店所获利润期望值不少于 9280 元，问该商店应该至少进多少件商品？

(2) 商店所获利润的期望值最大为多少?此时应进商品多少件？

34. 设一部机器在一天内发生故障的概率为 0.2. 机器发生故障时，全天停止工作，一周工作五天. 若无故障，可获利 10 万元；若发生一次故障，仍可获利 5 万元；若发生两次故障，不可获利；若至少发生 3 次故障，要亏损 2 万元. 求一周内的利润期望.

第九章 数理统计基础知识

现在,我们来学习数理统计学的内容.数理统计学和概率论都是研究随机现象的,但研究方法不同,数理统计是通过对随机现象的观察来获取数据,将概率论作为理论基础,通过对数据的分析去寻找其内部的统计规律性.本章包含以下内容:

- 数理统计中总体、样本和统计量的概念;
- 抽样分布的概念;
- 如何用点估计和区间估计的方法对总体参数作出统计上的估计;
- 如何用假设检验对实践中的一些问题给出有一定可信程度的回答;
- 如何用方差分析研究某个因素的变化对试验指标是否具有显著影响;
- 如何用回归分析研究变量之间的相关关系.

9.1 数理统计的基本概念

9.1.1 总体和样本

案例导出

案例 1　某大学要了解该校学生的学习情况,若采用普查的方式,全校有几万名学生,工作量太大,现抽查部分学生,通过这部分学生的情况去推断全校的情况.

案例 2　一个商店要进一批电视机,现有几家生产厂竞争,商店希望了解各厂生产的电视机的寿命.由于测定寿命是一种破坏性试验,因而不可能对每台电视机都进行测定,只能抽取若干台作试验,用这几台电视机的寿命数据去比较各厂电视机的寿命特征,如平均寿命、最短寿命等,从而得出进哪家厂的电视机的结论.

相关知识

1. 总体和个体

定义 9.1　在一个统计问题中,我们把研究对象的全体称为总体,构成总体的单个对象称为个体.

上面案例 2 中，各厂的所有电视机就是总体，每台电视机则是个体. 在研究中，我们往往关心的是研究对象的某个数量指标，因此，常常将数量指标的全体作为一个总体，每个对象的指标作为一个个体. 研究电视机时，我们关心的是电视机的寿命，所以把全部电视机的寿命作为总体，而把每台电视机的寿命作为个体.

在实际问题中，总体所包含的个体的总数既可以是有限的，也可以是无限的. 当总体的数目有限时，称其为有限总体，否则称为无限总体.

为了清楚地表示总体，可以利用随机变量 X 或其概率分布. 当用随机变量 X 表示总体时，可以简称为总体 X，如果 X 的分布函数为 $F(x)$，那么 $F(x)$ 也是总体的分布函数，所以也可以用 $F(x)$ 表示一个总体. 研究总体只要研究 X 的分布或分布的数字特征.

如果我们能对总体中每一个个体进行观察，那当然可以了解总体. 譬如，每十年进行的人口普查，进行数据汇总后可以知道全国的人口分布和人员素质. 但这种方式在很多情况下没有必要（如案例 1，要花费大量的人力、物力）或根本不可能（如案例 2，具有破坏性）. 因此，把“普查”改为“抽样”是一种可行的办法，即从总体中抽出若干个个体，通过对这些个体的观察，对总体进行推断.

2. 样本

定义 9.2 从总体中抽出的部分个体的集合称为样本，样本中所含的个体称为样品，样本中样品的个数称为样本容量.

案例 2 中抽出来做试验的所有电视机的集合称为样本，抽出来的每台电视机为样品，抽出来的电视机的数量为样本容量.

样本具有二重性：一方面，由于样本是从总体中随机抽取的，抽取前无法预知它们的数值，因此，样本是随机变量，用大写字母 $X_1, X_2, \cdots, X_n$ 表示；另一方面，样本在一次抽取以后经观测就有了一组确定的值，此时，样本又是一组数值，用小写字母 $x_1, x_2, \cdots, x_n$ 表示，称为样本观测值，简称样本值.

样本是用来推测总体的，因此样本应能较好地代表总体，这就要求在抽取样本时抽取的方法一致，使总体中每一个个体有同等机会被抽中，同时要求每次抽取是独立的，即每次抽取结果不受其他抽取结果的影响，也不影响其他结果，这样的抽取方法叫做简单随机抽样.

定义 9.3 用简单随机抽样的方法得到的样本叫做简单随机样本.

这样，来自总体 X 的样本 $(X_1, X_2, \cdots, X_n)$ 与总体 X 的分布相同且相互独立. 今后凡是提到的抽样及样本都是指简单随机抽样和简单随机样本.

例题精选

例 1 在一条袋装牛奶的生产线上，质检人员需要对流水线的各个环节进行监控，以免最后出现次品却不知道问题出在哪里. 他们的做法是抽取部分样本，用数理统计的方法来判断流水线是否工作正常. 请问这里的总体、个体和样本分别是什么？

解　这里的总体是生产出的所有袋装牛奶，个体是每一袋牛奶，样本是抽取出来检验的那些袋装牛奶.

9.1.2　统计量

案例导出

案例 3　现有一块黄金，需要知道它的质量，放在天平上称了 5 次，得到下列数据(单位：g) 20.5，20.8，20.4，20.3，20，这是一个容量为 5 的样本，人们常用样本均值 $\overline{x}=\frac{1}{n}(x_1+x_2+\cdots+x_n)=\frac{20.5+20.8+20.4+20.3+20}{5}=20.4$ 作为这块黄金真实质量 μ 的估计值. 若要问它的质量是否确为 20.4g，则还需作进一步的研究.

相关知识

1. 统计量

样本来自总体，样本的观察值就含有总体各方面的信息，但这些信息较为分散，为使这些分散在样本中的有关总体的信息集中起来反映总体的各种特征，需要对样本进行加工，一种有效的方法是构造样本的函数，不同的样本函数对应不同的问题.

定义 9.4　设 $X=(X_1,X_2,\cdots,X_n)$ 是取自某总体的一个容量为 n 的样本，构造样本函数 $g(X)=g(X_1,X_2,\cdots,X_n)$，且该函数中不含有任何未知参数，则称 $g(X)$ 为统计量. 如果 $(x_1,x_2,\cdots,x_n)$ 是 $(X_1,X_2,\cdots,X_n)$ 的一组观测值，则称 $g(x_1,x_2,\cdots,x_n)$ 为 $g(X_1,X_2,\cdots,X_n)$ 的一个统计值.

参数指的是描述总体数字特征的数值，例如，总体均值 $E(X)$(常用 μ 表示)，总体方差 $D(X)$(常用 σ^2 表示). 这里不含任何未知参数保证了将样本观测值代入统计量可直接算得统计量的观测值，从而对总体特征进行推断.

2. 常用统计量

◆ 样本均值　$\overline{X}=\frac{1}{n}\sum_{i=1}^{n}X_i$，

◆ 样本方差　$S^2=\frac{1}{n-1}\sum_{i=1}^{n}(X_i-\overline{X})^2$，

◆ 样本标准差　$S=\sqrt{\frac{1}{n-1}\sum_{i=1}^{n}(X_i-\overline{X})^2}$.

将样本观测值代入统计量的表达式中即得统计量的观测值，一般用相应的小写字母表示，如$\overline{x}$，s^2 分别表示$\overline{X}$，S^2 的观测值.

例题精选

例 2 设总体 $X \sim N(\mu,\sigma^2)$，其中 σ^2 已知，$X_1,X_2,\cdots,X_n$ 是 X 的一个样本，问 X_1，$\frac{X_1+X_2}{2}$，X_5-X_4，$\frac{1}{n}\sum_{i=1}^{n}X_i$，$\sum_{i=1}^{n}\frac{X_i}{\sigma}$，$\frac{X_1+X_2+\mu}{3}$ 中哪些是统计量，哪些不是统计量？

解 X_1，$\frac{X_1+X_2}{2}$，X_5-X_4，$\frac{1}{n}\sum_{i=1}^{n}X_i$，$\sum_{i=1}^{n}\frac{X_i}{\sigma}$ 是统计量，$\frac{X_1+X_2+\mu}{3}$ 不是统计量.

9.1.3 抽样分布

统计量是一个随机变量，当我们要利用它来推断总体的一些特征时需要了解它的分布状态，称之为抽样分布.

案例导出

案例 4 设一个总体含有 4 个元素（个体），即总体单位数 $n=4$，分别为 $x_1=1$，$x_2=2$，$x_3=3$，$x_4=4$. 总体的均值和方差分别为 $\mu=\frac{\sum_{i=1}^{n}x_i}{n}=2.5$，$\sigma^2=\frac{\sum_{i=1}^{n}(x_i-\mu)^2}{n}=1.25$.

现从总体中抽取 $n=2$ 的简单随机样本，在重复抽样条件下，共有 16 个可能的样本. 所有样本的结果如表 9-1 所示：

表 9-1

所有可能的 $n=2$ 的样本（共 16 个）				
第一个观察值	第二个观察值			
	1	2	3	4
1	1,1	1,2	1,3	1,4
2	2,1	2,2	2,3	2,4
3	3,1	3,2	3,3	3,4
4	4,1	4,2	4,3	4,4

计算出各样本的均值如表 9-2 所示：

表 9-2

16 个样本的均值($\overline{X}$)				
第一个观察值	第二个观察值			
	1	2	3	4
1	1.0	1.5	2.0	2.5
2	1.5	2.0	2.5	3.0
3	2.0	2.5	3.0	3.5
4	2.5	3.0	3.5	4.0

样本均值的抽样分布如图 9-1 所示：

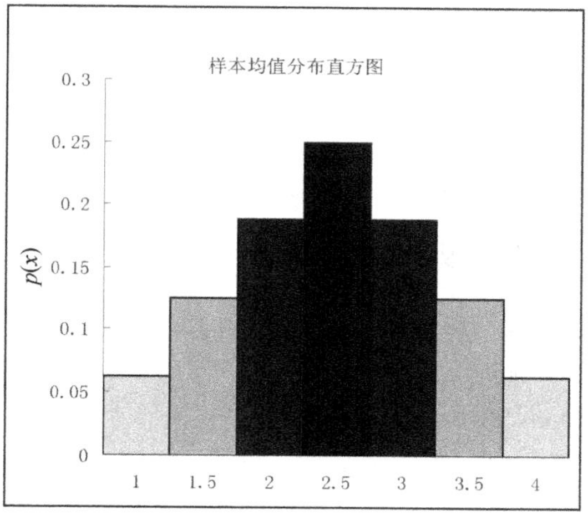

图 9-1

还可计算得到样本均值的期望为 $E(\overline{X})=2.5$，方差为 $D(\overline{X})=0.625$.

相关知识

抽样分布指的是样本统计量的概率分布，是一种理论分布，是在选取容量为 n 的样本时，由该统计量的所有可能取值形成的分布. 它提供了样本统计量长远而稳定的信息，是进行推断的理论基础，也是抽样推断科学性的重要依据.

1. χ^2 分布

定义 9.5 设 n 个相互独立的随机变量 $X_1, X_2, \cdots, X_n$ 均服从标准正态分布 $N(0,1)$，则随机变量 $\chi^2=X_1^2+X_2^2+\cdots+X_n^2$ 服从的分布叫做自由度为 n 的 χ^2 分布，记作 $\chi^2 \sim \chi^2(n)$.

这里 χ^2 是一个连续型随机变量,$\chi^2(n)$中的参数 n 称为自由度,是指 $\chi^2=X_1^2+X_2^2+\cdots+X_n^2$ 中右端独立随机变量的个数 n.

χ^2 分布的密度函数的图形与自由度 n 的值有关,图 9-2 画出了 $n=1,n=5$ 和 $n=20$ 的图形.

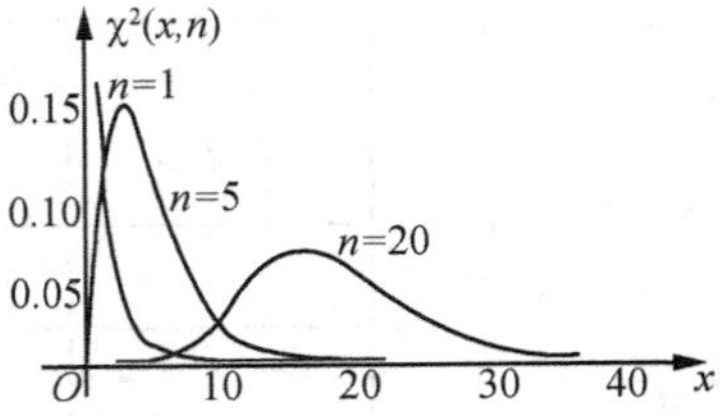

图 9-2

设随机变量 $\chi^2\sim\chi^2(n)$,我们往往需要确定一个临界值,使 χ^2 大于这个临界值的概率为给定的正数 $\alpha(0<\alpha<1)$,即 $P\{\chi^2\geqslant c\}=\alpha$,记这个临界值 c 为 $\chi_\alpha^2(n)$,并把它叫做自由度为 n 的 χ^2 分布的上 α 分位数.

由上可知,$P\{\chi^2\geqslant\chi_\alpha^2(n)\}=\alpha$,另有 $P\{\chi^2\leqslant\chi_{1-\alpha}^2(n)\}=\alpha$.

图 9-3 为 χ^2 分布的密度函数曲线的图形,两块阴影部分的面积各为 α.

对于给定的 $\alpha(0<\alpha<1)$,可查自由度为 n 的 χ^2 分布表(见附表 3),得到 $\chi_\alpha^2(n)$.

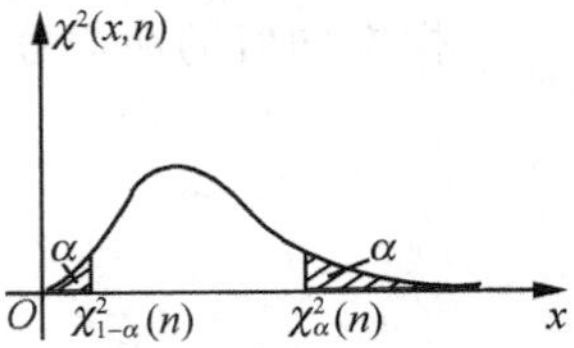

图 9-3

χ^2 分布具有可加性:随机变量 $X\sim\chi^2(n_1)$,$Y\sim\chi^2(n_2)$,X 与 Y 相互独立,则 $X+Y\sim\chi^2(n_1+n_2)$.

2. t 分布

定义 9.6 设随机变量 $X\sim N(0,1)$,$Y\sim\chi^2(n)$,且 X 与 Y 相互独立,则称随机变量 $T=\dfrac{X}{\sqrt{Y/n}}$服从的分布为自由度为 n 的 t 分布,记为 $T\sim t(n)$.

当 $n=1,n=10,n=\infty$ 时,t 分布的图形如图 9-4 所示.

$t(n)$分布的密度函数具有以下性质:

◆图形关于 y 轴对称,是偶函数;

◆在 $t=0$ 处取得极大值,以 x 轴为水平渐进线;

◆随着 n 的增加,$t(n)$分布的概率密度函数的图形变陡;

◆当 $n\to\infty$时,t 分布近似为标准正态分布.

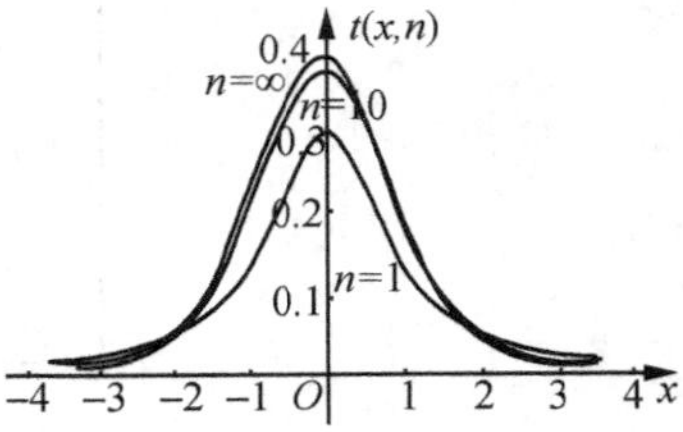

图 9-4

设随机变量 $T\sim t(n)$,对于给定的正数 $\alpha(0<\alpha<1)$,我们同样需要确定 $c=t_\alpha(n)$,使 $P\{T\geqslant t_\alpha(n)\}=\alpha$,称 $t_\alpha(n)$是自由度为 n 的 t 分布的上 α 分位数.

由上可知,$P\{|T|\geqslant t_{\frac{\alpha}{2}}(n)\}=\alpha$.

图 9-5 为 t 分布的密度函数曲线的图形,两块阴影部分的面积均为$\dfrac{\alpha}{2}$.

对于给定的 α,可查自由度为 n 的 t 分布表(见附表 4),得 $t_\alpha(n)$,$t_{\frac{\alpha}{2}}(n)$.

类似地,若随机变量 $U\sim N(0,1)$,查表可得 u_α,$u_{\frac{\alpha}{2}}$,使得 $P\{U\geqslant u_\alpha\}=\alpha$,$P\{|U|\geqslant u_{\frac{\alpha}{2}}\}=\alpha$.

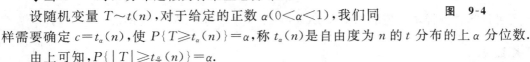

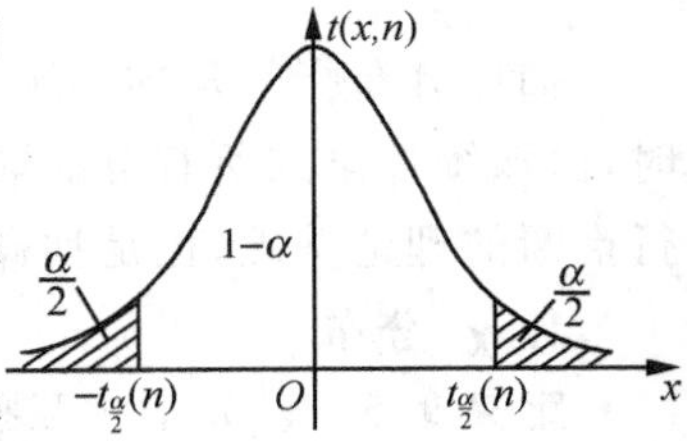

图 9-5

3. F 分布

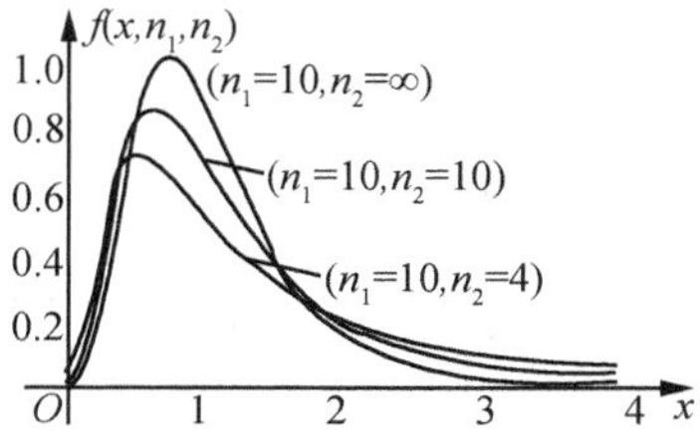

图　9-6

定义 9.7　如果随机变量 X 与 Y 相互独立，且 $X\sim\chi^2(n_1)$，$Y\sim\chi^2(n_2)$，则称随机变量 $F=\dfrac{X/n_1}{Y/n_2}$服从的分布为自由度为 n_1 和 n_2 的 F 分布，记为 $F\sim F(n_1,n_2)$.

$F(n_1,n_2)$分布的密度函数的图形如图 9-6 所示. 可见，F 是一个连续型随机变量，其取值范围是$(0,+\infty)$.

设随机变量 $F\sim F(n_1,n_2)$，对于给定的正数 $\alpha(0<\alpha<1)$，确定 $F_\alpha(n_1,n_2)$，使 $P\{F\geqslant F_\alpha(n_1,n_2)\}=\alpha$，称 $F_\alpha(n_1,n_2)$是$F(n_1,n_2)$分布的上 α 分位数.

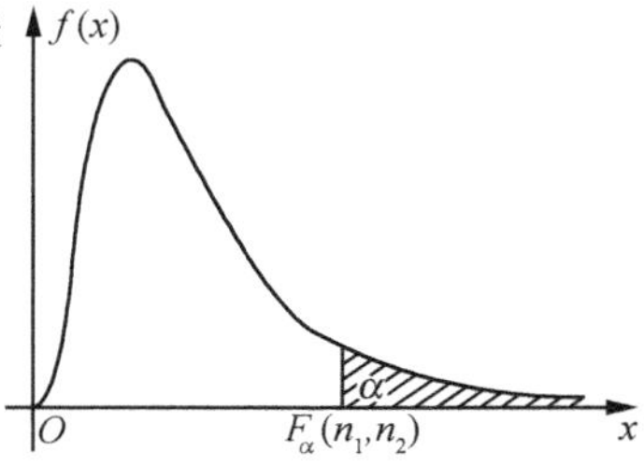

图　9-7

对于给定的 α，可查自由度为 n_1 和 n_2 的 F 分布表（见附表 5），确定 $F_\alpha(n_1,n_2)$.

F 分布具有如下性质：

◆若随机变量 $F\sim F(n_1,n_2)$，则$\dfrac{1}{F}\sim F(n_2,n_1)$.

◆ $F_{1-\alpha}(n_2,n_1)=\dfrac{1}{F_\alpha(n_1,n_2)}$.

证　设 $F\sim F(n_1,n_2)$，对于上 α 分位数 $F_\alpha(n_1,n_2)$，有

$$P\{F\geqslant F_\alpha(n_1,n_2)\}=\alpha,P\left\{\frac{1}{F}\leqslant\frac{1}{F_\alpha(n_1,n_2)}\right\}=\alpha,$$

$$P\left\{\frac{1}{F}>\frac{1}{F_\alpha(n_1,n_2)}\right\}=1-\alpha.$$

因为$\dfrac{1}{F}\sim F(n_2,n_1)$，因此 $P\left\{\dfrac{1}{F}>F_{1-\alpha}(n_2,n_1)\right\}=1-\alpha$，

所以
$$F_{1-\alpha}(n_2,n_1)=\frac{1}{F_\alpha(n_1,n_2)}.$$

如果 α 的值接近于 1，不能直接从 F 分布表中得到，可利用此关系式求分位数.

4. 单正态总体中样本均值和样本方差的抽样分布

样本均值的抽样分布是在选取容量为 n 的样本时，由样本均值的所有可能取值形成的分布，是推断总体均值的理论基础. 样本方差的抽样分布是在选取容量为 n 的样本时，由样本方差的所有可能取值形成的分布，是推断总体方差 σ^2 的理论基础.

定理 9.1　设总体 $X\sim N(\mu,\sigma^2)$，$X_1,X_2,\cdots,X_n$ 是取自 X 的样本，$\overline{X}$是该样本的样本均值，则有(1) $\overline{X}\sim N\left(\mu,\dfrac{\sigma^2}{n}\right)$；(2) $U=\dfrac{\overline{X}-\mu}{\sigma/\sqrt{n}}\sim N(0,1)$.

定理 9.2　设总体 $X\sim N(\mu,\sigma^2)$，$X_1,X_2,\cdots,X_n$ 是取自 X 的样本，$\overline{X}$与 S^2 分别为该样本的样本均值与样本方差，则有

(1) $\chi^2=\frac{n-1}{\sigma^2}S^2=\frac{1}{\sigma^2}\sum_{i=1}^{n}(X_i-\overline{X})^2\sim\chi^2(n-1)$；(2) $\overline{X}$ 与 S^2 相互独立.

定理 9.3 设总体 $X\sim N(\mu,\sigma^2)$，$X_1,X_2,\cdots,X_n$ 是取自 X 的样本，$\overline{X}$与 S^2 分别为该样本的样本均值与样本方差，则有 $T=\frac{\overline{X}-\mu}{S/\sqrt{n}}\sim t(n-1)$.

定理 9.4 （中心极限定理） 设总体 X 具有有限的数学期望 $E(X)=\mu$，有限的方差 $D(X)=\sigma^2$，当样本容量 n 充分大时（$n\geqslant30$），$\overline{X}$近似地服从正态分布 $N\left(\mu,\frac{\sigma^2}{n}\right)$.

图 9-8 给出了不同分布总体下的样本均值随着 n 的增加逐渐地趋向正态分布的情况.

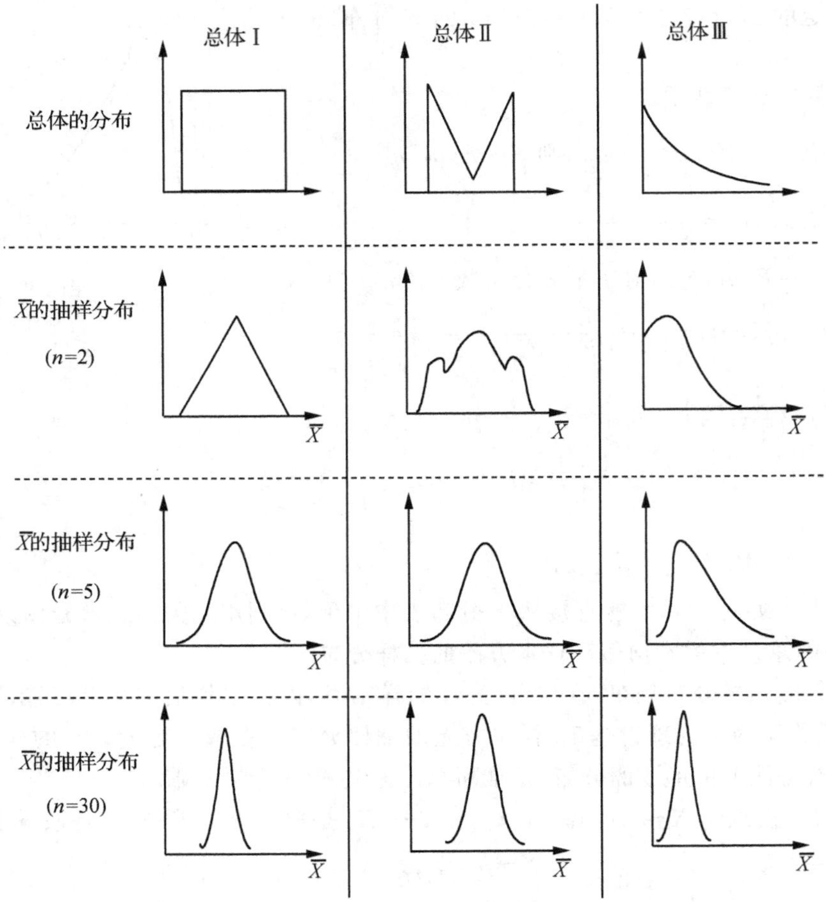

图 9-8

例题精选

例 3　设随机变量 $\chi^2 \sim \chi^2(28)$，求 $\alpha=0.025$ 时的上 α 分位数.

解　查 χ^2 分布表得临界值 $\chi^2_{0.025}(28)=44.46$，使得

$P\{\chi^2 \geqslant 44.46\}=0.025$ 成立.

同样对于 $P\{\chi^2 \leqslant \chi^2_{1-\alpha}\}=\alpha$ 可查表得临界值 $\chi^2_{0.975}(28)=15.31$，使得

$P\{\chi^2 \leqslant 15.31\}=0.025$ 成立.

例 4　设随机变量 $T \sim t(26)$，求 $\alpha=0.05$ 和 $\alpha=0.025$ 时的上 α 分位数.

解　根据已知数据，查 t 分布表，得临界值 $t_{0.05}(26)=1.7056$，$t_{0.025}(26)=2.0555$，使得 $P\{T \geqslant 1.7056\}=0.05$，$P\{|T| \geqslant 2.0555\}=0.05$.

例 5　设随机变量 $F \sim F(8,15)$，查表求 $F_{0.05}(8,15)$ 和 $F_{0.95}(15,8)$.

解　查 F 分布表，得 $F_{0.05}(8,15)=2.64$.

根据 F 分布的性质　$F_{0.95}(15,8)=\dfrac{1}{F_{0.05}(8,15)}=\dfrac{1}{2.64}\approx 0.38$.

知识应用

例 6　超市中的袋装大米的质量 $X \sim N(20, 0.3^2)$，单位为 kg. 现抽取 $n=9$ 的一个样本，试求：(1)样本平均质量小于 20.1kg 的概率；(2)样本平均质量和总体的 $\mu=20$ 之间的误差小于 0.3kg 的概率；(3)试说明，若 $n=36$，我们可以以 99.74%的概率保证样本平均质量和总体的 $\mu=20$ 之间的误差不超过 0.15kg.

解　$X \sim N(20, 0.3^2)$，于是 $\overline{X} \sim N\left(20, \dfrac{0.3^2}{9}\right)$，$U=\dfrac{\overline{X}-20}{0.1} \sim N(0,1)$.

(1) $P\{\overline{X}<20.1\}=P\left\{\dfrac{\overline{X}-20}{0.1}<\dfrac{20.1-20}{0.1}\right\}=\Phi(1)=0.8413$.

(2) $P\{|\overline{X}-20|<0.3\}=P\left\{\dfrac{-0.3}{0.1}<\dfrac{\overline{X}-20}{0.1}<\dfrac{0.3}{0.1}\right\}=\Phi(3)-\Phi(-3)=0.9974$.

(3) $\overline{X} \sim N\left(20, \dfrac{0.3^2}{36}\right)$，$U=\dfrac{\overline{X}-20}{0.05} \sim N(0,1)$.

$P\{|\overline{X}-20| \leqslant 0.15\}=P\left\{\dfrac{-0.15}{0.05}<\dfrac{\overline{X}-20}{0.05}<\dfrac{0.15}{0.05}\right\}=\Phi(3)-\Phi(-3)=0.9974$.

可见，n 越大，同样的概率可以保证样本均值和总体均值之间的误差越小.

例 7　在天平上重复称量一重为 a 的物品，假设各次称量的结果相互独立且服从正态分布 $N(a, 0.2^2)$. 若以 $\overline{X}$ 表示 n 次称量结果的算术平均数，求至少有 95%的把握保证 $\overline{X}$ 和 a 之间的误差不超过 0.1 的最少测量次数 n.

解　$\overline{X}\sim N\left(a,\frac{0.2^2}{n}\right)$，$U=\frac{\overline{X}-a}{\sqrt{0.04/n}}\sim N(0,1)$，

至少有 95%的把握保证$\overline{X}$和 a 之间的误差不超过 0.1，用概率表示为

$$P\{|\overline{X}-a|\leqslant 0.1\}\geqslant 0.95.$$

又 $P\{|\overline{X}-a|\leqslant 0.1\}=P\left\{\frac{-0.1}{\sqrt{0.04/n}}<\frac{\overline{X}-a}{\sqrt{0.04/n}}<\frac{0.1}{\sqrt{0.04/n}}\right\}=2\Phi\left(\frac{0.1}{\sqrt{0.04/n}}\right)-1\geqslant 0.95$，即要求满足 $\Phi\left(\frac{0.1}{\sqrt{0.04/n}}\right)\geqslant 0.975$，查表得$\frac{0.1}{\sqrt{0.04/n}}\geqslant 1.96$，解得 $n\geqslant 15.37$，所以取 n 的最小值为 16，符合条件的最少测量次数 n 为 16.

知识拓展

1. 双正态总体的抽样分布

定理 9.5　设 $X\sim N(\mu_1,\sigma_1^2)$，$Y\sim N(\mu_2,\sigma_2^2)$，$X,Y$ 相互独立，若 $X_1,X_2,\cdots,X_{n_1}$ 是取自总体 X 的样本，$\overline{X}$与 S_1^2 分别为该样本的样本均值与样本方差. $Y_1,Y_2,\cdots,Y_{n_2}$ 是取自总体 Y 的样本，$\overline{Y}$ 与 S_2^2 分别为此样本的样本均值与样本方差，则

(1) $U=\frac{(\overline{X}-\overline{Y})-(\mu_1-\mu_2)}{\sqrt{\frac{\sigma_1^2}{n_1}+\frac{\sigma_2^2}{n_2}}}\sim N(0,1)$.

(2) $F=\frac{S_1^2/\sigma_1^2}{S_2^2/\sigma_2^2}\sim F(n_1-1,n_2-1)$.

(3) 当 $\sigma_1^2=\sigma_2^2=\sigma^2$ 时，$T=\frac{(\overline{X}-\overline{Y})-(\mu_1-\mu_2)}{S_w\sqrt{\frac{1}{n_1}+\frac{1}{n_2}}}\sim t(n_1+n_2-2)$，其中

$$S_w^2=\frac{(n_1-1)S_1^2+(n_2-1)S_2^2}{n_1+n_2-2}.$$

证　(1) $\overline{X}\sim N\left(\mu_1,\frac{\sigma_1^2}{n_1}\right)$，$\overline{Y}\sim N\left(\mu_2,\frac{\sigma_2^2}{n_2}\right)$，$\overline{X}$，$\overline{Y}$ 相互独立，

因此，$\overline{X}-\overline{Y}\sim N\left(\mu_1-\mu_2,\frac{\sigma_1^2}{n_1}+\frac{\sigma_2^2}{n_2}\right)$，$U=\frac{(\overline{X}-\overline{Y})-(\mu_1-\mu_2)}{\sqrt{\frac{\sigma_1^2}{n_1}+\frac{\sigma_2^2}{n_2}}}\sim N(0,1)$.

(2) $\frac{n_1-1}{\sigma_1^2}S_1^2\sim\chi^2(n_1-1)$，$\frac{n_2-1}{\sigma_2^2}S_2^2\sim\chi^2(n_2-1)$，

$\frac{n_1-1}{\sigma_1^2}S_1^2$ 与$\frac{n_2-1}{\sigma_2^2}S_2^2$ 相互独立，

由 F 分布的定义得

$$\frac{\frac{n_1-1}{\sigma_1^2}S_1^2/(n_1-1)}{\frac{n_2-1}{\sigma_2^2}S_2^2/(n_2-1)}=\frac{S_1^2/\sigma_1^2}{S_2^2/\sigma_2^2}\sim F(n_1-1,n_2-1).$$

(3) $\sigma_1^2=\sigma_2^2=\sigma^2$, $U=\dfrac{(\overline{X}-\overline{Y})-(\mu_1-\mu_2)}{\sqrt{\dfrac{\sigma_1^2}{n_1}+\dfrac{\sigma_2^2}{n_2}}}=\dfrac{(\overline{X}-\overline{Y})-(\mu_1-\mu_2)}{\sigma\sqrt{\dfrac{1}{n_1}+\dfrac{1}{n_2}}}\sim N(0,1)$.

由 χ^2 分布的性质可得

$$\chi^2=\frac{n_1-1}{\sigma_1^2}S_1^2+\frac{n_2-1}{\sigma_2^2}S_2^2=\frac{(n_1-1)S_1^2+(n_2-1)S_2^2}{\sigma^2}\sim\chi^2(n_1+n_2-2).$$

由 t 分布的定义知

$$T=\frac{U}{\sqrt{\chi^2/(n_1+n_2-2)}}=\frac{\dfrac{(\overline{X}-\overline{Y})-(\mu_1-\mu_2)}{\sigma\sqrt{\dfrac{1}{n_1}+\dfrac{1}{n_2}}}}{\sqrt{\dfrac{(n_1-1)S_1^2+(n_2-1)S_2^2}{\sigma^2(n_1+n_2-2)}}}$$

$$=\frac{(\overline{X}-\overline{Y})-(\mu_1-\mu_2)}{S_w\sqrt{\dfrac{1}{n_1}+\dfrac{1}{n_2}}}\sim t(n_1+n_2-2).$$

知识演练

1. 从均值为 60、标准差为 10 的总体中，抽取 $n=100$ 的简单随机样本，用样本均值$\overline{X}$估计总体均值. 问：(1)$\overline{X}$的均值是多少？(2)$\overline{X}$的标准差是多少？(3)$\overline{X}$的抽样分布是什么？(4)样本方差 S^2 的抽样分布是什么？

2. 查表计算：

(1) $\chi^2_{0.025}(16)$；(2) $\chi^2_{0.05}(30)$；(3) $\chi^2_{0.95}(7)$；(4) $t_{0.05}(18)$；

(5) $t_{0.025}(9)$；(6) $t_{0.005}(25)$；(7) $F_{0.05}(6,24)$；(8) $F_{0.95}(24,6)$.

3. 某次中考模拟测试的数学成绩 X 服从正态分布，并知 $\mu=100$，$\sigma=5.48$.

(1) 求容量为 100 的样本均值的数学期望与标准差；

(2) 从中抽取 $n=16$ 的样本，求$\overline{X}$落在 99.8 到 100.9 之间的概率.

4. 已知一种新型材料的质量 X 呈正态分布，并知 $\mu=1.56$kg，$\sigma=0.22$kg. 今从中抽取 $n=50$的样本，求$\overline{X}$小于 1.45kg 的概率.

5. 某种工具的平均使用时间 $\mu=41.5$(h)，标准差 $\sigma=2.5$(h). 今从中抽取 $n=50$ 的样本，试求这 50 个样本的平均使用时间在 40.5(h)到 42(h)之间的概率.

6. 在总体 $N(3.4,6^2)$ 中随机抽取一个样本容量为 n 的样本,如果要使其样本均值 $\overline{X}$ 落在 $(1.4,5.4)$ 内的概率不小于 0.95,问样本容量 n 至少为多大?

7. 试证明定理 9.1、定理 9.2、定理 9.3.

9.2 参数估计

在概率论中,我们往往通过一个随机变量的参数已知的分布形式,来求概率以及相应的特征值.例如,成年人的身高服从 $\mu=168\text{cm}$,$\sigma=8\text{cm}$ 的正态分布,从中我们可以知道身高落在任何一个范围的概率大小.但在现实中,μ 和 σ 到底是多少并不清楚.参数估计就是依据样本来估计总体分布中的未知参数的一种统计方法.参数估计可分为点估计和区间估计两种.

9.2.1 点估计

案例导出

案例 1 设 X 表示某种型号的电子元件的寿命(以小时计),它服从指数分布:

$$X\sim f(x,\theta)=\begin{cases}\dfrac{1}{\theta}\mathrm{e}^{-\frac{x}{\theta}}, & x\geqslant 0,\\ 0, & x<0,\end{cases}$$

θ 为未知参数,$\theta>0$.现得到样本值为 168, 130, 169, 143, 174, 198,108, 212, 201,试估计未知参数 θ.

相关知识

1. 点估计的概念

若总体的分布形式已知,则确定了参数,就确定了总体的分布.样本从总体中来,代表总体,包含总体的信息,也就包含着参数的信息.因此要估计参数,构造适当的样本函数来完成是自然的想法.

定义 9.8 称用来估计未知参数 θ 的统计量为 θ 的估计量,记作 $\hat{\theta}$.设 $X_1,X_2,\cdots,X_n$ 是来自总体 X 的一个样本,则 $\hat{\theta}=\hat{\theta}(X_1,X_2,\cdots,X_n)$.将样本观察值 $x_1,x_2,\cdots,x_n$ 代入估计量得 $\hat{\theta}(x_1,x_2,\cdots,x_n)$,称为 θ 的估计值.在不致混淆的情况下,估计量与估计值统称为估计,并简记为 $\hat{\theta}$.

注 估计量 $\hat{\theta}(X_1,X_2,\cdots,X_n)$ 是一个随机变量,对不同的样本值,θ 的估计值 $\hat{\theta}$ 一般是

不同的.

2. 数字特征估计法

要估计袋装牛奶的平均容量，可抽取几袋牛奶作为样本，若求得样本均值为 200.5ml，则估计总体的平均容量约为 200.5ml. 这一做法告诉我们可以用样本的数字特征去估计总体的数字特征.

用样本的数字特征来估计相应的总体的数字特征的方法，称为数字特征估计法. 一般用样本均值作为数学期望的估计，记作$E(\widehat{X})=\overline{X}$；用样本方差作为总体方差的估计，记作$D(\widehat{X})=S^2$.

3. 最大似然估计法

最大似然估计法是求估计用得最多的方法，它最早是由德国数学家高斯在 1821 年提出的，但一般将它归功于英国数学家费歇尔(Fisher)，因为费歇尔在 1922 年再次提出了这种想法并证明了它的一些性质，从而使得该方法得到广泛应用.

假设有甲、乙两个外表一模一样的盒子，甲里面装有 95 支白粉笔、5 支红粉笔，乙里面装有 5 支白粉笔、95 支红粉笔. 在看不见的情况下，随机选一个盒子，并从中随机地摸一支粉笔，若摸出的是白粉笔，问粉笔是从哪一个盒子中摸到的？根据经验，粉笔最可能从盒子甲中摸到的，原因是白粉笔在甲中的比例大，在乙中的比例小. 换句话说，甲中白粉笔的比例 p_1 若大于乙中白粉笔的比例 p_2，我们就会推断白粉笔是从甲中摸到的.

最大似然估计法的思想：在已经得到实验结果的情况下，应该寻找使这个结果出现的可能性最大的那个 θ 作为估计 $\hat{\theta}$.

一般情形下，如果待估参数的可供选择的估计有 $\hat{\theta}_1,\hat{\theta}_2,\cdots,\hat{\theta}_k$，对于任一 x，恒有

$P(x,\hat{\theta})\geqslant P(x,\hat{\theta}_i)(i=1,2,\cdots,k)$，$\hat{\theta}\in(\hat{\theta}_1,\hat{\theta}_2,\cdots,\hat{\theta}_k)$，那么 $\hat{\theta}$ 就是最大似然估计.

设总体 X 的概率密度为 $f(x,\theta)$，其中 θ 为未知参数，此时定义似然函数

$$L(\theta)=L(x_1,x_2,\cdots,x_n,\theta)=f(x_1,\theta)f(x_2,\theta)\cdots f(x_n,\theta).$$

似然函数 $L(\theta)$的值的大小意味着该样本值出现的可能性的大小，在已得到样本值 x_1，x_2，$\cdots$，x_n 的情况下，该函数值越大说明观察越有效，因此应该选择使 $L(\theta)$ 达到最大值的那个 θ 作为估计 $\hat{\theta}$. 这种求点估计的方法称为最大似然估计法.

除了上述方法之外，点估计中还有贝叶斯估计、最小二乘估计等其他方法. 不同的方法，同一参数可能得到不同的估计量，孰优孰劣需要合理评判.

4. 评价估计量的标准

评价估计量的好坏一般有两条标准：无偏性、有效性.

在具体介绍估计量的评价标准之前，需指出：评价一个估计量的好坏，不能仅仅依据一次试验的结果，而必须由多次试验结果来衡量. 因为估计量是样本的函数，是随机变量，故由不同的观测结果，就会求得不同的参数估计值. 因此一个好的估计，应在多次重复试验中体

现出其优良性.

◆无偏性

估计量是随机变量,对于不同的样本值会得到不同的估计值.一个自然的要求是希望这些不同的估计值能在未知参数真值的附近,不要偏离太远,而估计量的均值等于未知参数的真值.由此引入无偏性标准.

定义 9.9 设 $\hat{\theta}(X_1,\cdots,X_n)$ 是未知参数 θ 的估计量,若 $E(\hat{\theta})=\theta$,则称 $\hat{\theta}$ 为 θ 的无偏估计量.

在科学技术中,称 $E(\hat{\theta})-\theta$ 为用 $\hat{\theta}$ 估计 θ 而产生的系统误差.无偏性是对估计量的一个常见而重要的要求,其实际意义是指估计量没有系统误差,只有偶然因素引起的随机误差.

◆有效性

一个参数 θ 常有多个无偏估计量,如何比较它们的好坏呢?为使估计的效果更好,自然希望估计值更接近于真值,也就是希望两者的偏离程度要尽量小,这种偏差可用 $E[(\hat{\theta}-\theta)^2]=D(\hat{\theta})$ 来衡量,由此引入评选估计量的另一标准——有效性.

定义 9.10 设 $\hat{\theta}_1=\hat{\theta}_1(X_1,\cdots,X_n)$ 和 $\hat{\theta}_2=\hat{\theta}_2(X_1,\cdots,X_n)$ 都是参数 θ 的无偏估计量,若 $D(\hat{\theta}_1)<D(\hat{\theta}_2)$,则称 $\hat{\theta}_1$ 较 $\hat{\theta}_2$ 有效.

例题精选

例 1 某灯泡厂从某天生产的一批灯泡中任取 10 个进行寿命试验,得到数据如下:(以小时计)

1050　1100　1080　1120　1200　1250　1040　1130　1300　1200

用数字特征法估计这天生产的整批灯泡的平均寿命及标准差.

解 $\widehat{E(X)}=\overline{X}=1147,\ \widehat{D(X)}=S^2=\dfrac{68210}{9},\ \sqrt{\widehat{D(X)}}=87.$

例 2 设连续型随机变量 X 的概率密度为

$$f(x)=\begin{cases}(\theta+2)\cdot x^{\theta+1}, & x\in(0,1),\\ 0, & \text{其他},\end{cases}$$

$X_1,X_2,\cdots,X_n$ 是来自总体 X 的样本,用数字特征法求 θ 的估计量.

解 $E(X)=\int_0^1 x\cdot(\theta+2)x^{\theta+1}\,\mathrm{d}x=\int_0^1(\theta+2)\cdot x^{\theta+2}\,\mathrm{d}x=\dfrac{\theta+2}{\theta+3}.$

因为 $\widehat{E(X)}=\overline{X}$,所以 $\dfrac{\hat{\theta}+2}{\hat{\theta}+3}=\overline{X}$,可解得 $\hat{\theta}=\dfrac{3\overline{X}-2}{1-\overline{X}}.$

例 3 设总体 X 在 $[a,b]$ 上服从均匀分布，a,b 为未知参数，$X_1,X_2,\cdots,X_n$ 是来自 X 的样本，用数字特征法求 a,b 的估计量. 若从总体中获得如下一个容量为 5 的样本：4.5，5.0，4.7，4.0，4.2，求 a,b 的估计值.

解 $E(X)=\dfrac{a+b}{2},D(X)=\dfrac{(b-a)^2}{12}$，

于是 $a=E(X)-\sqrt{3D(X)}$，$b=E(X)+\sqrt{3D(X)}$.

因为 $\widehat{E(X)}=\overline{X}$，$\widehat{D(X)}=S^2$，所以 $\hat{a}=\overline{X}-\sqrt{3}S$，$\hat{b}=\overline{X}+\sqrt{3}S$ 为估计量.

由样本可得 $\overline{X}=4.48$，$S=0.3962$，所以 $\hat{a}=3.79$，$\hat{b}=5.17$.

例 4 讨论样本均值与方差作为总体期望、方差的估计量时的无偏性.

解 设 $E(X)=\mu,D(X)=\sigma^2$，

样本的均值与方差为 $\overline{X}=\dfrac{1}{n}\sum\limits_{i=1}^{n}X_i,S^2=\dfrac{1}{n-1}\sum\limits_{i=1}^{n}(X_i-\overline{X})^2$，

$$E(\overline{X})=E\left(\frac{1}{n}\sum_{i=1}^{n}X_i\right)=\frac{1}{n}E\left(\sum_{i=1}^{n}X_i\right)=\frac{1}{n}\sum_{i=1}^{n}E(X_i)=\frac{1}{n}\cdot n\mu=\mu.$$

因为 $S^2=\dfrac{1}{n-1}\left[\sum\limits_{i=1}^{n}(X_i^2-2X_i\overline{X}+\overline{X}^2)\right]$

$$=\frac{1}{n-1}\left[\sum_{i=1}^{n}X_i^2-2\overline{X}\sum_{i=1}^{n}X_i+n\overline{X}^2\right]=\frac{1}{n-1}\left[\sum_{i=1}^{n}X_i^2-n\overline{X}^2\right],$$

$$E(X_i^2)=D(X_i)+[E(X_i)]^2=\sigma^2+\mu^2,$$

$$E(\overline{X}^2)=D(\overline{X})+[E(\overline{X})]^2=\frac{\sigma^2}{n}+\mu^2,$$

所以 $E(S^2)=\dfrac{1}{n-1}\left[\sum\limits_{i=1}^{n}E(X_i^2)-nE(\overline{X}^2)\right]$

$$=\frac{1}{n-1}(n\sigma^2+n\mu^2-\sigma^2-n\mu^2)=\sigma^2.$$

这表明，样本平均值 $\overline{X}$ 是总体期望 $E(X)$ 的无偏估计，样本方差 S^2 是总体方差 $D(X)$ 的无偏估计. 而 $S_n^2=\dfrac{1}{n}\sum\limits_{i=1}^{n}(X_i-\overline{X})^2$ 则不是 σ^2 的无偏估计量. 这就是我们为什么要用 $S^2=\dfrac{1}{n-1}\sum\limits_{i=1}^{n}(X_i-\overline{X})^2$ 作为样本方差的计算公式的原因.

例 5 设 X_1,X_2,X_3 是来自期望为 μ，方差为 σ^2 的总体 X 的样本，$\hat{\mu}_1=X_1$，$\hat{\mu}_2=\dfrac{1}{2}(X_1+X_2)$，$\hat{\mu}_3=\overline{X}=\dfrac{1}{3}(X_1+X_2+X_3)$，试说明 $\hat{\mu}_1$、$\hat{\mu}_2$、$\hat{\mu}_3$ 均为 μ 的无偏估计量，并比较其优劣.

解 $E(\hat{\mu}_1)=E(X_1)=\mu$，

$$E(\hat{\mu}_2)=E\left[\frac{1}{2}(X_1+X_2)\right]=\frac{1}{2}[E(X_1)+E(X_2)]=\frac{1}{2}(\mu+\mu)=\mu,$$

$$E(\hat{\mu}_3)=E\left[\frac{1}{3}(X_1+X_2+X_3)\right]=\frac{1}{3}[E(X_1)+E(X_2)+E(X_3)]=\frac{3}{3}\mu=\mu,$$

所以，$\hat{\mu}_1,\hat{\mu}_2,\hat{\mu}_3$ 均为 μ 的无偏估计量.

又因为 $D(\hat{\mu}_1)=D(X_1)=\sigma^2$，

$$D(\hat{\mu}_2)=D\left[\frac{1}{2}(X_1+X_2)\right]=\frac{1}{4}[D(X_1)+D(X_2)]=\frac{2}{4}\sigma^2=\frac{1}{2}\sigma^2,$$

$$D(\hat{\mu}_3)=D\left[\frac{1}{3}(X_1+X_2+X_3)\right]=\frac{1}{9}[D(X_1)+D(X_2)+D(X_3)]=\frac{3}{9}\sigma^2=\frac{1}{3}\sigma^2,$$

则有 $D(\hat{\mu}_3)<D(\hat{\mu}_2)<D(\hat{\mu}_1)$，因此，$\hat{\mu}_3$ 较 $\hat{\mu}_1,\hat{\mu}_2$ 有效.

例 6 设总体 X 有期望 μ 存在，X_1,X_2 是来自 X 的样本，$a_i(i=1,2)$ 为常数，且 $a_1+a_2=1$，试证明 $a_1X_1+a_2X_2$ 是 μ 的无偏估计，并求其中最有效的估计.

解 $E(a_1X_1+a_2X_2)=a_1E(X_1)+a_2E(X_2)=(a_1+a_2)\mu=\mu$，

$$\begin{aligned}D(a_1X_1+a_2X_2)&=a_1^2D(X_1)+a_2^2D(X_2)=(a_1^2+a_2^2)\sigma^2=[a_1^2+(1-a_1)^2]\sigma^2\\&=(2a_1^2-2a_1+1)\sigma^2.\end{aligned}$$

根据极值的求法，当 $a_1=a_2=\frac{1}{2}$ 时，$(2a_1^2-2a_1+1)\sigma^2$ 最小，也就是 $\frac{1}{2}X_1+\frac{1}{2}X_2$ 是其中最有效的估计.

一般来讲，$\overline{X}=\frac{1}{n}\sum_{i=1}^{n}X_i$ 是无偏估计 $a_1X_1+a_2X_2+\cdots+a_nX_n(a_1+a_2+\cdots+a_n=1)$ 中最有效的估计量. 这就是为什么经常以样本均值作为期望的估计的原因.

知识应用

例 7 试用最大似然法估计案例 1 中的未知参数 θ.

解 对未知参数 θ，给出似然函数为

$$L(\theta)=\frac{1}{\theta}e^{-\frac{x_1}{\theta}}\frac{1}{\theta}e^{-\frac{x_2}{\theta}}\cdots\frac{1}{\theta}e^{-\frac{x_9}{\theta}}=\frac{1}{\theta^9}e^{-\frac{1}{\theta}(x_1+x_2+\cdots+x_9)}=\frac{1}{\theta^9}e^{-\frac{9\overline{X}}{\theta}}.$$

由于 $\ln L(\theta)$ 和 $L(\theta)$ 有相同的极值点，故取对数

$$\ln L(\theta)=-9\ln\theta-\frac{9\overline{x}}{\theta}.$$

而
$$\frac{d}{d\theta}\ln L(\theta)=\frac{d}{d\theta}\left(-9\ln\theta-\frac{9\overline{x}}{\theta}\right)=-\frac{9}{\theta}+\frac{9\overline{x}}{\theta^2},$$

令
$$\frac{d}{d\theta}\ln L(\theta)=0,\text{得 }\hat{\theta}=\overline{x},$$

故参数 θ 的极大似然估计值为 $\hat{\theta}=\overline{X}=\frac{1}{9}(168+130+\cdots+201)=167$. 因此，$\theta$ 的估计值为 167，即电子元件的平均寿命估计为 167 小时.

9.2.2　区间估计

点估计作为未知参数 θ 的近似给出了明确的数量描述，但它没有给出这种近似的精确程度和可信程度. 实践中，度量一个估计的精度的最直观的方法是给出一个区间，这便产生了区间估计的概念. 用商场销售额举例，估计明年商场的销售额为 700 万元，这是点估计，这个估计值和真实值的误差有多大，可信度有多高，无从知晓. 估计明年商场的销售额在 680 万元到 750 万元之间，而且有 95%的可靠程度，这是区间估计，这个估计更有利用价值.

案例导出

案例 2　顾客到银行办理业务时往往需要等待一些时间，而等待时间的长短与许多因素有关，如银行的业务员办理业务的速度、顾客等待排队的方式等. 为提高服务质量，某银行准备对两种排队方式进行试验，第一种排队方式是所有顾客都进入一个等待队列；第二种排队方式是顾客在三个业务窗口处排三排等待. 为比较哪种排队方式顾客等待的时间较短，银行各抽取了 10 名顾客，得到他们所等待的时间(单位：min)如下：

方式 1	6.5	6.6	6.7	6.8	7.1	7.3	7.4	7.7	7.7	7.7
方式 2	4.2	5.4	5.8	6.2	6.7	7.7	7.7	8.5	9.3	10

你认为哪种排队方式更好？

案例 3　某厂生产的玻璃弹珠的直径从实践中可知服从正态分布，现从某天的产品里随机抽取 6 个，测得直径如下(单位：mm)：15.32，14.91，15.32，14.90，15.21，14.70. 如果知道该产品直径的方差为 0.05，试求平均直径的置信度为 0.95 的置信区间.

解　用 X 表示弹珠直径，μ 表示平均直径，则 $X\sim N(\mu,0.05)$.

置信度为 0.95 的置信区间指的是要找一个区间$(\hat{\theta}_1,\hat{\theta}_2)$，使得 $P\{\hat{\theta}_1<\mu<\hat{\theta}_2\}=0.95$.

由统计量 $U=\frac{\overline{X}-\mu}{\sqrt{\sigma^2/n}}\sim N(0,1)$，可得 $P\left\{\left|\frac{\overline{X}-\mu}{\sqrt{\sigma^2/n}}\right|<u_{0.025}\right\}=0.95$.

又　$P\left\{\frac{\overline{X}-\hat{\theta}_2}{\sqrt{\sigma^2/n}}<\frac{\overline{X}-\mu}{\sqrt{\sigma^2/n}}<\frac{\overline{X}-\hat{\theta}_1}{\sqrt{\sigma^2/n}}\right\}=0.95$，

所以，取 $\frac{\overline{X}-\hat{\theta}_2}{\sqrt{\sigma^2/n}}=-u_{0.025}$，即 $\hat{\theta}_2=\overline{X}+u_{0.025}\frac{\sigma}{\sqrt{n}}$，

取 $\frac{\overline{X}-\hat{\theta}_1}{\sqrt{\sigma^2/n}}=u_{0.025}$，即 $\hat{\theta}_1=\overline{X}-u_{0.025}\frac{\sigma}{\sqrt{n}}$ 就可满足题意.

所以,所求置信区间为$\left(\overline{X}-u_{0.025}\frac{\sigma}{\sqrt{n}},\overline{X}+u_{0.025}\frac{\sigma}{\sqrt{n}}\right)$,

这里,$\overline{X}=15.06$,$u_{0.025}=1.96$,$\sigma=\sqrt{0.05}$,$n=6$,

$\hat{\theta}_1=15.06-1.96\frac{\sqrt{0.05}}{\sqrt{6}}=14.88$,$\hat{\theta}_2=15.06+1.96\frac{\sqrt{0.05}}{\sqrt{6}}=15.24$.

因此,平均直径的置信度为0.95的置信区间为(14.88,15.24).换句话说,滚珠直径的平均值在14.88mm到15.24mm之间的可能性为95%.

相关知识

1. 置信区间与置信度

定义9.11 设θ是总体X的分布函数中的未知参数,对于给定的$\alpha(0<\alpha<1)$,若由样本$X_1,X_2,\cdots,X_n$确定的两个统计量$\hat{\theta}_1(X_1,X_2,\cdots,X_n)$与$\hat{\theta}_2(X_1,X_2,\cdots,X_n)$满足$P\{\hat{\theta}_1<\theta<\hat{\theta}_2\}=1-\alpha$,则称随机区间$(\hat{\theta}_1,\hat{\theta}_2)$是$\theta$的置信度为$1-\alpha$的置信区间,$\hat{\theta}_1$与$\hat{\theta}_2$分别称为置信下限与置信上限,称$1-\alpha$为置信度或置信水平.

置信度$1-\alpha$的含义:在随机抽样中,若重复抽样多次,得到样本$X_1,X_2,\cdots,X_n$的多个样本值$(x_1,x_2,\cdots,x_n)$,对应每个样本值都确定了一个置信区间$(\hat{\theta}_1,\hat{\theta}_2)$,每个这样的区间要么包含了$\theta$的真值,要么不包含$\theta$的真值.根据大数定律,当抽样次数充分大时,这些区间中包含θ的真值的频率接近于置信度(即概率)$1-\alpha$,即在这些区间中包含θ的真值的区间大约有$100(1-\alpha)\%$个,不包含θ的真值的区间大约有$100\alpha\%$个.例如,若令$1-\alpha=0.95$,重复抽样100次,则其中大约有95个区间包含θ的真值,大约有5个区间不包含θ的真值.

置信度$1-\alpha$可根据需要取不同的值,此时得到不同的置信区间.譬如上述问题中,若$1-\alpha=0.90,0.99$,可分别得到置信区间为

$$\left(15.06-1.645\frac{\sqrt{0.05}}{\sqrt{6}},15.06+1.645\frac{\sqrt{0.05}}{\sqrt{6}}\right),\text{即}(14.91,15.21),$$

$$\left(15.06-2.575\frac{\sqrt{0.05}}{\sqrt{6}},15.06+2.575\frac{\sqrt{0.05}}{\sqrt{6}}\right),\text{即}(14.82,15.30).$$

区间估计与点估计是互补的两种参数估计.置信区间$(\hat{\theta}_1,\hat{\theta}_2)$的长度意味着误差,长度越小,误差越小,则估计的精度越大,但此时置信度$1-\alpha$相对较小,也就是置信区间$(\hat{\theta}_1,\hat{\theta}_2)$包含$\theta$的真值的概率较小.因此,置信度与估计精度是一对矛盾.对于固定的样本容量来说,要同时提高精度和置信度是办不到的.如果不降低置信度,而要缩小估计范围,则必须适当增加样本容量n.

2. 正态总体期望的区间估计

◆已知方差 σ^2，求 μ 的置信区间

设 $X_1,X_2,\cdots,X_n$ 是取自正态总体 X 的样本，$X\sim(\mu,\sigma^2)$，$\overline{X}\sim\left(\mu,\dfrac{\sigma^2}{n}\right)$，从而统计量 $U=\dfrac{\overline{X}-\mu}{\sqrt{\sigma^2/n}}\sim N(0,1)$. 对于给定的置信度 $1-\alpha$，确定临界值 $u_{\frac{\alpha}{2}}$，$u_{\frac{\alpha}{2}}$ 可查标准正态分布表(见附表 2)得到，于是 $P\{|U|<u_{\frac{\alpha}{2}}\}=1-\alpha$，即

$$P\{\overline{X}-u_{\frac{\alpha}{2}}\cdot\sqrt{\sigma^2/n}<\mu<\overline{X}+u_{\frac{\alpha}{2}}\cdot\sqrt{\sigma^2/n}\}=1-\alpha.$$

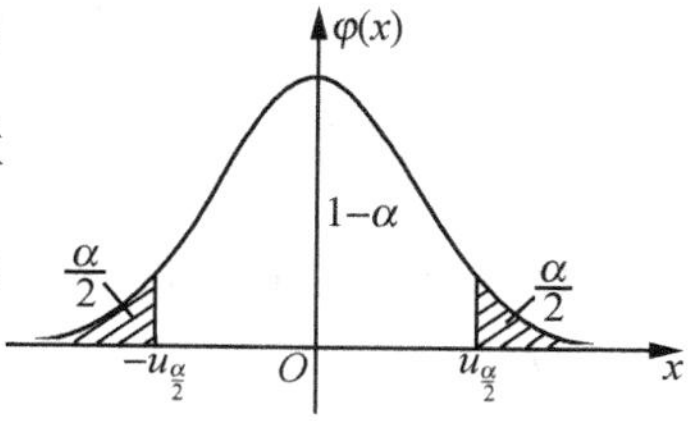

图　9-9

从而参数 μ 的置信度为 $1-\alpha$ 的置信区间为$(\overline{X}-u_{\frac{\alpha}{2}}\cdot\sqrt{\sigma^2/n},\overline{X}+u_{\frac{\alpha}{2}}\cdot\sqrt{\sigma^2/n})$.

◆方差 σ^2 未知，求 μ 的置信区间

当方差未知时，我们知道 $S^2=\dfrac{1}{n-1}\sum\limits_{i=1}^{n}(X_i-\overline{X})^2$ 是 σ^2 的无偏估计量，在 $\dfrac{\overline{X}-\mu}{\sqrt{\sigma^2/n}}$ 中将 σ^2 用 S^2 来代替，得到的随机变量记为 $T=\dfrac{\overline{X}-\mu}{\sqrt{S^2/n}}=\dfrac{\overline{X}-\mu}{S/\sqrt{n}}$，由定理 9.3 可知，统计量 T 服从自由度为$(n-1)$的 t 分布：$T\sim t(n-1)$.

对于给定的置信度 $1-\alpha$，查 t 分布表得 $t_{\frac{\alpha}{2}}(n-1)$，使得

$$P\left\{\left|\frac{\overline{X}-\mu}{S/\sqrt{n}}\right|<t_{\frac{\alpha}{2}}(n-1)\right\}=1-\alpha,$$

即 $P\left\{\overline{X}-t_{\frac{\alpha}{2}}(n-1)\cdot\dfrac{S}{\sqrt{n}}<\mu<\overline{X}+t_{\frac{\alpha}{2}}(n-1)\cdot\dfrac{S}{\sqrt{n}}\right\}=1-\alpha$(参考图 9-5)，

得到参数 μ 的置信度为 $1-\alpha$ 的置信区间为$\left(\overline{X}-t_{\frac{\alpha}{2}}(n-1)\cdot\dfrac{S}{\sqrt{n}},\overline{X}+t_{\frac{\alpha}{2}}(n-1)\cdot\dfrac{S}{\sqrt{n}}\right)$.

3. 正态总体方差的区间估计

设 $X_1,X_2,\cdots,X_n$ 是取自正态总体 $X\sim N(\mu,\sigma^2)$的一个容量为 n 的样本，由于

$$\chi^2=\frac{(n-1)S^2}{\sigma^2}\sim\chi^2(n-1),$$

对于给定的置信度 $1-\alpha$，查 χ^2 分布表求出临界值 $\chi^2_{1-\frac{\alpha}{2}}(n-1)$，$\chi^2_{\frac{\alpha}{2}}(n-1)$，注意 χ^2 分布表的不对称性，得到

$$P\left\{\chi^2_{1-\frac{\alpha}{2}}(n-1)<\frac{(n-1)S^2}{\sigma^2}<\chi^2_{\frac{\alpha}{2}}(n-1)\right\}=1-\alpha,$$

即

$$P\left\{\frac{(n-1)S^2}{\chi^2_{\frac{\alpha}{2}}(n-1)}<\sigma^2<\frac{(n-1)S^2}{\chi^2_{1-\frac{\alpha}{2}}(n-1)}\right\}=1-\alpha.$$

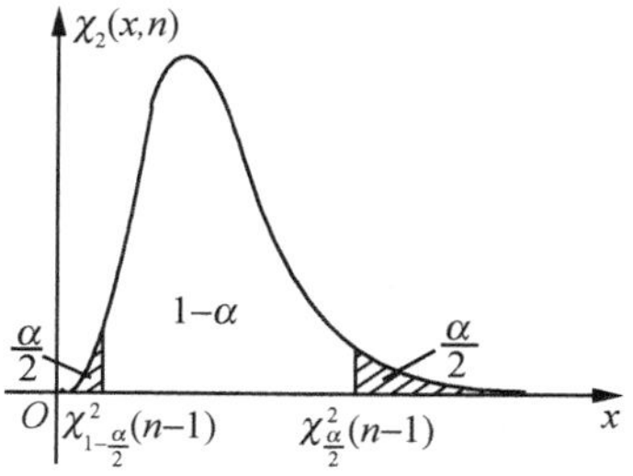

图　9-10

于是得到未知参数 σ^2 的置信度为 $1-\alpha$ 的置信区间为 $\left(\dfrac{(n-1)S^2}{\chi^2_{\frac{\alpha}{2}}(n-1)},\dfrac{(n-1)S^2}{\chi^2_{1-\frac{\alpha}{2}}(n-1)}\right)$.

4. (0-1)分布中 p 的区间估计

随机变量 X 服从 0-1 分布,$P\{X=1\}=p$,$P\{X=0\}=1-p$ $(0<p<1)$,现求 p 的置信度为 $1-\alpha$ 的置信区间.

已知 0-1 分布的均值和方差分别为 $E(X)=p$,$D(X)=p(1-p)$.

设 $X_1,X_2,\cdots,X_n$ 是总体 X 的一个样本,由中心极限定理知,当 n 充分大时,

$$U=\frac{\overline{X}-E(X)}{\sqrt{D(X)/n}}=\frac{\overline{X}-p}{\sqrt{p(1-p)/n}}$$

近似服从 $N(0,1)$分布,对给定的置信度 $1-\alpha$,则有

$$P\left\{\left|\frac{\overline{X}-p}{\sqrt{p(1-p)/n}}\right|\leqslant u_{\alpha/2}\right\}\approx 1-\alpha,$$

括号里的事件等价于 $(\overline{X}-p)^2\leqslant u^2_{\frac{\alpha}{2}}p(1-p)/n$.

记 $\lambda=u^2_{\frac{\alpha}{2}}$,上述不等式可化为 $\left(1+\dfrac{\lambda}{n}\right)p^2-\left(2\overline{X}+\dfrac{\lambda}{n}\right)p+\overline{X}^2\leqslant 0$,

解此不等式得

$$p_1<p<p_2,$$

其中

$$p_{1,2}=\frac{1}{1+\dfrac{\lambda}{n}}\left(\overline{X}+\frac{\lambda}{2n}\pm\sqrt{\frac{\lambda\overline{X}(1-\overline{X})}{n}+\frac{\lambda^2}{4n^2}}\right).$$

在实际使用过程中,如果 n 比较大,往往省略$\dfrac{\lambda}{n}$项,将置信区间近似为

$$\left(\overline{X}-u_{\frac{\alpha}{2}}\sqrt{\frac{\overline{X}(1-\overline{X})}{n}},\overline{X}+u_{\frac{\alpha}{2}}\sqrt{\frac{\overline{X}(1-\overline{X})}{n}}\right).$$

为使用方便,将上述结论总结如下:

表 9-3

待估参数	使用统计量		置信度为 $1-\alpha$ 的置信区间
$E(X)=\mu$	σ^2 已知	$U=\dfrac{\overline{X}-\mu}{\sigma/\sqrt{n}}\sim N(0,1)$	$\left(\overline{X}-u_{\frac{\alpha}{2}}\cdot\dfrac{\sigma}{\sqrt{n}},\overline{X}+u_{\frac{\alpha}{2}}\cdot\dfrac{\sigma}{\sqrt{n}}\right)$
	σ^2 未知	$T=\dfrac{\overline{X}-\mu}{S/\sqrt{n}}\sim t(n-1)$	$\left(\overline{X}-t_{\frac{\alpha}{2}}(n-1)\cdot\dfrac{S}{\sqrt{n}},\overline{X}+t_{\frac{\alpha}{2}}(n-1)\cdot\dfrac{S}{\sqrt{n}}\right)$
$D(X)=\sigma^2$	$\chi^2=\dfrac{(n-1)S^2}{\sigma^2}\sim\chi^2(n-1)$		$\left(\dfrac{(n-1)S^2}{\chi^2_{\frac{\alpha}{2}}(n-1)},\dfrac{(n-1)S^2}{\chi^2_{1-\frac{\alpha}{2}}(n-1)}\right)$
$P\{X=1\}=p$	$U=\dfrac{\overline{X}-p}{\sqrt{p(1-p)/n}}\sim N(0,1)$		$\left(\overline{X}-u_{\frac{\alpha}{2}}\sqrt{\dfrac{\overline{X}(1-\overline{X})}{n}},\overline{X}+u_{\frac{\alpha}{2}}\sqrt{\dfrac{\overline{X}(1-\overline{X})}{n}}\right)$

例题精选

例 8　一台饮料机所装饮料量 X 服从正态分布，其标准差为 10ml，今取 9 袋饮料为随机样本，测得它们的容量如下：201，204，198，188，206，212，192，200，208. 试求参数 μ 的置信度为 0.95 的置信区间.

解　已知 $n=9$，$\sigma=10\text{ml}$，则样本均值

$$\overline{X}=\frac{1}{9}\times(201+204+198+188+206+212+192+200+208)=201.$$

由 $1-\alpha=0.95$，可得 $\alpha=0.05$，查表 $u_{\frac{0.05}{2}}=u_{0.025}=1.96$，

$$\overline{X}-u_{\frac{\alpha}{2}}\cdot\sqrt{\sigma^2/n}=201-1.96\times\sqrt{10^2/9}=194.47,$$
$$\overline{X}+u_{\frac{\alpha}{2}}\cdot\sqrt{\sigma^2/n}=201+1.96\times\sqrt{10^2/9}=207.53,$$

所以 μ 的置信度为 0.95 的置信区间为 (194.47，207.53)，

其中 $u_{\frac{\alpha}{2}}$ 是由 $\Phi(u_{\frac{\alpha}{2}})=\Phi(u_{0.025})=1-\frac{\alpha}{2}=0.975$ 反查标准正态分布表而得到的临界值.

例 9　为检测某大学新生的身体素质水平，该大学从全校 4000 名新生中随机抽取 36 名学生测验其 100 米短跑成绩，其结果平均成绩为 13.5 秒，样本标准差为 1.1 秒. 试估计在置信度为 0.95 时，该校新生 100 米跑的平均成绩.（假定总体服从正态分布）

解　总体方差 σ^2 未知，$n=36$，$\overline{X}=13.5$，$\alpha=0.05$，$S=1.1$，

查 t 分布表，得 $t_{\frac{\alpha}{2}}(n-1)=t_{0.025}(35)=2.03$，代入

$$\left(\overline{X}-t_{\frac{\alpha}{2}}(n-1)\cdot\frac{S}{\sqrt{n}},\overline{X}+t_{\frac{\alpha}{2}}(n-1)\cdot\frac{S}{\sqrt{n}}\right)=$$
$$\left(13.5-2.03\times\frac{1.1}{\sqrt{36}},13.5+2.03\times\frac{1.1}{\sqrt{36}}\right),$$

从而得到置信区间为(13.13，13.87).

例 10　某工厂从其生产的零件中随机抽取 15 只测试其长度，数据如下（单位：cm）：

4.22，4.18，4.25，4.20，4.25，4.23，4.31，4.28，4.38，4.34，4.12，4.17，4.13，4.31，4.23.

设零件的长度服从正态分布，试对其方差进行区间估计，设置信度为 0.95.

解　用 X 表示零件长度，则 $X\sim N(\mu,\sigma^2)$，根据所给数据，计算得到

$$\overline{X}=4.24,S^2=0.0056.$$

由 $\alpha=0.05$，$n=15$，查 χ^2 分布临界值表得到

$$\chi^2_{0.025}(14)=26.12,\chi^2_{0.975}(14)=5.63,$$

代入置信区间公式得 $\left(\frac{14\times0.0056}{26.12},\frac{14\times0.0056}{5.63}\right)$，

即未知参数 σ^2 的置信度为 0.95 的置信区间是 (0.003,0.014).

例 11 教育局进行数学课的调研,从学校全体同学中抽出 120 名进行测试,其中有 36 人不及格,求全体同学中不及格的比例 p 的 95%的置信区间.

解 设 X 表示测试情况, $X=1$ 表示不及格, $X=0$ 表示及格, $n=120$,

样本均值 $\overline{X}=\frac{36}{120}=0.3$, $u_{\frac{0.05}{2}}=u_{0.025}=1.96$.

p 的置信度为 0.95 的置信区间是

$$\left(0.3-1.96\times\sqrt{\frac{0.3\times0.7}{120}},0.3+1.96\times\sqrt{\frac{0.3\times0.7}{120}}\right),\text{即}(0.218,0.382).$$

知识应用

例 12 求案例 2 的解决方案.

(1)构建第一种排队方式的等待时间标准差的 95%的置信区间.

(2)构建第二种排队方式的等待时间标准差的 95%的置信区间.

解 (1) 根据所给数据,计算得到第一种排队方式的样本均值为 $\overline{X}=7.15$,样本方差为 $S^2=0.23$,又 $\left(\frac{(n-1)S^2}{\chi^2_{\frac{\alpha}{2}}(n-1)},\frac{(n-1)S^2}{\chi^2_{1-\frac{\alpha}{2}}(n-1)}\right)$ 是置信度为 α 的方差的置信区间,由 $\alpha=0.05$, $n=10$,查 χ^2 分布临界值表得到 $\chi^2_{0.025}(9)=19.02$, $\chi^2_{0.975}(9)=2.7$,代入置信区间公式得 $\left(\frac{9\times0.23}{19.02},\frac{9\times0.23}{2.7}\right)$.

故第一种排队方式的等待时间标准差的 95%的置信区间为

$$\left(\sqrt{\frac{9\times0.23}{19.02}},\sqrt{\frac{9\times0.23}{2.7}}\right),\text{即}(0.33,0.88).$$

(2) 同理,第二种排队方式的等待时间标准差的 95% 的置信区间为 $\left(\sqrt{\frac{9\times3.31}{19.02}},\sqrt{\frac{9\times3.31}{2.7}}\right)$,即(1.25,3.32).

故选择第一种排队方式的等待时间的波动性小得多.

知识演练

8. 设总体 $X\sim N(\mu,\sigma^2)$, X_1,X_2,X_3 为取自总体的样本,给出三个估计量: $\hat{\mu}_1=\frac{1}{6}X_1+\frac{1}{3}X_2+\frac{1}{2}X_3$, $\hat{\mu}_2=\frac{2}{3}X_1+\frac{1}{12}X_2+\frac{1}{4}X_3$, $\hat{\mu}_3=\frac{1}{3}X_1+\frac{1}{3}X_2+\frac{1}{3}X_3$.

(1)试检验它们是否都是 μ 的无偏估计量;

(2)问哪一个最有效?

9. 测量 100 个学生的身高,以 4cm 分组,测量数据如下:

身高(cm)	154~158	158~162	162~166	166~170	170~174	174~178	178~182
学生数	10	14	26	28	12	8	2

以各组的组中值为样本观测值,用数字特征法估计学生身高的期望与方差.

10. 设总体 X 具有概率分布:

X	1	2	3
P	θ	θ	$1-2\theta$

其中 θ 为未知参数($\theta>0$). 已知 1,1,1,3,2,1,3,2,2,1,2,2,3,1,1,2 是来自总体的样本,求 θ 的数字特征估计值和极大似然估计值.

11. 设某市大学生的高等数学考试不及格率满足 $X\sim N(\mu,\sigma^2)$,现对 100 个班级样本进行分析,得到的频数分布如下:

不及格率 X	2.5%	3.0%	3.5%	4.0%	4.5%
频数	11	26	27	26	10

用数字特征法求未知参数 μ 和 σ^2 的估计值.

12. 设总体 $X\sim U[0,\theta]$,概率密度函数为 $f(x)=\begin{cases}\frac{1}{\theta}, & 0\leqslant x\leqslant\theta,\\ 0, & 其他,\end{cases}$ θ 是未知参数,$X_1,X_2,\cdots,X_n$ 是来自总体 X 的简单随机样本.

(1)用数字特征法求 θ 的估计量 $\hat{\theta}$;

(2)讨论 $\hat{\theta}$ 的无偏性;

(3)当样本观察值为 0.3,0.8,0.27,0.35,0.62,0.55 时,求 θ 的估计值.

13. 设总体 X 的概率密度为 $f(x,\theta)=\begin{cases}(\theta+1)x^{\theta}, & x\in(0,1),\\ 0, & x\notin(0,1),\end{cases}$ $\theta>-1$ 为未知参数,$X_1,X_2,\cdots,X_n$ 是来自总体 X 的简单随机样本.

(1)用数字特征法求 θ 的估计量 $\hat{\theta}$;

(2)当样本观察值为 0.5,0.7,0.8,0.5,0.6,0.5,0.6 时,求 θ 的估计值;

(3)求未知参数 θ 的极大似然估计量.

14. 一个地质专家为研究某山川地带的岩石成分,随机地自该地区取 100 个样品,每个样品有 10 块石子,并记录了每个样品中属石灰石的石子数. 假设这 100 次观察相互独立,并由过去经验知,它们都服从参数为 n,p 的二项分布,$n=10$,p 是这地区一块石子是石灰石的

概率,求 p 的最大似然估计值.该地质专家所得数据如下:

样品中属石灰石的石子数	0	1	2	3	4	5	6	7	8	9	10
观察到石灰石的样品数	0	1	6	7	23	26	21	12	3	1	0

15. 某车间生产的螺杆直径服从正态分布 $N(\mu,\sigma^2)$,今随机地从中抽取 5 支测得直径(单位:mm)为

$$22.3,\ 21.5,\ 20.0,\ 21.8,\ 21.4.$$

(1) 当 $\sigma=0.3$ 时,求 μ 的置信度为 0.95 的置信区间;

(2) 当 σ 未知时,求 μ 的置信度为 0.95 的置信区间.

16. 一项由美国汽车交易者协会进行的调查,用于确定销售二手小汽车的收益(USA Today,1995.4.12),假定由 200 辆二手小汽车的销售收益组成的样本的样本均值为 300 美元,其标准差为 150 美元,求销售收益 μ 的置信度为 0.95 的置信区间.

17. 在一项家电市场调查中,随机抽取了 200 个居民户,调查他们是否拥有某一品牌的电视机.结果表明,拥有该品牌电视机的家庭占 23%.求总体比例的置信区间,置信水平分别为 90%和 95%.

18. 在一批货物中,随机抽取容量为 100 的样本,经检验发现有 16 只次品,试求这批货物次品率的置信度为 0.95 的置信区间.

19. 人的身高为随机变量 X(单位:cm),设 $X\sim N(\mu,\sigma^2)$,其中 μ,σ^2 均未知.现从某一年龄段的学生中任意抽取 10 名,测得他们的身高为

$$123,124,125,129,121,131,123,126,129,129.$$

试估计这一年龄段学生的平均身高和方差,求 μ 和 σ^2 的 95%的置信区间.

20. 设某单位每天职工的总医疗费为随机变量 X(单位:元),$X\sim N(\mu,\sigma^2)$,其中 μ,σ^2 均未知.现观察了 30 天,得到总金额的平均值为 170 元,样本标准差为 30 元,试求 μ 和 σ 的置信度为 95%的置信区间.

21. 一位银行工作人员想估计每位顾客在该银行的月平均存款额.假设所有顾客月存款额的标准差为 1000 元,要求估计误差在 200 元以内,应选取多大的样本?(取置信度为 90%)

9.3 假设检验

实践中,检验新产品质量是否有显著提高,判断机器工作是否正常,判断一种新药是否比原有的药更有效,质量控制中,判断哪些因素对质量有影响等这类问题,都需要利用统计中的假设检验方法来进行解决.

9.3.1 假设检验的思想

案例导出

案例 1 某服装商店每天的营业额 $X \sim N(\mu,\sigma^2)$，在采用新的进货渠道以前其均值为 $\mu_0=10000$元，标准差为 $\sigma=400$ 元. 采用新的进货渠道后，16 天中平均每天的营业额为$\overline{X}=11\ 000$ 元，经理想知道这个差别是否是由进货渠道改变引起的，换句话说，经理想知道现在平均每天的营业额 μ 还是不是原来的 μ_0，即 $\mu=\mu_0$ 还是 $\mu\neq\mu_0$(这里假定标准差不变).

这个差别有可能是由偶然因素造成的随机误差，也可能是由于采用新的进货渠道后所带来的系统影响，也就是系统误差. 若仅仅是随机误差，新的进货渠道对平均营业额无显著影响，则应当有 $\mu=10000$，否则就说明进货渠道对平均营业额有显著影响. 为此我们先假设 $\mu=\mu_0$，然后借助样本所提供的信息，利用统计分析的方法去检验这一假设的合理性，从而做出接受或拒绝该假设的推断，这就是假设检验.

案例 2 某粮食加工厂将小麦加工成精装面粉，并用自动装包机装包，按规定每袋面粉的额定质量为 2.5kg. 根据经验，袋装面粉的质量是一个服从正态分布的随机变量，其标准差为 $\sigma=0.12$kg. 某日开工后，希望检查自动装包机工作是否正常，怎么办?

面粉的质量 $X\sim N(\mu,0.12^2)$，如果机器正常工作，则 μ 应为 2.5，否则就说明机器工作不正常，需要检修. 因此检查自动装包机工作是否正常就是推断 $\mu=2.5$ 还是 $\mu\neq2.5$. 通常的做法是从当天生产的袋装面粉中抽出若干袋，称重，求得平均质量$\overline{X}$，一般情况下，$\overline{X}$不可能正好等于 2.5，那是不是就说明 $\mu\neq2.5$? 当然不能，因为$\overline{X}$是一个随机变量，会有很多取值，不能根据一次抽样平均的观测值就认为 $\mu\neq2.5$，需要利用假设检验的方法进行判断.

相关知识

1. 假设检验的基本思想

案例 1 中，当我们假设 $\mu=\mu_0$ 时，$\overline{X}$作为 μ 的估计值，$|\overline{X}-\mu|=|\overline{X}-\mu_0|=k$ 应该不会很大. 若 k 很大，就说明不仅有随机误差，里面肯定有系统误差，也就是说 μ 应该不等于原来的 μ_0. 问题是 k 的大小不能仅从 $|\overline{X}-\mu_0|=1000$ 作出判断，还应该给出 k 的一个衡量标准 $\bar{k}$. 当 $k<\bar{k}$ 时，认为均值没有改变，当 $k\geqslant\bar{k}$ 时，认为均值有了改变.

如何确定 $\bar{k}$ 呢? 从概率角度来看，当 $\mu=\mu_0$ 时，事件 $|\overline{X}-\mu_0|\geqslant\bar{k}$ 发生的可能性应该很小，也就是说 $P\{|\overline{X}-\mu_0|\geqslant\bar{k}\}=\alpha$ 很小，是个小概率. 究竟 α 值多小才算是小概率? 这要根据实际情况来定，习惯上把小于等于 0.05 的概率称作为小概率，有时把小于等于 0.1 的概率也作为小概率，这里不妨取 $\alpha=0.05$，然后由 $P\{|\overline{X}-\mu_0|\geqslant\bar{k}\}=\alpha=0.05$ 求出 $\bar{k}$. 将样本值代入，求得 k，若 $k<\bar{k}$ 时，认为差别不是由进货渠道改变引起的，接受 $\mu=\mu_0$ 这个假设，当 k

$\geqslant \bar{k}$ 时,认为差别是由进货渠道改变引起的,拒绝 $\mu=\mu_0$ 这个假设. 为求出 $\bar{k}$,我们需要选择一个 $\overline{X}$ 的取值和 μ 进行比较,分布又是已知的统计量 $U=\dfrac{\overline{X}-\mu}{\sigma/\sqrt{n}}\sim N(0,1)$,此时,若取 $\bar{k}=u_{\frac{\alpha}{2}}\dfrac{\sigma}{\sqrt{n}}$,就可得到

$$P\{|\overline{X}-\mu_0|\geqslant\bar{k}\}=P\left\{|\overline{X}-\mu_0|\geqslant u_{\frac{\alpha}{2}}\frac{\sigma}{\sqrt{n}}\right\}=P\left\{\left|\frac{\overline{X}-\mu_0}{\sigma/\sqrt{n}}\right|\geqslant u_{\frac{\alpha}{2}}\right\}=\alpha=0.05$$

2. 假设检验的基本步骤和术语

检验的内容:正态总体 $N(\mu,\sigma^2)$ 中,标准差 σ 已知,样本均值 $\overline{X}$ 的观测值 $\bar{x}$ 已知,检验总体均值 μ 是否等于原本的 μ_0.

①首先提出假设 $\mu=\mu_0$,称为原假设,记作 H_0,即 $H_0:\mu=\mu_0$.

一般把原有的、没有变化的命题作为原假设. 抛弃原假设后可供选择的命题称为备择假设,记作 H_1,这里 $H_1:\mu\neq\mu_0$.

②选择适当的统计量,称为检验统计量,确定其分布形式. 对案例 1,选择 $U=\dfrac{\overline{X}-\mu}{\sigma/\sqrt{n}}$,且在原假设 $\mu=\mu_0$ 下,$U=\dfrac{\overline{X}-\mu_0}{\sigma/\sqrt{n}}\sim N(0,1)$.

③确定当 $\mu=\mu_0$ 时,$\overline{X}$ 的取值远离 μ_0 的小概率事件发生的临界值 $\bar{k}$ 和拒绝域(拒绝原假设时随机变量的取值范围).

小概率 α 的值是人为给定的,叫做显著性水平,一般取 $\alpha=0.1,0.05,0.01$ 等.

在案例 1 中,$\alpha=0.05$,$\bar{k}=u_{\frac{\alpha}{2}}\dfrac{\sigma}{\sqrt{n}}$,在原假设 $\mu=\mu_0$ 下,$P\{|U|\geqslant u_{\frac{\alpha}{2}}\}=\alpha=0.05$,根据小概率原理(即小概率事件在一次试验中是几乎不发生的),若一次样本均值 $\overline{X}\in D=\{|U|\geqslant u_{\frac{\alpha}{2}}\}$,即 $\left\{\overline{X}\,\middle|\,\left|\dfrac{\overline{X}-\mu_0}{\sigma/\sqrt{n}}\right|\geqslant u_{\frac{\alpha}{2}}\right\}$ 或 $\{\overline{X}\mid|\overline{X}-\mu_0|\geqslant\bar{k}\}$,就和小概率原理相冲突,认为是不合理的,可拒绝原假设 $\mu=\mu_0$,认为 $\mu\neq\mu_0$,这里 D 就是拒绝域.

④计算检验统计量 U 的观测值 $u=\dfrac{\bar{x}-\mu_0}{\sigma/\sqrt{n}}$,得出结论:如果 u 落在了拒绝域,即 $|u|\geqslant u_{\frac{\alpha}{2}}$,则拒绝 H_0,接受 H_1;如果 u 没有落在拒绝域,即 $|u|<u_{\frac{\alpha}{2}}$,没有理由拒绝 H_0,则接受 H_0.

上述过程是根据样本信息来判断关于总体的某个假设是否可以接受,称为假设检验. 假设检验的方法类似于数学中的反证法,但带有概率的性质. 具体来讲,为了检验一个假设,先假定这个假设成立,在此前提下进行推导,如果出现了不合理的现象,则表明假定该假设成立是不能接受的,此时,拒绝该假设,如果没有出现不合理的现象,则接受该假设. 其中“不合

理现象”的标准是根据人们在实践中广泛采用的小概率原理.

3. 假设检验的两类错误

当假设 H_0 成立时,小概率事件也有可能发生,此时我们如果拒绝假设 H_0,则犯了“弃真”的错误,称此为第一类错误. 犯第一类错误的概率恰好就是“小概率事件”发生的概率 α,即

$$P\{拒绝\ H_0 \mid H_0\ 为真\}=\alpha.$$

反之,若假设 H_0 不成立,但一次抽样检验结果未发生不合理现象,这时我们会接受 H_0,因而犯了“取伪”的错误,称此为第二类错误. 犯第二类错误的概率记为 β,即

$$P\{接受\ H_0 \mid H_0\ 不真\}=\beta.$$

理论上,自然希望犯这两类错误的概率都很小. 但是当样本容量 n 固定时,α,β 不能同时都小,即 α 变小时,β 就变大;而 β 变小时,α 就变大. 一般只有当样本容量 n 增大时,才有可能使两者变小. 在实际应用中,通常是控制犯第一类错误的概率(即事先确定显著性水平 α),而不考虑犯第二类错误的概率 β,这样的检验称为显著性检验.

例题精选

例 1　写出案例 1 的具体解题过程.

解　①提出假设　$H_0:\mu=10000$,$H_1:\mu\neq10000$,

②取统计量　$U=\dfrac{\overline{X}-10000}{\sqrt{\sigma^2/n}}\sim N(0,1)$.

③对给定的显著性水平 $\alpha=0.05$,查标准正态分布表得 $u_{0.025}=1.96$,

解得拒绝域　$\{|U|\geqslant u_{\frac{\alpha}{2}}\}=\{|U|\geqslant1.96\}$.

④现对 $\sigma=400$,$\overline{x}=11000$,$n=16$,计算统计量的观测值

$$u=\frac{\overline{x}-10000}{\sigma/\sqrt{n}}=\frac{11000-10000}{400/4}=10,$$

因此　$$|u|=10>1.96=u_{0.025}.$$

u 值落入拒绝域内,因此拒绝 H_0,认为 $\mu\neq10000$,这个差别是由新的进货渠道引起的.

9.3.2　一个正态总体参数的假设检验

在实际应用中,很多随机变量都可以近似地用正态总体去刻画,因此,经常会遇到关于正态总体均值和方差的检验.

案例导出

案例 3　一中学校长在报纸上看到一则消息,说现在中学生每月上网的时间平均为 10

小时,校长不相信,觉得他所在的学校的学生平均上网的时间不会是10小时,为此,他向100名学生做了调查,得知他们每月上网的平均时间为$\overline{x}=8$小时,标准差为$s=2.5$小时,从这些数字上判断这名校长的看法是否正确.($\alpha=0.05$)

相关知识

1. U 检验法

设$X_1,X_2,\cdots,X_n$为取自总体X的样本,$X\sim N(\mu,\sigma^2)$,而样本的均值与方差分别为$\overline{X}$,S^2,方差σ^2已知,检验假设$H_0:\mu=\mu_0$.

根据前面的讨论,我们知道,假设检验的关键是构造合适的检验统计量.由于总体的方差σ^2已知,且不发生变化,所以我们可以取统计量为$U=\dfrac{\overline{X}-\mu_0}{\sqrt{\sigma^2/n}}$,在原假设$H_0$成立的前提下,$U$是服从标准正态分布的.由此,得到检验步骤为

① 提出假设$H_0:\mu=\mu_0$.

② 取统计量$U=\dfrac{\overline{X}-\mu_0}{\sqrt{\sigma^2/n}}\sim N(0,1)$.

③ 由给定的显著性水平α,根据$P\{|U|\geqslant u_{\frac{\alpha}{2}}\}=\alpha$,查表确定临界值$u_{\frac{\alpha}{2}}$,得拒绝域$\{|U|\geqslant u_{\frac{\alpha}{2}}\}$.

④ 计算检验统计量U的观测值$u=\dfrac{\overline{x}-\mu_0}{\sigma/\sqrt{n}}$,进而做出判断:若$|u|\geqslant u_{\frac{\alpha}{2}}$,则拒绝$H_0$;否则,接受$H_0$.

2. T 检验法

设$X_1,X_2,\cdots,X_n$为取自总体X的样本,$X\sim N(\mu,\sigma^2)$,而样本的均值与方差分别为$\overline{X}$,S^2,方差σ^2未知,检验假设$H_0:\mu=\mu_0$.

由于方差未知,可用样本方差代替,故取检验统计量$T=\dfrac{\overline{X}-\mu_0}{\sqrt{S^2/n}}$,则$T\sim t(n-1)$.

由此,得到检验步骤为

① 提出假设$H_0:\mu=\mu_0$.

② 取统计量$T=\dfrac{\overline{X}-\mu_0}{\sqrt{S^2/n}}\sim t(n-1)$.

③ 由给定的显著性水平α,根据$P\{|T|\geqslant t_{\frac{\alpha}{2}}\}=\alpha$,查表确定临界值$t_{\frac{\alpha}{2}}$,得拒绝域$\{|T|\geqslant t_{\frac{\alpha}{2}}\}$.

④ 计算检验统计量T的观测值$t=\dfrac{\overline{x}-\mu_0}{\sqrt{s^2/n}}$,进而做出判断:若$|t|\geqslant t_{\frac{\alpha}{2}}$,则拒绝$H_0$;否

则,接受 H_0.

3. χ^2 检验法

设 $X_1,X_2,\cdots,X_n$ 为取自总体 X 的样本,$X\sim N(\mu,\sigma^2)$,而样本的均值与方差分别为$\overline{X}$,S^2,检验假设 $H_0:\sigma^2=\sigma_0^2$.

我们假设期望 μ 未知,取检验统计量为 $\chi^2=\dfrac{(n-1)S^2}{\sigma^2}\sim\chi^2(n-1)$.

由此,得到检验步骤为

①提出假设 $H_0:\sigma^2=\sigma_o^2$.

②取统计量 $\chi^2=\dfrac{(n-1)S^2}{\sigma^2}\sim\chi^2(n-1)$.

③给定显著性水平 α,查表求得临界值 $r_1=\chi^2_{1-\frac{\alpha}{2}}(n-1)$,$r_2=\chi^2_{\frac{\alpha}{2}}(n-1)$,得拒绝域$\{\chi^2\leqslant r_1$ 或者 $\chi^2\geqslant r_2\}$.

④计算检验统计量 χ^2 的观测值 $\chi^2=\dfrac{(n-1)s^2}{\sigma_0^2}$,进而做出判断:若 $\chi^2\leqslant r_1$ 或者 $\chi^2\geqslant r_2$,则拒绝 H_0;否则,接受 H_0.

为使用方便,将上述结论总结如下:

表 9-4

原假设 H_0		使用统计量	在显著性水平 α 下,H_0 的拒绝域
$\mu=\mu_0$	σ^2 已知	$U=\dfrac{\overline{X}-\mu}{\sigma/\sqrt{n}}\sim N(0,1)$	$\left\lvert\dfrac{\overline{X}-\mu_0}{\frac{\sigma}{\sqrt{n}}}\right\rvert\geqslant u_{\frac{\alpha}{2}}$
	σ^2 未知	$T=\dfrac{\overline{X}-\mu}{S/\sqrt{n}}\sim t(n-1)$	$\left\lvert\dfrac{\overline{X}-\mu_0}{\frac{S}{\sqrt{n}}}\right\rvert\geqslant t_{\frac{\alpha}{2}}(n-1)$
$\sigma^2=\sigma_0^2$		$\chi^2=\dfrac{(n-1)S^2}{\sigma^2}\sim\chi^2(n-1)$	$\dfrac{(n-1)S^2}{\sigma_0^2}\leqslant\chi^2_{1-\frac{\alpha}{2}}(n-1)$ 或$\dfrac{(n-1)S^2}{\sigma_0^2}\geqslant\chi^2_{\frac{\alpha}{2}}(n-1)$

【例题精选】

例 2　一家小礼品网购公司不管邮件的质量如何,均按统一的价格收邮费,这是基于几年前邮件的质量 $X\sim N(17.5,3.6^2)$时所作的决定.管理部门认为目前邮费亏损的原因是邮件的平均质量发生变化,应改变统一收费标准.为了验证管理部门的想法,随机抽取了 100 件邮件,计算得到$\overline{x}=18.4$(g),取显著性水平 $\alpha=0.01$,$\alpha=0.05$,分别讨论管理部门该如何决策.(设标准差不变)

解 建立假设
$$H_0:\mu=17.5,$$
取统计量
$$U=\frac{\overline{X}-17.5}{\sqrt{\sigma^2/n}}\sim N(0,1),$$
取显著性水平 $\alpha=0.05$，查标准正态分布表，可得临界值 $u_{0.025}=1.96$.

现对 $\sigma=3.6,\overline{x}=18.4,n=100$，计算统计量的观测值：
$$u=\frac{\overline{x}-17.5}{\sigma/\sqrt{n}}=\frac{18.4-17.5}{3.6/\sqrt{100}}=2.5.$$

因为 $|u|=2.5>1.96=u_{0.025}$，u 值落入拒绝域内，因此拒绝 H_0，即邮件的平均质量发生变化，应改变统一收费标准.

若取显著性水平 $\alpha=0.01$，查标准正态分布表可得，临界值 $u_{0.005}=2.575$，而 $|u|=2.5<2.575=u_{0.005}$，即 u 值没有落入拒绝域内，因此接受 H_0，认为邮件的平均质量没有发生变化，不应该改变原来的收费标准.

同样的样本，由于显著性水平的取法不同，得到完全相反的结论. 我们该如何对待这一问题呢？在现代计算机的统计软件中都会在一个检验问题中给出相应的 p 值，被称为观察到的(或实测的)显著性水平. 本例中由样本计算出来的 $u=2.5$，而 $|U|>2.5$ 的概率 $P\{|U|>2.5\}=0.0124$ 就是本次检验的 p 值. 对任意指定的显著性水平，在与 p 值比较后可以得到以下结论. 若 p 值大于显著性水平 α，则接受 H_0；若 p 值小于显著性水平 α，则拒绝 H_0.

例 3 某广告公司在广播电台做流行歌曲唱片广告，广告的设计是针对平均年龄为 21 岁的年轻人的. 这家广告公司经理想了解其节目是否为目标听众所接受. 假定听众的年龄服从正态分布，现随机抽取 400 多位听众进行调查，得出的样本结果为 $\overline{x}=25,s^2=16$，试判断广告公司的广告策划是否符合实际. ($\alpha=0.05$)

解 若符合实际，则 $\mu=21$. 由于总体方差 σ^2 未知，$\overline{x}=25$，故采用 T 检验法.

建立假设
$$H_0:\mu=21,$$
取统计量
$$T=\frac{\overline{X}-\mu}{\sqrt{S^2/n}}\sim t(n-1),$$
由样本值计算统计量值为
$$t=\frac{|\overline{x}-\mu|}{\sqrt{s^2/n}}=\frac{|25-21|}{4/\sqrt{400}}=20.$$

对 $\alpha=0.05,n-1=399>30$，求得 $t_{0.025}=1.96$.

由于 $t=20>t_{0.025}=1.96$，故拒绝 H_0，即认为广告公司的广告策划不符合实际，需要作改变和调整.

例 4 某厂生产的日光灯管，其使用寿命服从正态分布 $N(\mu,30^2)$，为检验近日生产的一批灯管的寿命是否存在波动，从中随机抽取 31 只，测得使用寿命的样本方差为 $s^2=32^2$，试判断这批灯管的使用寿命的波动性是否有显著性变化. ($\alpha=0.02$)

解　由于灯管的使用寿命 X 服从方差为 30^2 的正态分布，且均值未知，故采用 χ^2 检验法.

建立假设　　$H_0:\sigma^2=30^2$，

取统计量 $\chi^2=\dfrac{(n-1)S^2}{\sigma_0^2}\sim\chi^2(n-1)$，由样本值计算得

$$\chi^2=\frac{(31-1)s^2}{\sigma_0^2}=\frac{30\times 32^2}{30^2}=34.13.$$

对 $\alpha=0.02$，$n-1=30$，查 χ^2 分布表得临界值

$$r_1=\chi^2_{0.99}(30)=14.95,\ r_2=\chi^2_{0.01}(30)=50.89.$$

$\chi^2=34.13$ 没有落在拒绝域 $\{\chi^2\leqslant 14.95$ 或者 $\chi^2\geqslant 50.89\}$ 内，故接受 H_0，判断这批灯管的使用寿命没有显著性的波动.

知识应用

例 5　对案例 3 采用 T 检验法.

解　建立假设　$H_0:\mu=10$，

取统计量　　$T=\dfrac{\overline{X}-\mu}{\sqrt{S^2/n}}\sim t(n-1)$，

由样本值计算统计量值为　　$t=\dfrac{|\overline{x}-\mu|}{\sqrt{s^2/n}}=\dfrac{|8-10|}{2.5/\sqrt{100}}=8.$

对　$\alpha=0.05$，$n-1=99>30$，求得　$t_{0.025}=1.96$.

由于　$t=8>t_{0.025}=1.96$，故拒绝 H_0，即认为校长的看法符合实际.

知识拓展

1. 两个正态总体参数的假设检验

设两个相互独立的正态总体 $X\sim N(\mu_1,\sigma_1^2)$，$Y\sim N(\mu_2,\sigma_2^2)$，且 $X_1,X_2,\cdots,X_{n_1}$ 与 $Y_1,Y_2,\cdots,Y_{n_2}$ 分别是来自总体 X 与 Y 的样本. 对参数的不同情况，我们分别作不同的假设检验.

◆σ_1^2,σ_2^2 已知，检验假设 $H_0:\mu_1=\mu_2$.

由 $U=\dfrac{(\overline{X}-\overline{Y})-(\mu_1-\mu_2)}{\sqrt{\dfrac{\sigma_1^2}{n_1}+\dfrac{\sigma_2^2}{n_2}}}\sim N(0,1)$，直接给出检验步骤为

①提出假设　$H_0:\mu_1=\mu_2$.

②在 H_0 成立时，构造检验统计量　$U=\dfrac{\overline{X}-\overline{Y}}{\sqrt{\dfrac{\sigma_1^2}{n_1}+\dfrac{\sigma_2^2}{n_2}}}\sim N(0,1)$.

③对于给定的显著性水平 α，由 $P\{|u|\geqslant u_{\frac{\alpha}{2}}\}=\alpha$，求出临界值 $u_{\frac{\alpha}{2}}$.

④计算统计量的观测值 $u=\dfrac{\overline{x}-\overline{y}}{\sqrt{\dfrac{\sigma_1^2}{n_1}+\dfrac{\sigma_2^2}{n_2}}}$，进而做出判断：若 $|u|\geqslant u_{\frac{\alpha}{2}}$，则拒绝 H_0；否则接受 H_0.

这种检验方法也称为U 检验法.

例 6 已知甲、乙两所学校的成绩分别服从方差为 $\sigma_1^2=5.76^2$，$\sigma_2^2=4.55^2$ 的正态分布，某次考试后，在两所学校各抽 50 人，算得平均分为$\overline{x}=75.9$，$\overline{y}=72.4$. 问：两所学校的平均分是否有明显差异？（$\alpha=0.05$）

解 设两所学校的考试成绩分别为 X,Y，则 $X\sim N(\mu_1,\sigma_1^2)$，$Y\sim N(\mu_2,\sigma_2^2)$，其中 $\sigma_1^2=5.76^2$，$\sigma_2^2=4.55^2$，在 $\alpha=0.05$，$n_1=n_2=50$ 时，作假设检验 $H_0:\mu_1=\mu_2$.

由附表 2 查得 $u_{\frac{\alpha}{2}}=u_{0.025}=1.96$，

计算统计量观测值 $u=\dfrac{\overline{x}-\overline{y}}{\sqrt{\dfrac{\sigma_1^2}{n_1}+\dfrac{\sigma_2^2}{n_2}}}=\dfrac{75.9-72.4}{\sqrt{\dfrac{5.76^2+4.55^2}{50}}}=3.37>1.96$，

因此，拒绝 H_0，认为两所学校的平均分有明显差异.

◆σ_1^2，σ_2^2 未知，但 $\sigma_1=\sigma_2=\sigma$，检验假设 $H_0:\mu_1=\mu_2$.

由 $T=\dfrac{(\overline{X}-\overline{Y})-(\mu_1-\mu_2)}{S_w\sqrt{\dfrac{1}{n_1}+\dfrac{1}{n_2}}}\sim t(n_1+n_2-2)$，其中 $S_w^2=\dfrac{(n_1-1)S_1^2+(n_2-1)S_2^2}{n_1+n_2-2}$，

直接给出检验步骤为

①提出假设 $H_0:\mu_1=\mu_2$.

②构造检验统计量 $T=\dfrac{(\overline{X}-\overline{Y})}{S_w\sqrt{\dfrac{1}{n_1}+\dfrac{1}{n_2}}}\sim t(n_1+n_2-2)$，其中 $S_w^2=\dfrac{(n_1-1)S_1^2+(n_2-1)S_2^2}{n_1+n_2-2}$.

③对于给定的显著性水平 α，由 $P\{|t|\geqslant t_{\frac{\alpha}{2}}(n_1+n_2-2)\}=\alpha$，求出临界值 $t_{\frac{\alpha}{2}}(n_1+n_2-2)$.

④计算统计量的观测值 $t=\dfrac{\overline{x}-\overline{y}}{s_w\sqrt{\dfrac{1}{n_1}+\dfrac{1}{n_2}}}$，进而做出判断：若 $|t|\geqslant t_{\frac{\alpha}{2}}(n_1+n_2-2)$，则拒绝 H_0；否则，接受 H_0.

这种检验方法也是T 检验法.

◆μ 未知，检验假设 $H_0:\sigma_1^2=\sigma_2^2$，根据 F 分布的性质，有 $F=\dfrac{S_1^2/\sigma_1^2}{S_2^2/\sigma_2^2}\sim F(n_1-1,n_2-1)$.

给出检验步骤为

①提出假设 $H_0:\sigma_1^2=\sigma_2^2$.

②取统计量　$F=\dfrac{S_1^2}{S_2^2}\sim F(n_1-1,n_2-1)$.

③对于给定的显著性水平 α，查附表 5 求得临界值 $k_1=F_{1-\frac{\alpha}{2}}(n_1-1,n_2-1)$，$k_2=F_{\frac{\alpha}{2}}(n_1-1,n_2-1)$和拒绝域$(0,k_1)\cup(k_2,+\infty)$.

④计算统计量的观测值 $F=\dfrac{s_1^2}{s_2^2}$，进而做出判断：若 $F\in(0,k_1)\cup(k_2,+\infty)$，则拒绝 H_0；否则，接受 H_0.

由于检验统计量 F 在 H_0 成立时服从 F 分布，因此，此种检验方法也称为F 检验法.

例 7　两家银行分别独立地对 25 个储户和 13 个储户的年存款余额进行抽样调查，测得平均存款余额分别为 $\overline{x}=26000$ 元，$\overline{y}=27000$ 元，样本标准差分别为 $s_1=810$ 元，$s_2=1050$ 元，假设两家银行的年平均存款余额分别服从 $N(\mu_1,\sigma_1^2)$，$N(\mu_2,\sigma_2^2)$，给定显著性水平 $\alpha=0.1$，问两家银行的储户的年平均存款余额有无显著差异？

解　两个总体方差未知，要检验总体均值有无显著差异.

(1)假设 $H_0:\sigma_1^2=\sigma_2^2$，取检验统计量 $F=\dfrac{S_1^2}{S_2^2}\sim F(n_1-1,n_2-1)$.

在 $\alpha=0.1$ 时，查表得 $k_2=F_{\frac{\alpha}{2}}(n_1-1.\ n_2-1)=F_{0.05}(24,12)=2.50$，

$$k_1=F_{1-\frac{\alpha}{2}}(n_1-1,n_2-1)=F_{0.95}(24,12)=\frac{1}{F_{0.05}(12,24)}=\frac{1}{2.18}=0.459.$$

根据已给数据，计算 $F=\dfrac{s_1^2}{s_2^2}=\dfrac{810^2}{1050^2}=0.595$.

由于 $0.459<0.595<2.50$，所以接受 H_0，认为 $\sigma_1^2=\sigma_2^2$.

(2)假设 $H_0:\mu_1=\mu_2$，因为 $\sigma_1^2=\sigma_2^2$ 未知，取检验统计量

$$T=\frac{(\overline{X}-\overline{Y})-(\mu_1-\mu_2)}{S_w\sqrt{\dfrac{1}{n_1}+\dfrac{1}{n_2}}}\sim t(n_1+n_2-2)\text{，其中 } S_w^2=\frac{(n_1-1)S_1^2+(n_2-1)S_2^2}{n_1+n_2-2}.$$

根据表中数据得　$s_w^2=\dfrac{(25-1)\times 810^2+(13-1)\times 1050^2}{25+13-2}=804900$，

$$s_w=\sqrt{804900}\approx 897.16,$$

再计算 $t=\dfrac{\overline{x}-\overline{y}}{s_w\sqrt{\dfrac{1}{n_1}+\dfrac{1}{n_2}}}=\dfrac{26000-27000}{897.16\sqrt{\dfrac{1}{25}+\dfrac{1}{13}}}=-3.26$，　$|t|=3.26$.

由附表 4，查得 $t_{\frac{\alpha}{2}}(n_1+n_2-2)=t_{0.05}(36)=1.6883$.

由于 $3.26>1.6883$，因此拒绝 H_0，认为两家银行的储户的年平均存款余额有显著差异.

知识演练

22. 一台包装机包装食盐，包得的袋装食盐量是一个随机变量，它服从正态分布. 当机器正常时，其均值为 0.5kg，标准差为 0.015kg. 某日开工后，为检验包装机是否正常，随机抽取它所包装食盐 9 袋. 经测量与计算得$\overline{x}=0.511$，取 $\alpha=0.05$，问机器是否正常？（假设标准差不变）

23. 微波炉在炉门关闭时的辐射量是一个重要的质量指标. 某厂生产的微波炉的辐射量指标服从正态分布 $N(\mu,\sigma^2)$，长期以来 $\sigma=0.1$，且均值都符合要求为0.12，为检查近期产品的质量，抽查了 25 台，得其炉门关闭时辐射量的均值$\overline{x}=0.1203$. 试问在 $\alpha=0.05$ 水平下该厂炉门关闭时辐射量是否改变了？

24. 牛奶生产商认为某城市 17%的人早餐喝牛奶. 为验证这一说法，生产商随机抽取一 550 人的样本，其中 115 人早餐喝牛奶. 在 $\alpha=0.05$ 水平下，检验该生产商的说法是否属实？

25. 如果一个矩形的宽度与长度的比为 0.618，这样的矩形称为黄金矩形，这样尺寸的矩形使人们看上去有良好的感觉，现代的建筑构件（如窗架）、工艺品（如图片镜框），甚至司机的执照、商业的信用卡等常常都是采用黄金矩形. 下面列出某工艺品厂随机抽取的 20 个矩形的宽度与长度的比值. 设比值总体服从正态分布，其均值为 μ，试检验假设 $H_0:\mu=0.618$.（取 $\alpha=0.05$）

0.693　0.749　0.654　0.670　0.662　0.672　0.615　0.606　0.570　0.933

0.690　0.628　0.668　0.611　0.606　0.609　0.601　0.553　0.844　0.576

26. 假设某地区家庭每天用于上网的时间服从正态分布，现随机地抽访该地区八个家庭，每家一天用于上网的时间分别为 3，4，2.5，5，1.5，4，3.5，3（单位：h），是否可以认为该地区家庭每天的上网时间平均为 3h？（检验水平 $\alpha=0.05$）

27. 设某次考试的学生成绩服从正态分布，从中随机地抽取 30 位考生的成绩，算得平均成绩为 66.5 分，标准差为 15 分. 问：(1) 在显著水平 $\alpha=0.05$ 下，是否可以认为这次考试全体考生的平均成绩为 70 分？(2) 在显著水平 $\alpha=0.05$ 下，是否可以认为这次考试考生的成绩的方差为 16^2？

28. 比较 A，B 两种安眠药的疗效，将 20 个失眠者分成两组，每组 10 人，A 组病人服用 A 种安眠药，B 组病人服用 B 种安眠药，服药后，延长睡眠时间（单位：h）如下：

A：1.9，0.8，1.1，0.1，−0.1，4.4，5.5，1.6，4.6，3.4；

B：−1.6，−0.2，−1.2，−0.1，3.4，3.7，0.8，0.0，2.0，0.7.

设服药后延长的睡眠时间分别服从正态分布，且方差相等. 问 A，B 两种安眠药的疗效有无显著差异？（取 $\alpha=0.05$）

29. 下表分别给出两个文学家马克·吐温的 8 篇小品文以及思诺特格拉斯的 10 篇小品文中由 3 个字母组成的词的比例：

马克·吐温　　0.225,0.262,0.217,0.240,0.230,0.229,0.235,0.217;

思诺特格拉斯 0.209,0.205,0.196,0.210,0.202,0.207,0.224,0.223,0.220,0.201.

设两组数据分别来自两个方差相等而且相互独立的正态总体.问两个作家所写的小品文中包含由3个字母组成的词的比例是否有显著的差异?

30. 设甲、乙两人加工同一种零件,其零件的直径分别为随机变量 X,Y,且 $X\sim N(\mu_1,\sigma_1^2)$,$Y\sim N(\mu_2,\sigma_2^2)$,今从它们的产品中分别抽取若干进行检测,测得数据如下:$n_1=8,\overline{x}_1=20.93,s_1^2=2.216;n_2=7,\overline{y}=21.50,s_2^2=4.397$.

试比较两人加工精度(方差)在显著性水平 $\alpha=0.05$ 下有无显著差异.

9.4　方差分析

在现实生活中,影响某一事物的因素往往有很多,人们需要了解在这么多的因素中,哪些是有显著影响的.方差分析就是研究一个或多个因素的变化对试验指标是否具有显著影响的数理统计方法.

案例导出

案例1　现有我国一些大中城市的职工平均工资数据(单位:元/人),按所在地域分列在表9-5中,研究者想要知道地区差异是不是影响平均工资的重要因素.

表　9-5

北部	南部	东部	西部	中部
15101.94	16122.71	27393.6	14143.28	14691.08
15512.57	19023.57	22565.96	20050.83	13706.81
18635.27	29778.54	25532.39	14122.54	16447.75
15694.3	31052.58	25319.72	16543.47	13825.53
13204.96	15263.52	15231.91		25697.95
	14818.98	17306.25		19011.88
	12168.11	18178.02		14368.32
	14700.78			12764.8
	17579.68			13729.79
	15206.47			

这个问题可归结为比较各个地区的平均工资是否相等,若 $\mu_1=\mu_2=\mu_3=\mu_4=\mu_5$,则地区差异并没有影响到工资,否则地区差异就是影响平均工资的重要因素.

相关知识

1. 方差分析的基本内容

定义 9.12 称我们考察的、关心的指标为试验指标,称影响试验指标的可控条件为因素或因子.

在案例 1 中,职工平均工资是试验指标,要比较的地区是因子.这里地区有东、西、南、北、中五个状态,称为因子的五个水平.在本例中仅考察地区一个因素的影响,即假定除该因素外,其他条件都相同,称为单因素方差分析.

为方便起见,今后用大写字母 A,B,C 等表示因子,用大写字母加下标表示该因子的水平.如地区若记作 A,它的五个水平可记为 A_1,A_2,A_3,A_4,A_5.

方差分析中,每个水平代表一个总体,案例 1 中的数据可以看作是来自五个总体的样本值.而且假设各总体独立地服从同方差的正态分布 $N(\mu_i,\sigma^2)(i=1,2,3,4,5)$,但参数均未知.试验的目的是要检验假设 $\mu_1=\mu_2=\mu_3=\mu_4=\mu_5$.

2. 单因素方差分析的数据图表

案例 1 中,因素 A 有五个不同的水平 A_1,A_2,A_3,A_4,A_5,在水平 A_i 下的试验结果是总体 $X_i\sim N(\mu_i,\sigma^2)(i=1,2,3,4,5)$,且 X_1,X_2,X_3,X_4,X_5 相互独立.在水平 A_i 下做了 $n_i(n_i\geqslant 2)$ 次独立试验,得到一组样本 $X_{i1},X_{i2},\cdots,X_{in_i}(i=1,2,3,4,5)$,见表 9-6:

表 9-6

水平	A_1	A_2	A_3	A_4	A_5
观测结果	X_{11}	X_{21}	X_{31}	X_{41}	X_{51}
	X_{12}	X_{22}	X_{32}	X_{42}	X_{52}
	…	…	…	…	…
	X_{15}	X_{25}	X_{35}	X_{45}	X_{55}

3. 单因素方差分析的步骤

①提出假设 $H_0:\mu_1=\mu_2=\mu_3=\mu_4=\mu_5$;$H_1:\mu_1,\mu_2,\mu_3,\mu_4,\mu_5$ 不全相等.

若拒绝原假设,认为因素的不同水平对结果的影响是显著的,即地区对平均工资有显著影响;否则,认为因素对指标没有影响.

②构造检验统计量.

进行方差分析时,需要考察数据误差的来源,我们把总误差分解成两部分:一部分纯粹是由随机因素引起的,叫做随机误差;另一部分除了反映随机因素的影响之外,还能反映因素 A 的效应带来的系统影响,也就是除了随机误差之外,还有系统误差.将两部分进行比较,若后者明显比前者大,就说明因素 A 的影响是显著的.

◆先介绍几个重要的样本函数.

总平方和:指每一个观察值相对所有观察值之平均值的偏差的平方和,记作 SST,即

$$SST=\sum_{i=1}^{5}\sum_{j=1}^{n_i}(X_{ij}-\overline{X})^2, \tag{9.1}$$

其中 $\overline{X}=\frac{1}{n}\sum_{i=1}^{5}\sum_{j=1}^{n_i}X_{ij}$ 是样本总平均值($n=\sum_{i=1}^{5}n_i$),SST 可以反映全部试验数据之间的差异.

组间平方和:是指每一组平均值相对总平均值的偏差,再将每一个偏差取平方并乘以该组容量,最后对所得结果求和. 这个量是各组平均值之间的变差的量度,所以被称为组间平方和,记作 SSA. 这个量的计算公式为

$$SSA=\sum_{i=1}^{5}n_i(\overline{X}_i-\overline{X})^2, \tag{9.2}$$

其中 $\overline{X}_i=\frac{1}{n_i}\sum_{j=1}^{n_i}X_{ij}$ 是水平 A_i 下的样本均值. SSA 既含有随机误差,也可能含有系统误差.

组内平方和:是由每组内部的数值算出的联合平方和. 这种变差成分称为组内平方和,有时也称之为误差平方和或者残差平方和,记作 SSE,即

$$SSE=\sum_{i=1}^{5}\sum_{j=1}^{n_i}(X_{ij}-\overline{X}_i)^2, \tag{9.3}$$

SSE 只含有随机误差.

◆SST,SSA,SSE 的统计特性.

Ⅰ $SST=SSA+SSE$.

$$\begin{aligned}SST&=\sum_{i=1}^{5}\sum_{j=1}^{n_i}(X_{ij}-\overline{X})^2=\sum_{i=1}^{5}\sum_{j=1}^{n_i}(X_{ij}-\overline{X}_i+\overline{X}_i-\overline{X})^2\\&=\sum_{i=1}^{5}\sum_{j=1}^{n_i}(X_{ij}-\overline{X}_i)^2+\sum_{i=1}^{5}\sum_{j=1}^{n_i}(\overline{X}_i-\overline{X})^2+2\sum_{i=1}^{5}\sum_{j=1}^{n_i}(X_{ij}-\overline{X}_i)(\overline{X}_i-\overline{X}),\end{aligned}$$

又交叉项

$$\begin{aligned}2\sum_{i=1}^{5}\sum_{j=1}^{n_i}(X_{ij}-\overline{X}_i)(\overline{X}_i-\overline{X})&=2\sum_{i=1}^{5}(\overline{X}_i-\overline{X})\sum_{j=1}^{n_i}(X_{ij}-\overline{X}_i)\\&=2\sum_{i=1}^{5}(\overline{X}_i-\overline{X})(\sum_{j=1}^{n_i}X_{ij}-n_i\overline{X}_i)=0.\end{aligned}$$

从而可得结论.

Ⅱ 当 H_0 为真时,所有 $X_{ij}\sim N(\mu,\sigma^2)(i=1,2,3,4,5;j=1,2,\cdots,n_i)$,并且相互独立,故 $\frac{SST}{\sigma^2}\sim\chi^2(n-1)$.

Ⅲ 对总体 X_i,$\frac{1}{\sigma^2}\sum_{j=1}^{n_i}(X_{ij}-\overline{X}_i)^2 \sim \chi^2(n_i-1)(i=1,2,3,4,5)$,再利用 χ^2 分布的可加性,得 $\frac{SSE}{\sigma^2} \sim \chi^2(n-5)$.

Ⅳ SSA 是 5 个随机变量 $\sqrt{n_i}(\overline{X}_i-\overline{X})(i=1,2,3,4,5)$ 的平方和,当 H_0 为真时,$\frac{SSA}{\sigma^2} \sim \chi^2(5-1)$.

◆ 取统计量 $F=\frac{SSA}{\sigma^2(5-1)}\Big/\frac{SSE}{\sigma^2(n-5)}=\frac{SSA/(5-1)}{SSE/(n-5)} \sim F(5-1,n-5)$.

如果原假设成立,表明没有系统误差,那么 F 的观测值不会太大;如果 F 的观测值很大,即组间差异显著地大于组内差异,说明各水平之间不仅有随机误差还有系统误差,则可拒绝原假设,判断因素 A 的影响是显著的. 方差分析实际上是通过比较组间方差和组内方差之间差异的大小来进行推断的,故取名为方差分析.

③ 对于给定的显著性水平 α,查附表 5 求得临界值,确定拒绝域.

对于显著性水平 α,由 $P\{F \geqslant F_\alpha(5-1,n-5)\}=\alpha$,得拒绝域为 $F \geqslant F_\alpha(5-1,n-5)$.

④计算统计量的观测值 F,进而做出判断:$F \geqslant F_\alpha(5-1,n-5)$时,拒绝 H_0,认为均值之间的差异是显著的,因素水平的变化对实验结果有显著影响;否则,接受 H_0,认为因素没有显著影响.

4. 方差分析表

在方差分析中,习惯上称某个平方和被适当自由度去除之后所得的结果为均方. 这样,组间平方和除以有关自由度之后称为组间均方(记作 MSA),而组内平方和除以有关自由度之后则称为组内均方(记作 MSE).

对于 k 个水平的因子,方差分析的结果可以归纳成一张表,即方差分析表 9-7.

表 9-7 单因素方差分析中的方差分析表

差异源	平方和(SS)	自由度(d_f)	均方(MS)	方差比
组 间	SSA	$k-1$	$MSA=SSA/(k-1)$	$F=MSA/MSE$
组 内	SSE	$n-k$	$MSE=SSE/(n-k)$	
总 计	SST	$n-1$		

将最后一列中的 F 值与给定的显著性水平 α 的临界值 F_α 进行比较,作出对原假设 H_0 的决策.

例题精选

例 1 取显著性水平 $\alpha=0.05$,应用方差分析法解案例 1.

解 每一个水平计算的结果如表 9-8 所示:

表 9-8

组	观测数	求和	平均值	方差
北部	5	78149.04	15629.81	3802310
南部	10	185714.9	18571.49	42321466
东部	7	151527.9	21646.84	22413723
西部	4	64860.12	16215.03	7830632
中部	9	144243.9	16027.1	16662324

列方差分析表如下:

表 9-9

差异源	SS	d_f	MS	F
组 间	171360834.1	4	42840209	1.86973
组 内	687375255.1	30	22912509	
总 计	858736089.2	34		

因为 $F=1.87<F_{0.05}(4,30)=2.69$,故接受 H_0,认为地域对平均工资没有显著影响.

知识演练

31. 某灯泡厂使用灯丝材料 A_1,A_2,A_3,A_4 制成 4 种灯泡,其他材料和操作工艺大体相同.今在这 4 种灯泡中随机抽取若干只进行耐用时数的试验,所测数据(单位:h)由不同灯丝材料下耐用时数实测表给出.

材料代号(水平)	试验序号及实测耐用时数							
	1	2	3	4	5	6	7	8
A_1	1600	1610	1650	1680	1700	1720	1800	
A_2	1580	1640	1640	1700	1750			
A_3	1460	1550	1600	1620	1640	1660	1740	1820
A_4	1510	1520	1530	1570	1600	1680		

试问不同灯丝材料制成的灯泡耐用时数有无显著差异?(取 $\alpha=0.1$)

32. 抽查某地区三所小学三年级男同学的身高，得数据如下：

小学	1	2	3	4	5	6
B_1	128.1	134.1	133.1	138.9	140.8	127.4
B_2	150.3	147.9	136.8	126.0	150.7	155.8
B_3	140.6	143.1	144.5	143.7	148.5	146.4

设三所小学三年级男同学的身高 X_1,X_2,X_3 相互独立，且有相同的方差，问这三所小学三年级男同学的身高间是否有显著差异？（取 $\alpha=0.05$）

9.5 一元线性回归分析

回归分析方法是数理统计中的一个常用方法，是构建各种经济模型，进行政策评价、预测和控制的有效工具.

案例导出

案例 1 19 世纪，英国生物学家高尔登(Galton)进行生物遗传问题的研究时，观察了 1078 对父子，如果用 x 表示父亲的身高，Y 表示成年儿子的身高，将对应的 1078 个点 (x,Y) 画在直角坐标系中，发现基本上在一条直线 $\hat{y}=33.73+0.516x$（单位：英寸，1 英寸＝2.54 cm）附近. 这表明：父亲身高每增加 1 个单位，其儿子的身高平均增加 0.516 个单位. 高个子父亲有生高个子儿子的趋势，但一群高个子父亲所生的儿子们的平均高度却比父辈的平均高度低，例如，$x=75$，代入方程可求得 $y=72.43<x=75$. 而一群矮个子父亲所生的儿子们的平均高度却比父辈的平均高度高，例如，$x=60$ 时，$y=64.69>x=60$. 从这里可以看出子代的平均高度会向中心回归，从而使得人的身高相对稳定. 这也就是回归一词的来源.

案例 2 1995—2009 年我国城镇居民人均年消费支出和人均年可支配性收入的有关资料如表 9-10 所示. 请问人均可支配收入、消费性支出和恩格尔系数这三者之间有关系吗？若已知 2010 年的人均可支配收入为 19109 元，能否预测 2010 年的消费性支出和恩格尔系数？

表　9-10

时间	人均可支配收入(元)	消费性支出(元)	恩格尔系数(%)
1995	4283	3538	50.1
1996	4839	3919	48.8
1997	5160	4186	46.6
1998	5425	4332	44.7
1999	5854	4616	42.1
2000	6280	4998	39.4
2001	6860	5309	38.2
2002	7703	6030	37.7
2003	8472	6511	37.1
2004	9422	7182	37.7
2005	10493	7943	36.7
2006	11760	8697	35.8
2007	13786	9997	36.3
2008	15781	11243	37.9
2009	17175	12265	36.5

【相关知识】

1. 变量之间的关系

一般来说,经济变量之间的关系有两种类型:一是函数关系,二是相关关系.函数关系是指现象之间存在着一种确定性的数量依存关系,在这种关系中,对于某一变量的每一个数值,都有另一个变量的确定值与之相对应,并且这种关系可以用一个数学表达式反映出来.如圆的面积与半径之间的关系;当单价一定时,产品的数量与总价之间的关系;银行利率固定时,利息和本金之间的关系.相关关系则是反映现象之间确实存在的,但关系数值不确定的相互依存关系.如人的身高与脚掌的长度之间的关系.身材高的其脚掌会长一些,身材矮的其脚掌会短一些,但两位相同身高的人,他们的脚长未必相等.若把身高作为自变量,则脚长不能通过函数关系确定,它会受其他无法控制的因素影响,如遗传、性别等,是一个随机变量.又如居民的储蓄额与他的收入有关,但同样收入的人储蓄存款额也不尽相同.

由于有观察或测量误差等原因,函数关系在实际中往往通过相关关系表现出来.在研究相关关系时,又常常要使用函数关系,以便找到相关关系的一般数量表现形式.

回归分析就是研究变量之间相关关系的一种统计方法.一元线性回归分析则是研究两个变量之间是否具有线性相关关系,即一个变量能否用另一个变量的线性函数来描述的统计方法.

为了讨论方便,用 x 表示自变量,其值是可以控制或精确测量的,认为它是非随机变量,如前面提到的身高、收入；用 Y 表示因变量，对给定的 x 值，Y 的取值是不确定的，认为它是随机变量，如前面的脚长、储蓄存款额.

2. 散点图

相关关系可以用相关表和相关图来描述.

相关表是一种反映变量之间相关关系的统计表.将某一变量按其取值的大小排列，然后再将与其相关的另一变量的对应值平行排列，便可得到简单的相关表，如表 9-10 所示.

相关图又称散点图，它是将相关表中的观测值在平面直角坐标系中用坐标点描绘出来，以表明相关点的分布状况的一种图形.通过散点图，可以大致看出两个变量之间有无相关关系以及相关的形态、方向和密切程度.

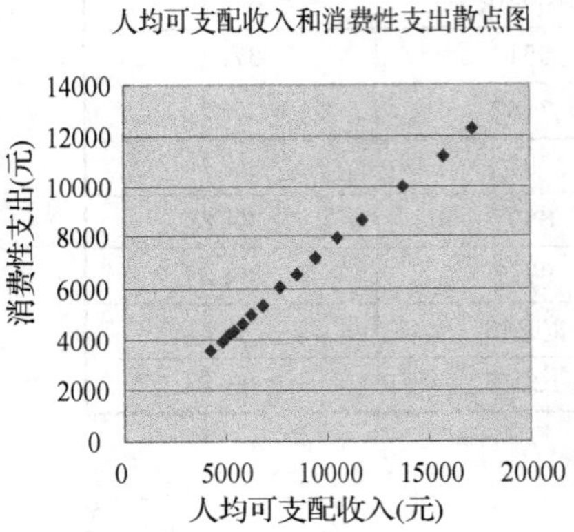

图 9-11

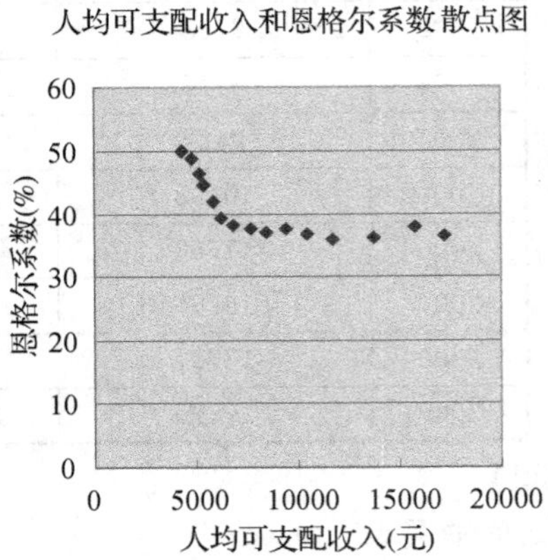

图 9-12

如案例 1 中，设人均可支配收入为 x，消费性支出为 Y.把相应的数据点 $(x_i, y_i)(i=1,2,\cdots,15)$ 标在平面上可得散点图 9-11.这 15 个点虽然不在同一条直线上，但有聚集在一条直线周围的倾向，线性趋向很明显.若设恩格尔系数(%)为 Y，则可得散点图 9-12，这 15 个点则没有线性趋向.

3. 一元线性回归模型的形式

因变量 Y 的取值是不确定的，它由两部分叠加而成，一部分是 x 的影响，另一部分是由偶然因素引起的随机误差，记作 ε，并且认为它服从均值为 0 的正态分布.

若记数据点趋向的直线为 $\hat{Y}=a+bx$，描述上述自变量 x 与随机变量 Y 之间线性关系的数学模型就是 Y 关于 x 的一元线性回归模型，如下式所示：

$$Y=a+bx+\varepsilon, \tag{9.4}$$

其中 $\varepsilon\sim N(0,\sigma^2)$，此时 $E(Y)=a+bx$.

我们对这一组变量 (x,Y) 作了 n 次观测，得到样本观测值

$$(x_1, y_1),(x_2, y_2),\cdots,(x_n, y_n),$$

站在抽样的立场，这一组样本可以表示成

$$y_i=(a+bx_i)+\varepsilon_i \quad (i=1,2,\cdots,n),$$

其中 $\varepsilon_1,\varepsilon_2,\cdots,\varepsilon_n$ 相互独立，且都服从同一正态分布 $N(0,\sigma^2)$.

定义 9.13 在线性模型中，直线 $\hat{Y}=a+bx$ 称为一元线性回归直线，简称回归直线，a,b 称为回归系数.

一元线性回归分析的任务是从样本数据出发，求出回归系数 a,b 的估计值 $\hat{a},\hat{b}$，得到方程 $\hat{Y}=\hat{a}+\hat{b}x$.

定义 9.14 称方程 $\hat{Y}=\hat{a}+\hat{b}x$ 为样本(经验)回归直线方程，简称回归方程. $\hat{b}$ 是直线的斜率，表示 x 增加一个单位时，Y 的改变量的估计值.

4. 回归方程的建立

从散点图来看，要找出 a,b 不是很困难：画一条直线，使其最"接近"那些数据点. 问题是，与所列点接近的直线有很多条，究竟哪一条拟合得最好呢？

设给定 n 个点 $(x_1,y_1),(x_2,y_2),\cdots,(x_n,y_n)$，对于平面上的直线 $l:y=a+bx$，用 (x_i,y_i) 沿着平行于 y 轴的方向到 l 的垂直距离

$$[y_i-(a+bx_i)]^2$$

来刻画点 (x_i,y_i) 到直线 l 的远近程度.

于是

$$\sum_{i=1}^{n}[y_i-(a+bx_i)]^2$$

就定量地描述了 l 和这 n 个点的总的远近程度，这个量是随 a,b 的不同而不同的，因此，它是 a,b 的二元函数，叫做偏差平方和，记为 $Q(a,b)$.

这样，要找一条直线，使该直线总的来看最接近 n 个点的问题就转化成要求两个数 $\hat{a},\hat{b}$，使函数 $Q(a,b)$ 在 $a=\hat{a},b=\hat{b}$ 时取得最小值.

由于 $Q(a,b)$ 是 a,b 的非负二元函数，又

$$\frac{\partial Q}{\partial a}=-2\sum_{i=1}^{n}[y_i-(a+bx_i)],\frac{\partial Q}{\partial b}=-2\sum_{i=1}^{n}[y_i-(a+bx_i)]x_i.$$

根据微积分学中二元函数的极值定理，联立方程组

$$\begin{cases}-2\sum_{i=1}^{n}[y_i-(\hat{a}+\hat{b}x_i)]=0,\\ -2\sum_{i=1}^{n}[y_i-(\hat{a}+\hat{b}x_i)]x_i=0,\end{cases}$$

整理可得

$$\begin{cases} n\hat{a}+\hat{b}\sum_{i=1}^{n}x_i=\sum_{i=1}^{n}y_i, \\ \hat{a}\sum_{i=1}^{n}x_i+\hat{b}\sum_{i=1}^{n}x_i^2=\sum_{i=1}^{n}x_iy_i, \end{cases}$$

解方程组得

$$\begin{cases} \hat{a}=\bar{y}-\hat{b}\,\bar{x}, \\ \hat{b}=\dfrac{L_{xy}}{L_{xx}}, \end{cases} \tag{9.5}$$

其中

$$\bar{x}=\frac{1}{n}\sum_{i=1}^{n}x_i, \qquad \bar{y}=\frac{1}{n}\sum_{i=1}^{n}y_i,$$

$$L_{xx}=\sum_{i=1}^{n}(x_i-\bar{x})^2=\sum_{i=1}^{n}x_i^2-n\bar{x}^2,$$

$$L_{xy}=\sum_{i=1}^{n}(x_i-\bar{x})(y_i-\bar{y})=\sum_{i=1}^{n}x_iy_i-n\overline{x}\overline{y}.$$

另设

$$L_{yy}=\sum_{i=1}^{n}(y_i-\bar{y})^2=\sum_{i=1}^{n}y_i^2-n\bar{y}^2,$$

这里，$\bar{x}$ 与 $\bar{y}$ 分别是 $x_1,x_2,\cdots,x_n$；$y_1,y_2,\cdots,y_n$ 的样本均值，L_{xx}，L_{xy}，L_{yy} 为离差平方和.

这样，回归方程 $\hat{Y}=\hat{a}+\hat{b}x$ 也随之求出.

定义 9.15 上述求出回归系数 a,b 的估计值 $\hat{a},\hat{b}$ 的方法称为最小二乘法.(9.5) 式称为 a,b 的最小二乘估计.

5. 相关系数

相关系数是描述变量之间相关关系密切程度和方向的统计分析指标.

定义 9.16 对于数据对 (x_i,y_i)，$i=1,2,\cdots,n$，称

$$r=\frac{\sum_{i=1}^{n}(x_i-\bar{x})(y_i-\bar{y})}{\sqrt{\sum_{i=1}^{n}(x_i-\bar{x})^2\sum_{i=1}^{n}(y_i-\bar{y})^2}}=\frac{L_{xy}}{\sqrt{L_{xx}L_{yy}}}$$ 为相关系数.

下面通过对偏差平方和的分析来讨论相关系数的一些性质.

$$\begin{aligned} Q(\hat{a},\hat{b}) &= \sum_{i=1}^{n}(y_i-\hat{Y}_i)^2=\sum_{i=1}^{n}[y_i-\bar{y}-\hat{Y}_i+\bar{y}]^2 \\ &= \sum_{i=1}^{n}[y_i-\bar{y}-(\hat{a}+\hat{b}x_i)+(\hat{a}+\hat{b}\,\bar{x})]^2 \\ &= \sum_{i=1}^{n}[(y_i-\bar{y})-\hat{b}(x_i-\bar{x})]^2 \end{aligned}$$

$$= \sum_{i=1}^{n}(y_i - \bar{y})^2 - 2\hat{b}\sum_{i=1}^{n}(x_i - \bar{x})(y_i - \bar{y}) + \hat{b}^2\sum_{i=1}^{n}(x_i - \bar{x})^2$$

$$= L_{yy} - 2\frac{L_{xy}}{L_{xx}}L_{xy} + \left(\frac{L_{xy}}{L_{xx}}\right)^2 L_{xx} = L_{yy} - \frac{L_{xy}^2}{L_{xx}}$$

$$= L_{yy}\left(1 - \frac{L_{xy}^2}{L_{xx}L_{yy}}\right) = L_{yy}(1 - r^2).$$

不难看出，因为 $Q(\hat{a},\hat{b}) \geqslant 0, L_{yy} \geqslant 0$，故相关系数 $|r| \leqslant 1$.

对于一组实测数据来讲，L_{yy} 是一个定值，而 $Q(\hat{a},\hat{b})$ 值的大小刻画了数据点与回归直线 $\hat{Y} = \hat{a} + \hat{b}x$ 的偏离程度，$|r|$ 越接近于1时，$Q(\hat{a},\hat{b})$ 越小，回归方程对样本数据的拟合程度越好. 反之，$|r|$ 越接近于 0，$Q(\hat{a},\hat{b})$ 越大，回归方程对样本数据的拟合程度越差.

r 值体现的随机变量 Y 与可控变量 x 之间的线性相关关系可见图 9-13.

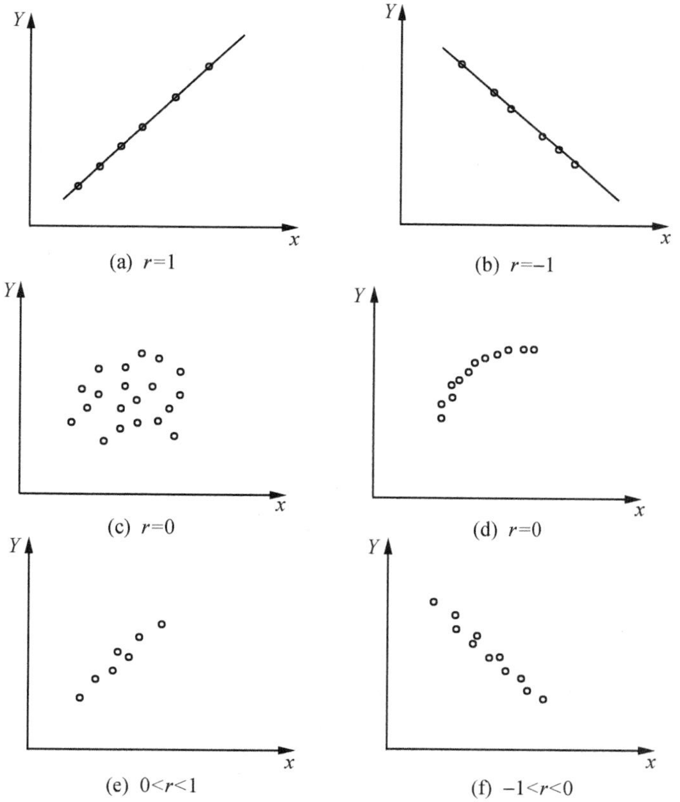

图　9-13

具体说明如下：

◆当 $r=0$ 时，$L_{xy}=0$，因此 $\hat{b}=0$，说明 Y 的取值与 x 无关，不存在线性相关关系；

◆当 $r>0$ 时，$L_{xy}>0$，因此 $\hat{b}>0$，Y 的取值随着 x 的增大而增大，称 Y 与 x 为正相关；

◆当 $r<0$ 时，$L_{xy}<0$，因此 $\hat{b}<0$，Y 的取值随着 x 的增大而减小，称 Y 与 x 为负相关；

◆当 $|r|=1$ 时，$Q(\hat{a},\hat{b})=0$，这时，所有的点都在回归直线上，称 Y 与 x 为完全线性相关，并且当 $r=1$ 时，称完全正相关；当 $r=-1$ 时，称完全负相关.

6. 回归方程的显著性检验

从最小二乘估计表达式知，只要给出 n 组数据 (x_i, y_i)，总可将它们代入获得估计，从而写出回归方程. 但在实际情况中，随机变量 Y 与可控变量 x 之间若并不存在线性相关关系，这样求出的线性回归表达式是毫无意义的. 因而，按上述方法求得回归方程后，必须对它的线性相关性作出显著性检验，只有经过检验并达到了显著性要求的回归方程才有实用价值.

检验随机变量 Y 与可控变量 x 之间线性相关关系的显著性，有 t 检验法、F 检验法、相关系数检验法. 这里仅介绍应用广泛而又操作方便的相关系数检验法.

作为检验，首先要建立假设. 我们求回归方程的目的是要反映 Y 随 x 变化的一种统计规律，如果 $b=0$，Y 和 x 间没什么关系，求出的方程是无意义的. 所以，此项检验的原假设为 $H_0: b=0$.

由于 $r=\dfrac{L_{xy}}{\sqrt{L_{xx}L_{yy}}}=\dfrac{L_{xy}}{L_{xx}}\cdot\sqrt{\dfrac{L_{xx}}{L_{yy}}}=\hat{b}\cdot\sqrt{\dfrac{L_{xx}}{L_{yy}}}$，当 H_0 为真时，$|\hat{b}|$ 应较小，从而 $|r|$ 应较小，因而可取拒绝域为 $|r|>k$.

相关系数检验法步骤如下：

①提出假设 $H_0: b=0$.

②构造检验统计量：

$$r=\frac{L_{xy}}{\sqrt{L_{xx}L_{yy}}}.$$

③对于给定的显著性水平 $\alpha(0<\alpha<1)$，查相关系数临界值表（见附表 6），得临界值 $r_\alpha(n-2)$，使

$$P\{|r|>r_\alpha(n-2)\}=\alpha.$$

④计算相关系数 r 的值，进而做出判断：如果 $|r|>r_\alpha(n-2)$，则拒绝 H_0，认为 Y 与 x 之间存在线性相关关系；如果 $|r|\leqslant r_\alpha(n-2)$，则接受 H_0，认为 Y 与 x 之间不存在线性相关关系.

7. 预测

若变量 Y 与变量 x 之间有显著的线性关系，那么回归方程 $\hat{Y}=\hat{a}+\hat{b}x$ 大致反映了 Y 与

x 之间的变化规律. 当我们要预测 $x=x_0$ 时随机变量 Y_0 的取值时，很自然地会取 $\hat{Y}_0=\hat{a}+\hat{b}x_0$ 作为 Y_0 的预测值. 但是，它的可靠度有多少，精度又有多少呢？为此，需要对变量 Y_0 作区间估计. 下面给出 Y_0 的置信度为 $1-\alpha$ 的置信区间，称为预测区间.

可以证明，只要 $\varepsilon_1,\varepsilon_2,\cdots,\varepsilon_n$ 相互独立，且都服从 $N(0,\sigma^2)$，则统计量

$$T=\frac{Y_0-\hat{Y}_0}{S\sqrt{1+\frac{1}{n}+\frac{(x_0-\overline{x})^2}{L_{xx}}}}\sim t(n-2)，其中\ S=\sqrt{\frac{L_{yy}(1-r^2)}{n-2}}.$$

于是，对给定的置信度 $1-\alpha$，查临界值表得到 $t_{\frac{\alpha}{2}}(n-2)$，就有

$$P\left\{\left|\frac{Y_0-\hat{Y}_0}{S\sqrt{1+\frac{1}{n}+\frac{(x_0-\overline{x})^2}{L_{xx}}}}\right|<t_{\frac{\alpha}{2}}(n-2)\right\}=1-\alpha.$$

令 $\delta=t_{\frac{\alpha}{2}}(n-2)S\sqrt{1+\frac{1}{n}+\frac{(x_0-\overline{x})^2}{L_{xx}}}$，可得 Y_0 的置信度为 $1-\alpha$ 的预测区间：

$$(\hat{Y}_0-\delta,\hat{Y}_0+\delta). \tag{9.6}$$

在实际应用中，若 $n(n\geqslant 50)$ 很大，且 x_0 较接近于 $\overline{x}$ 时，t 分布接近于 $N(0,1)$ 时，$\sqrt{1+\frac{1}{n}+\frac{(x_0-\overline{x})^2}{L_{xx}}}\approx 1$，$t_{\frac{\alpha}{2}}(n-2)\approx u_{\frac{\alpha}{2}}$，因而 $\delta\approx u_{\frac{\alpha}{2}}S$，从而可得公式(9.6)的近似计算公式为

$$(\hat{Y}_0-u_{\frac{\alpha}{2}}S,\hat{Y}_0+u_{\frac{\alpha}{2}}S). \tag{9.7}$$

例题精选

例 1　在某个地区抽取了 9 家生产同类产品的企业，其月产量和单位产品成本的资料如表 9-11 所示，试做回归分析：

表 9-11

企业编号	1	2	3	4	5	6	7	8	9
月产量 x(千件)	4.1	6.3	5.4	7.6	3.2	8.5	9.7	6.8	2.1
单位成本 y(元)	80	72	71	58	86	50	42	63	91

解　(1) 编制相关表，根据表 9-11 的数据，将月产量按照升序排列，即得相关表 9-12.

表 9-12　9 家企业的月产量和单位产品成本相关表

企业编号	月产量 x(千件)	单位产本 y(元)
9	2.1	91
5	3.2	86
1	4.1	80
3	5.4	71
2	6.3	72
8	6.8	63
4	7.6	58
6	8.5	50
7	9.7	42
合计	53.7	613

(2) 绘制散点图.

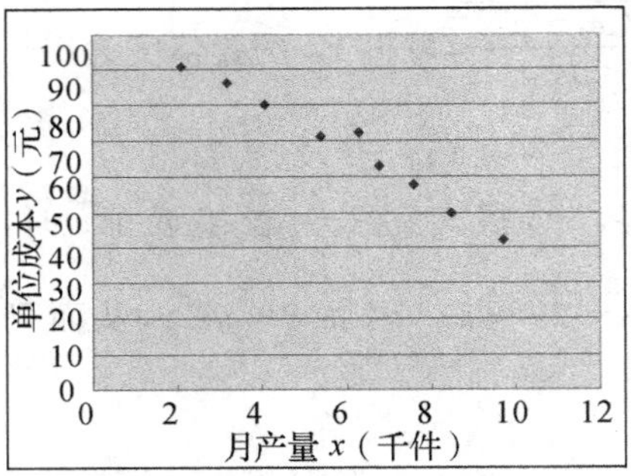

图 9-14　9 家企业的月产量和单位产品成本散点图

从图 9-14 可以看出,月产量和单位成本是负相关,而且有形成一条直线的倾向.

(3) 求单位成本 Y 关于月产量 x 的线性回归方程;

表 9-13

企业编号	月产量 x(千件)	单位成本 y(元)	x^2	y^2	xy
1	4.1	80	16.81	6400	328
2	6.3	72	39.69	5184	453.6
3	5.4	71	29.16	5041	383.4
4	7.6	58	57.76	3364	440.8
5	3.2	86	10.24	7396	275.2
6	8.5	50	72.25	2500	425
7	9.7	42	94.09	1764	407.4
8	6.8	63	46.24	3969	428.4
9	2.1	91	4.41	8281	191.1
合计	53.7	613	370.65	43899	3332.9

根据表 9-13 的结论，得

$$\bar{x}=\frac{1}{n}\sum_{i=1}^{n}x_i=\frac{53.7}{9}=5.97,\qquad \bar{y}=\frac{1}{n}\sum_{i=1}^{n}y_i=\frac{613}{9}=68.11,$$

$$L_{xx}=\sum_{i=1}^{n}(x_i-\bar{x})^2=\sum_{i=1}^{n}x_i^2-n\bar{x}^2=370.65-9\times5.97^2=49.88,$$

$$L_{xy}=\sum_{i=1}^{n}(x_i-\bar{x})(y_i-\bar{y})=\sum_{i=1}^{n}x_iy_i-n\overline{x}\overline{y}$$

$$=3332.9-9\times5.97\times68.11=-326.65,$$

$$L_{yy}=\sum_{i=1}^{n}(y_i-\bar{y})^2=\sum_{i=1}^{n}y_i^2-n\bar{y}^2=43899-9\times68.11^2=2148.2511,$$

$$\hat{b}=\frac{L_{xy}}{L_{xx}}=\frac{-326.65}{49.88}=-6.55,$$

$$\hat{a}=\bar{y}-\hat{b}\,\bar{x}=68.11-(-6.55)\times5.97=107.21,$$

所以回归方程为 $\hat{Y}=107.21-6.55x$，直线如图 9-15 所示：

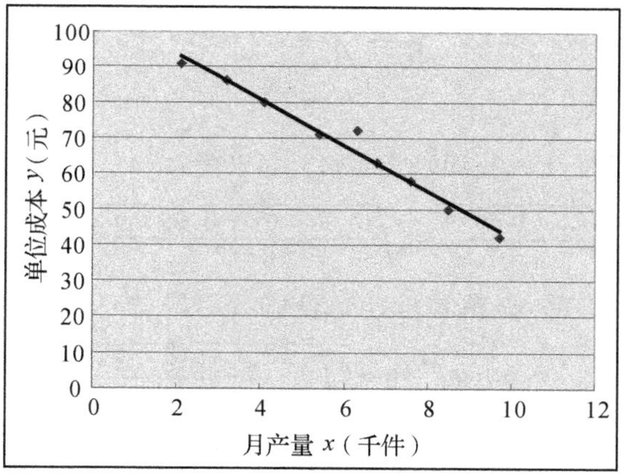

图 9-15

(4) 求相关系数 r，并在 $\alpha=0.01$ 时作显著性检验.

由相关系数计算公式得

$$r=\frac{L_{xy}}{\sqrt{L_{xx}L_{yy}}}=\frac{-326.65}{\sqrt{49.88\times2148.2511}}=-0.998.$$

当显著性水平 $\alpha=0.01$ 时，查附表得临界值 $r_\alpha(n-2)=r_{0.01}(7)=0.7977$，因为 $|r|=0.998>0.7977=r_{0.01}(7)$，所以可认为 Y 关于 x 的线性相关关系是显著的.

(5) 求在 $x_0=10$ 千件处，Y_0 的预测值.

将 $x_0=10$ 代入回归方程，可得 Y_0 的预测值 $\hat{Y}_0=107.21-6.55\times10=41.71$(元).

例 2 某汽车配件部 1—5 月份销售额与利润的统计数据如表 9-14 所示：

表 9-14

月　份	1	2	3	4	5
销售额 x(万元)	20	35	70	105	120
利润 Y(万元)	1.5	2.0	3.5	5.0	6.0

试求：

(1) Y 关于 x 的线性回归方程；

(2) 对所建立的线性回归方程进行相关性检验($\alpha=0.05$)；

(3) 求当销售额为 150 万元时，利润的点预测和预测区间分别是多少？

解 (1)经计算 $\bar{x}=70$，$\bar{y}=3.6$，$L_{xx}=7450$，$L_{xy}=330$，$L_{yy}=14.7$，

所以
$$\hat{b}=\frac{L_{xy}}{L_{xx}}=\frac{330}{7450}=0.0443, \hat{a}=\bar{y}-\hat{b}\,\bar{x}=0.499.$$

建立的线性回归方程为 $\hat{Y}=0.499+0.0443x$.

(2) 由相关系数计算公式得 $r=\dfrac{L_{xy}}{\sqrt{L_{xx}}\sqrt{L_{yy}}}=0.9972>r_{0.05}(3)=0.8783$，$x$ 与 Y 之间的线性相关关系是显著的.

(3) 当 $x=150$ 万元时，$\hat{Y}=0.499+0.0443\times150=7.144$ 万元为点预测.

$$s=\sqrt{\frac{L_{yy}(1-r^2)}{n-2}}=\sqrt{\frac{14.7\times(1-0.997^2)}{5-2}}=0.1713,$$

当置信度为 0.95 时，$\alpha=0.05$，临界值 $t_{\frac{\alpha}{2}}(n-2)=t_{0.025}(3)=3.1824$，得

$$\begin{aligned}\delta&=t_{\frac{\alpha}{2}}(n-2)s\sqrt{1+\frac{1}{n}+\frac{(x_0-\bar{x})^2}{L_{xx}}}\\&=3.1824\times0.1713\times\sqrt{1+\frac{1}{5}+\frac{(150-70)^2}{7450}}\\&=0.7823,\end{aligned}$$

从而可得 Y_0 的置信度为 0.95 的预测区间为

$$[\hat{Y}_0-\delta,\hat{Y}_0+\delta]=[7.144-0.782,7.144+0.782]=[6.3617,7.9263].$$

知识应用

例 3 根据 1995—2009 年我国城镇居民人均年消费支出和人均年可支配性收入的有关资料，用回归分析讨论人均可支配收入和消费性支出之间的相关关系. 若已知 2010 年的人均可支配收入为 19109 元，预测 2010 年的消费性支出.

解　类似于上述两例题的过程，建立的线性回归方程为 $\hat{Y}=727.1699+0.6741x$，并经检验线性相关关系是显著的.

2010 年的消费性支出为 13608.5468 元，2010 年的消费性支出实际上是 13471 元，两者相当接近.

知识演练

33. 下表是 12 家商店的经营品种数量(单位：种)和月销售额(单位：万元)的统计资料：

经营品种 x_i	3800	3000	2980	2700	2400	2400	2250	1900	2000	1650	1845	2300
月销售额 y_i	50	25	18	11	10	11	13	6.7	6	4	13	8

试求：

(1) 在绘制散点图的基础上，求出月销售额关于经营品种数量的线性回归方程.

(2) 求出相关系数，并用相关系数检验法作相关性检验.($\alpha=0.05$)

(3) 测算当经营品种 $x_0=4000$ 时，月销售额 Y 的预测区间.($\alpha=0.05$)

34. 利用以下数据，作出中学毕业考试成绩(Y)对刚进校时进行的能力测试成绩(x)的线性回归方程，并对回归方程进行显著性检验. 根据所建立的回归方程，若某学生入学时能力测验成绩为 60 分，试预测该学生的中学毕业考试成绩.($\alpha=0.05$)

学生	A	B	C	D	E	F	G	H	I	J
毕业成绩 Y	100	90	50	60	65	60	50	35	80	55
入学能力测试成绩 x	80	75	35	45	95	35	30	45	95	60

第九章复习题

一、选择题

1. 总体期望 μ 的估计量 $\overline{X}$ 是　(　　)

A. 总体　　B. 样本　　C. 估计值　　D. 随机变量

2. 设 $(\hat{\theta}_1,\hat{\theta}_2)$ 为总体期望 μ 的 95% 的置信区间，则　(　　)

A. $(\hat{\theta}_1,\hat{\theta}_2)$ 平均含总体 95% 的值　B. $(\hat{\theta}_1,\hat{\theta}_2)$ 平均含样本 95% 的值

C. 95% 的期望值会落在 $(\hat{\theta}_1,\hat{\theta}_2)$ 内　D. $(\hat{\theta}_1,\hat{\theta}_2)$ 有 95% 的机会包含 μ

3. 设 $X_1,X_2,\cdots,X_n$ 是取自总体 $X\sim N(\mu,\sigma^2)$ 的样本，$\overline{X}$ 是样本均值，若 $E(X)$ 未知，则

总体方差 $D(X)$ 的无偏估计量是 ( )

A. $\frac{1}{n-1}\sum_{i=1}^{n}[X_i-E(X)]^2$　　B. $\frac{1}{n}\sum_{i=1}^{n}[X_i-E(X)]^2$

C. $\frac{1}{n-1}\sum_{i=1}^{n}(X_i-\overline{X})^2$　　D. $\frac{1}{n}\sum_{i=1}^{n}(X_i-\overline{X})^2$

4. 在假设检验中,若 p 值小于给定的显著性水平 α,我们应该 ( )

A. 拒绝原假设　　B. 接受原假设

C. 根据 p 的大小来定　　D. 根据 α 的大小来定

5. 设正态总体的方差未知,那么置信度为 $1-\alpha$ 的均值 μ 的置信区间的长度是样本标准差 S 的( )倍.

A. $2t_{\alpha}(n)$　　B. $\frac{2}{\sqrt{n}}t_{\frac{\alpha}{2}}(n-1)$

C. $\frac{S}{\sqrt{n}}t_{\frac{\alpha}{2}}(n-1)$　　D. $\frac{S}{\sqrt{n-1}}$

二、填空题

6. 假设检验依据原理是________事件在一次试验中是不可能发生的.

7. 回归分析是处理变量间________关系的一种数理统计方法.若两个变量具有线性关系,则称相应的回归分析为________.

8. 设 $X_1,X_2,\cdots,X_n$ 是取自总体 $X\sim N(\mu,\sigma^2)$ 的样本,$\overline{X}$是样本均值,则$\overline{X}\sim$________分布.

9. 有一个装着 1 支红笔和 3 支蓝笔的盒子,现从中有放回地取笔,设 $X_1,X_2,\cdots,X_n$ 是取自总体的样本,$X_i=0$ 表示取到蓝笔,$X_i=1$ 表示取到红笔,则样本均值的期望值是________.

10. 设总体 X 有期望 μ 存在,X_1,X_2,X_3 是来自 X 的样本,$a_i(i=1,2,3)$ 为常数,且 $a_1+a_2+a_3=1$,那么 $a_1X_1+a_2X_2+a_2X_3$ 是 μ 的________估计,其中最有效的估计为________.

三、应用题

11. 一公交车起点站候车人数服从泊松分布 $P(\lambda)$,观察 30 趟车的候车人数如下:

车的趟数	1	4	3	5	8	6	1	2
候车人数	0	2	3	4	5	6	8	10

试用数字特征法求 λ 的估计值.

12. 在一次学校体检中,随机查看了 100 名同学的体检报告,发现有 59 人存在近视的情况,试对学生中的近视率作出区间估计.$(\alpha=0.05)$

13. 某地旅游局长非常关心旅游对经济的促进作用，他想估计到当地旅游的游客的人均消费额. 若设一名游客的消费额 $X\sim N(\mu,\sigma^2)$，且 $\sigma=500$ 元，问至少需要随机调查多少名游客才能使得这个估计的绝对误差不超过 50 元？($\alpha=0.05$)

14. 学校对学生的月生活费支出进行抽样调查，随机抽取 49 人，得平均值为 850 元，样本标准差为 75 元，而去年同期均值仅 800 元，假设月生活费支出服从正态分布，试在 $\alpha=0.05$水平上检验今年的平均月生活费支出较去年有无显著变化.

15. 据统计，在一定时间段内，某种商品的价格 P 和销售量 Q 之间有如下一组观测数据：

P	5.5	5.6	5.7	5.8	5.9	6	6.1	6.2	6.3	6.4	6.5
Q	10	14	16	20	24	30	42	50	55	60	70

试求出销售量 Q 关于价格 P 的线性回归方程，并检验其线性相关关系是否显著. ($\alpha=0.05$)

数学实验与实践(三)

一、数学实验

数学实验八　用 Mathematica 计算随机变量的概率和数字特征

案例导出

案例　甲、乙两个公司股票的报酬率及其概率分布情况如下表所示，比较两个公司股票的期望报酬率和风险.

经济情况	发生概率	报酬率	
		甲公司	乙公司
繁荣	0.2	40%	70%
一般	0.6	20%	20%
萧条	0.2	0	−30%

期望报酬率就是甲、乙两个公司股票的平均报酬率，即报酬率的数学期望；风险就是求出两个公司股票的报酬率的标准差率，即报酬率的标准差与平均报酬率的比值.

相关知识

用数学软件 Mathematica 求随机变量的概率和数字特征等内容的相关函数与命令为

(1) 求和 Sum.

(2) 化简 Simplify.

(3) 取出表 t 中的第 n 个元素 t[[n]].

例题精选

例 1　设随机变量 X 的分布律为 $P\{X=k\}=A\dfrac{\lambda^k}{k!}$，$k=0,1,2,\cdots$，$\lambda>0$ 为常数，确定常

数 A 的值并计算随机变量 X 的期望与方差.

解 In[1]:= Solve[Sum[A * λ^k/k!, {k, 0, Infinity}] == 1, A]

Out[1]= {{A→$e^{-λ}$}}

所以随机变量 X 的分布律为 $P\{X=k\}=\frac{\lambda^k}{k!}e^{-\lambda}, k=0,1,2,\cdots,\lambda>0$ 为常数.

计算期望与方差:

In[2]:= EX=Sum[k * E^(-λ) * λ^k/k!,{k,0,Infinity}]

Out[2]= λ

In[3]:= DX=Sum[k^2 * E^(-λ) * λ^k/k!,{k,0,Infinity}]-EX^2

Out[3]= $-λ^2+λ(1+λ)$

In[4]:= Simplify[%]

Out[4]= λ

可知随机变量 X 的期望与方差都是参数 λ.

例 2 设随机变量 X 的概率密度为 $p(x)=Ce^{-|x|}, -\infty<x<+\infty$,确定常数 C 的值并计算随机变量 X 的期望与方差.

解 In[1]:= Solve[Integrate[C * E^(-Abs[x]), {x, -Infinity, Infinity}] == 1, C]

Out[1]= $\left\{\left\{C\to\frac{1}{2}\right\}\right\}$

所以随机变量 X 的概率密度为

$$p(x)=\frac{1}{2}e^{-|x|}, -\infty<x<+\infty.$$

计算期望与方差:

In[2]:= EX=Integrate[x * E^(-Abs[x])/2,{x,-Infinity,Infinity}]

Out[2]= 0

In[3]:= DX=Integrate[x^2 * E^(-Abs[x])/2,{x,-Infinity,Infinity}]-EX^2

Out[3]= 2

可知随机变量 X 的期望与方差分别是 0 和 2.

例 3 设二维随机变量 (X,Y) 服从区域 $D=\{(x,y)|0\leqslant x\leqslant 1, 0\leqslant y\leqslant x\}$ 上的均匀分布,求协方差和相关系数.

解 In[1]:=Solve[Integrate[A, {x, 0, 1}, {y, 0, x}] == 1, A]

Out[1]= {{A→2}}

所以二维随机变量 (X,Y) 的概率密度为 $p(x,y)=\begin{cases}2, & (x,y)\in D,\\ 0, & (x,y)\notin D.\end{cases}$

计算期望与方差：

```
In[2]:= EX=Integrate[x*2,{x,0,1},{y,0,x}]
```

Out[2]= $\frac{2}{3}$

```
In[3]:= EY=Integrate[y*2,{x,0,1},{y,0,x}]
```

Out[3]= $\frac{1}{3}$

```
In[4]:= DX=Integrate[(x-EX)^2*2,{x,0,1},{y,0,x}]
```

Out[4]= $\frac{1}{18}$

```
In[5]:= DY=Integrate[(y-EY)^2*2,{x,0,1},{y,0,x}]
```

Out[5]= $\frac{1}{18}$

求出协方差：

```
In[6]:= Integrate[(x-EX)(y-EY)*2,{x,0,1},{y,0,x}]
```

Out[6]= $\frac{1}{36}$

求出相关系数：

```
In[7]:= %/(DX*DY)^(1/2)
```

Out[7]= $\frac{1}{2}$

例 4 完成前面案例.

解 定义表格中的数据：

```
In[1]:=p={0.2,0.6,0.2};a={0.4,0.2,0};b={0.7,0.2,-0.3};
```

求出期望：

```
In[2]:= EX=Sum[p[[i]]*a[[i]],{i,1,3}]
Out[2]= 0.2
In[3]:= EY=Sum[p[[i]]*b[[i]],{i,1,3}]
Out[3]= 0.2
```

可见两个公司股票的平均报酬率相同，此时只要求报酬率的标准差就可以判断风险.

```
In[4]:= δX=(Sum[p[[i]]*a[[i]]^2,{i,1,3}]-EX^2)^(1/2)
Out[4]= 0.126491
In[5]:= δY=(Sum[p[[i]]*b[[i]]^2,{i,1,3}]-EY^2)^(1/2)
Out[5]= 0.316228
```

可以看到在平均报酬率相同的前提下，甲公司股票报酬率的标准差小于乙公司，所以甲公司股票的风险小于乙公司.

知识演练

1. 设随机变量 X 的分布律为 $P\{X=k\}=\frac{1}{10}, k=0,1,2,\cdots,10$,计算 X 的期望与方差.

2. 设随机变量 X 的概率密度为 $p(x)=\begin{cases}2x, & 0\leqslant x\leqslant 1,\\ 0, & \text{其他},\end{cases}$ 计算 X 的期望与方差.

3. 设随机变量 X 的概率密度为 $p(x)=\begin{cases}\dfrac{C}{\sqrt{1-x^2}}, & -1\leqslant x\leqslant 1,\\ 0, & \text{其他},\end{cases}$ 确定常数 C 的值并计算随机变量 X 的期望与方差.

数学实验九　用 Mathematica 进行数理统计相关运算

案例导出

案例　设某商品的销量 Q 是价格 P 的一次函数 $Q=a-bP$,某段时间得到销量与价格的数据如下表所示,问销量的具体方程是什么?

价格(元)	10	11	12	13	14	15	16	17	18	19
销量(个)	890	853	781	739	698	662	615	537	508	443

要求销量 Q 与价格 P 的方程,就是确定常数 a,b,得到 Q 关于 P 的线性回归方程.

相关知识

用数学软件 Mathematica 进行数理统计相关运算等内容的相关函数与命令为:

(1) 样本均值 Mean.

(2) 样本方差 Variance.

(3) 数表长度 Length.

注　Mathematica 进行数理统计计算可调用统计软件包 Statistcs,里面有很多内部函数,比较专业,这里不作介绍,请需要的读者自行加载.

例题精选

例 1　随机生成 20 个 0～10 内的整数组成样本,求这个样本的样本均值 $\bar{x}$ 和样本方差 s^2:

解　In[1]:= t=Table[Random[Integer,{0,10}],{20}]

Out[1]= {9,10,1,9,3,10,0,1,1,10,0,10,0,3,0,0,8,0,7,5}

In[2]:=Mean[t]

Out[2]= $\frac{87}{20}$

In[2]:=N[%]

Out[2]= 4.35

In[2]:=Variance[t]

Out[2]= $\frac{6851}{380}$

In[2]:=N[%]

Out[2]= 18.0289

故样本均值$\bar{x}=\frac{87}{20}=4.35$，样本方差 $s^2=\frac{6851}{380}\approx 18.0289$.

例 2 设总体服从正态分布，求以下样本的样本均值的置信区间，置信度为 0.95.

1.7	2.3	2.3	2.2	2.3	1.3	1.6	1.8	2.2	1.6

解 输入数据：

In[1]:= t={1.7,2.3,2.3,2.2,2.3,1.3,1.6,1.8,2.2,1.6};

分别求出样本容量 n，样本均值$\bar{x}$和样本标准差 s：

In[2]:= n=Length[t]

Out[2]=10

In[3]:= xa=Mean[t]

Out[3]= 1.93

In[4]:= s=Variance[t]^(1/2)

Out[4]= 0.371334

查表得到 $t_{0.975}(9)=2.262$ 并输入.

注 Mathematica 软件可以求 $t_{0.975}(9)$等临界值，相关运算需调用统计软件包，故这里直接查表得到.

In[5]:= t975=2.262;

置信区间为

In[6]:= xa+{-t975 * s/n^(1/2),t975 * s/n^(1/2)}

Out[6]= {1.66438,2.19562}

例 3 设两个总体 X,Y 服从正态分布，各取一个样本 A 和 B，如下表所示，问两个总体均值有无显著性差异？（检验水平 $\alpha=0.05$）

A	0.29	0.18	0.31	0.30	0.36	0.32	0.28	0.12	0.30	0.27	
B	0.15	0.13	0.09	0.07	0.24	0.19	0.04	0.08	0.20	0.12	0.24

解 输入数据

In[1]:=ta={0.29,0.18,0.31,0.30,0.36,0.32,0.28,0.12,0.30,0.27};

tb={0.15,0.13,0.09,0.07,0.24,0.19,0.04,0.08,0.20,0.12,0.24};

分别求出样本容量 n_1,n_2，样本均值$\overline{x},\overline{y}$和样本方差 s_1^2,s_2^2.

In[2]:=na=Length[ta]

Out[2]= 10

In[3]:=nb=Length[tb]

Out[3]= 11

In[4]:=xa=Mean[ta];yb=Mean[tb];

sa2=Variance[ta];sb2=Variance[tb];

查表输入 $t_{0.975}(19)=2.093, F_{0.975}(9,10)=3.78, F_{0.025}(9,10)=\dfrac{1}{F_{0.975}(10,9)}=\dfrac{1}{3.96}$.

In[5]:=t975=2.093;F975=3.78;F025=1/3.96;

先检验两个总体的方差 σ_1^2,σ_2^2是否相同：

In[6]:=F=sa2/sb2

Out[6]=1.04865

In[7]:=F <= F975 && F >= F025 (这里 && 是逻辑符号：并且)

Out[7]=True

所以认为两个样本的方差无显著性差异，即 $\sigma_1^2=\sigma_2^2$，然后检验均值 μ_1,μ_2是否相同：

In[8]:=tab=Abs[xa-yb]/((((na-1)sa2+(nb-1)sb2)/(na+nb-2)(1/na+1/nb))^(1/2)

Out[8]= 4.32807

In[9]:=tab<t975

Out[9]=False

所以认为两个样本的均值有显著性差异，即可认为 $\mu_1\neq\mu_2$。

例 4 完成案例.

解 输入表格数据：

In[1]:=t1=Table[n,{n,10,19}];

In[2]:=t2={890,853,781,739,698,662,625,537,508,443};

In[3]:=t=Table[{t1[[n]],t2[[n]]},{n,1,10}]

Out[3]={{10,890},{11,853},{12,781},{13,739},{14,698},{15,662},{16,625},

{17,537},{18,508},{19,443}}

画出散点图：

In[4]:= tu1 = ListPlot[t, PlotStyle -> PointSize[0.015]]

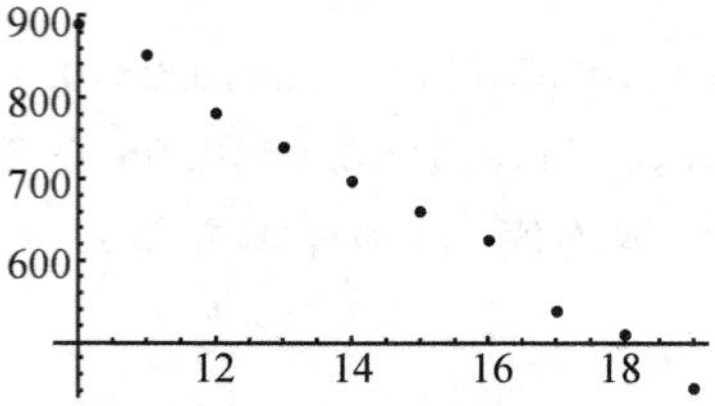

Out[4]= -Graphics-

观察这组数据，发现它的确具有线性函数的形状，求线性回归方程，可直接用数据拟合：

In[5]:= Q=Fit[t,{1,P},P]

Out[5]= 1379.79 -48.703 P

即得到线性回归方程 $Q=1379.79-48.703P$，同时可观察拟合效果：

In[6]:=tu2=Plot[Q,{P,10,19}]

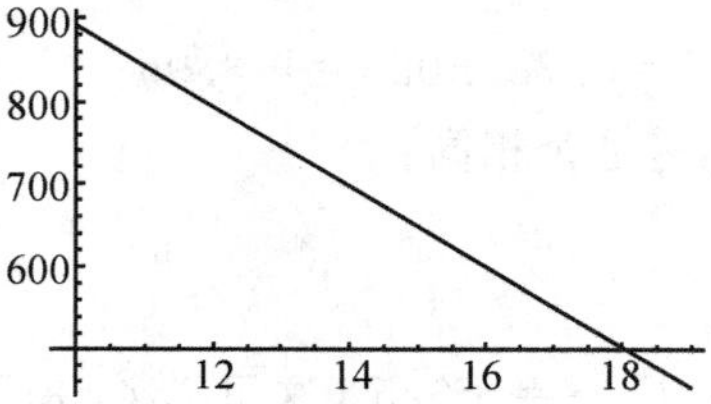

Out[6]= -Graphics-

In[7]:= Show[tu1,tu2]

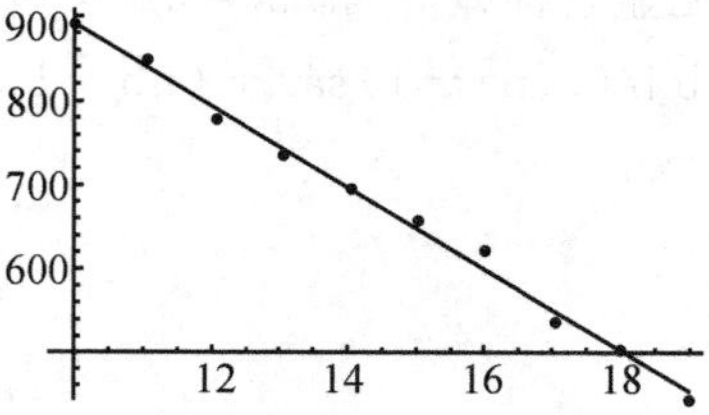

Out[7]= -Graphics-

从图象看，拟合效果比较好.

知识演练

1. 设 $X\sim N(\mu,0.2^2)$，样本 12.3,13.2,14.3,13.6,14.8,13.7,14.2,13.9,12.5，求 μ 的置信区间，置信度为 0.95.

2. 设 $X \sim N(\mu, \sigma^2)$，样本 12.01，12.01，12.03，12.06，12.09，12.11，12.12，12.14，12.15，12.28，求 μ 和 σ^2 的置信区间，置信度为 0.95.

3. 设 $X \sim N(\mu, 0.1^2)$，样本 9.7，9.9，9.9，9.9，10.0，10.1，10.1，10.2，10.2，10.5，问能否认为 $\mu=10$ 的置信区间？（检验水平 $\alpha=0.05$）

4. 设两个总体 X,Y 服从方差相同的正态分布，各取一个样本 A 和 B，如下表所示，问两个总体均值有无显著性差异？（检验水平 $\alpha=0.01$）

A	1.32	1.43	1.58	1.52	1.64	1.66	1.71	1.76
B	1.54	1.59	1.62	1.64	1.67	1.76	1.87	1.89

二、数学模型

数学模型八　概率论基础在数学模型中的应用

本节案例主要涉及概率论中古典概型、全概率公式、随机变量的分布以及随机变量的数字特征、大数定律及中心极限定理.通过案例分析建立数学模型，加深对这些知识的进一步理解.

案例 1　保险问题

假如某保险公司有 10000 个同阶层的人参加人寿保险，每人每年付 120 元保险费，在一年内一个人死亡的概率为 0.0001，死亡时，其家属可向保险公司申领20000 元. 试问：平均每户支付赔偿金小于 8 元的概率是多少?保险公司亏本的概率有多大?

在概率论中，一切论述“一系列(数目很大) 相互独立的随机变量的平均值几乎恒等于一个常数”的定理都称为大数定律，即数目很多的一些相互独立的随机变量，尽管它们的取值是随机的，但它们的平均值几乎恒等于一个常数.大数定律应用在保险学上，就是保险的赔偿遵从大数定律，其含义是“参加某项保险的投保户成千上万，虽然每一户情况各不相同，但对保险公司来说，平均每户的赔偿率恒等于一个常数”.

我们假定被保险人之间是相互独立的，用 X_i 表示保险公司支付给第 i 户的赔偿金，$\overline{X} = \frac{1}{10000}\sum_{i=1}^{10000} X_i$ 表示保险公司平均对每户的赔偿金. 由于 X_i 表示保险公司支付给第 i 户的赔偿金，则 $E(X_i)=2, D(X_i)=3.9996$，另外由于 X_i 相互独立，则 $E(\overline{X})=2, D(\overline{X})=3.9996$. 由中心极限定理，$\overline{X} \sim N(2, 1.9999^2)$，则

$$P(\overline{X} < 8) = 0.9987.$$

虽然每一家的赔偿金差别很大，但保险公司平均对每户的支付几乎恒等于 2 元，平均赔偿金在 8 元内的接近于 1，几乎是必然的. 所以，对保险公司来说，只关心这个平均数.

保险公司亏本，也就是赔偿金额大于 120 万元，即死亡人数大于 60 人的概率，死亡人数 $Y \sim B(10000, 0.0001)$，则 $E(Y)=1, D(Y)=0.9999$. 由中心极限定理，Y 近似服从正态分布 $N(1, 0.9999)$，那么 $P(Y>60)=0$. 这说明，保险公司亏本的概率几乎等于 0. 甚至我们可以确定盈利低于 100 万元的概率几乎等于 0.

在保险市场的竞争过程中，有两个可以采用的策略，一是降低保险费，另一个是提高赔偿金. 哪种做法更有可能吸引更多的投保者，哪一种效果更好？对保险公司来说，收益是一样的，而采用提高赔偿金比降低保险费更能吸引投保户.

案例 2　报童的诀窍

报童每天清晨从报社购进报纸零售，晚上将没有卖掉的报纸退回. 设报纸每份的购进价为 b，零售价为 a，退回价为 c，应该自然地假设为 $a>b>c$. 这就是说，报童售出一份报纸赚 $a-b$，退回一份赔 $b-c$. 报童每天如果购进的报纸太少，不够卖的，会少赚钱；如果购进太多，卖不完，将要赔钱. 请你为报童策划一下，他应如何确定每天购进报纸的数量，以获得最大的收入？

众所周知，应该根据需求量确定购进量. 需求量是随机的，规定报童已经通过自己的经验或其他的渠道掌握了需求量的随机规律，即在他的销售范围内每天报纸的需求量为 r 份的概率是 $f(r)(r=0,1,2,\cdots)$. 有了 $f(r)$ 和 a,b,c 就可以建立关于购进量的优化模型了.

假设每天购进量为 n 份，因为需求量 r 是随机的，r 可以小于 n、等于 n 或大于 n，致使报童每天的收入也是随机的，所以作为优化模型的目标函数，不能是报童每天的收入，而应该是他长期（几个月甚至一年）卖报的日平均收入. 以概率论大数定律的观点看，这相当于报童每天收入的期望值，以下简称平均收入.

记报童每天购进 n 份报纸时的平均收入为 $G(n)$，如果这天的需求量 $r \leqslant n$，则他售出 r 份，退回 $n-r$ 份；如果这天的需求量 $r>n$，则 n 份将全部售出. 考虑到需求量为 r 的概率是 $f(r)$，所以有

$$G(n)=\sum_{r=0}^{n}[(a-b)r-(b-c)(n-r)]f(r)+\sum_{r=n+1}^{\infty}(a-b)nf(r). \tag{1}$$

问题归结为在 $f(r), a, b, c$ 已知时，求 n 使 $G(n)$ 最大.

通常需求量 r 的取值和购进量 n 都相当大，将 r 视为连续变量便于分析和计算，这时概率 $f(r)$ 转化为概率密度函数 $p(r)$，(1) 式变为

$$G(n)=\int_{0}^{n}[(a-b)r-(b-c)(n-r)]p(r)\mathrm{d}r+\int_{n}^{\infty}(a-b)p(r)\mathrm{d}r. \tag{2}$$

计算得

$$\begin{aligned}\frac{\mathrm{d}G}{\mathrm{d}n}&=(a-b)np(n)-\int_{0}^{n}(b-c)p(r)\mathrm{d}r-(a-b)np(n)+\int_{n}^{\infty}(a-b)p(r)\mathrm{d}r\\&=-(b-c)\int_{0}^{n}p(r)\mathrm{d}r+(a-b)\int_{n}^{\infty}p(r)\mathrm{d}r.\end{aligned}$$

令$\frac{\mathrm{d}G}{\mathrm{d}n}=0$，得到

$$\frac{\int_0^n p(r)\mathrm{d}r}{\int_n^{\infty} p(r)\mathrm{d}r}=\frac{a-b}{b-c}. \tag{3}$$

使报童日平均收入达到最大的购进量 n 应满足(3) 式.

因为$\int_0^{\infty} p(r)\mathrm{d}r=1$，所以(3) 式又可表为

$$\int_0^n p(r)\mathrm{d}r=\frac{a-b}{a-c}. \tag{4}$$

根据需求量的概率密度 $p(r)$ 的图形很容易从(3) 式确定购进量 n. 在右图中用 P_1, P_2 分别表示曲线 $p(r)$ 下的两块面积，则(3) 式可记作

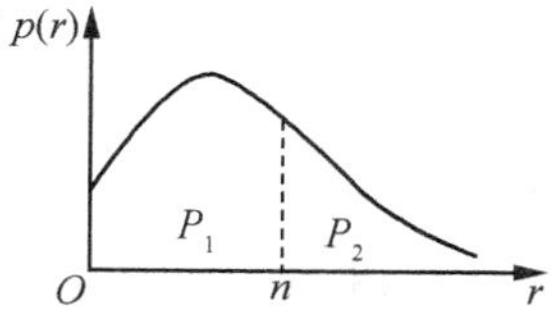

$$\frac{P_1}{P_2}=\frac{a-b}{b-c}. \tag{5}$$

因为当购进 n 份报纸时，$P_1=\int_0^n p(r)\mathrm{d}r$ 是需求量 r 不超过 n 的概率，即卖不完的概率；$P_2=\int_n^{\infty} p(r)\mathrm{d}r$ 是需求量 r 超过 n 的概率，即卖完的概率，所以(3) 式表明，购进的份数 n 应该使卖不完与卖完的概率之比恰好等于卖出一份赚的钱 $a-b$ 与退回一份赔的钱之比. 显然，当报童与报社签订的合同使报童每份赚钱与赔钱之比越大时，报童购进的份数就应该越多.

例 1 新年挂历销售，出售赢利：$k=a-b=20$ 元 / 本，年前未售出赔付：$h=b-c=16$ 元 / 本，市场需求近似服从均匀分布 $U[550,1100]$. 问：该书店应订购多少本，可使损失期望值最小？

解 $P(r\leqslant n^*)=\frac{n^*-A}{B-A}=\frac{n^*-550}{550}=\frac{a-b}{a-c}=\frac{k}{k+h}=\frac{20}{20+16}=\frac{5}{9}$,

所以，最佳订购量 $n^*=856$(本)，且挂历有剩余的概率为$\frac{5}{9}$，挂历脱销的概率为$\frac{4}{9}$.

例 2 液体化工产品的需求近似服从正态分布 $N(1000,100^2)$，售价 $a=20$ 元 / 千克，生产成本 $b=15$ 元 / 千克，需求不足时高价购买 19 元 / 千克，多余处理价 $c=5$ 元 / 千克. 问：生产量为多少时，可使获利期望值最大？

解 $k=a-b=(20-15)-(20-19)=4$ 元 / 千克 (需求不足时的损失)，

$h=b-c=15-5=10$ 元 / 千克(生产过剩时的损失)，

需求 r 近似服从正态分布 $N(1000,100^2)$. 设生产量为 n^* 时，可使获利期望值最大，则

$$P(r\leqslant n^*)=\frac{k}{k+h}=\frac{a-b}{a-c}=\frac{4}{14}=0.286,$$

查表得$\frac{n^{*}-1000}{100}=-0.56$,即$n^{*}=944$(千克),且产品有剩余的概率为0.286,缺货的概率为0.714,获利期望值最大.

例3 某种报纸出售获利:$k=150$元/百张,未售赔付:$h=200$元/百张,销售概率为:

销售量	r	5	6	7	8	9	10	11
概率	$P(r)$	0.05	0.10	0.20	0.20	0.25	0.15	0.05

问:每日订购多少张报纸可使赚钱的期望值最高?

解
$$\frac{k}{k+h}=\frac{150}{150+200}=0.4286,$$
需求$r=7$,则$P(r\leqslant 7)=0.05+0.10+0.20=0.35$;
需求$r=8$,则$P(r\leqslant 8)=0.05+0.10+0.20+0.20=0.55$.
因为$0.35\leqslant 0.4286\leqslant 0.55$,故最优订货量$n^{*}=800$张时,赚钱的数学期望值最大.

数学模型九 数理统计基础在数学模型中的应用

本节案例主要涉及数理统计中参数估计、假设检验、回归分析、方差分析等内容.通过案例建立数学模型,加深对这些知识点的进一步理解.

案例1 大学生的平均月生活费

大学生的日常生活水平随着整个时代的变迁而发生着巨大的变化,本例想了解一下21世纪的大学生的日常生活费支出即生活费来源状况.

我们假定:抽样是相互独立的,所抽到的样本都是简单随机样本;总体即大学生日常生活费支出服从正态分布.以x_i表示抽到的第i个样本,即生活费支出额.$\overline{X}$表示样本均值,即所抽样本的同学的日常生活费的平均值.s表示样本标准差,即样本值与样本均值的偏离程度的度量.n是样本容量,即共抽到的有效的问卷数.

运用抽样理论,对在校学生的生活费支出问题进行了抽样调查.本次问卷调查对在校男女生共发放问卷300份,回收291份,其中有效问卷共265份.调查数据经整理后,得到全部265名学生和按性别划分的男女学生的生活费支出数据,如下表所示.

按支出分组(元)	学生数	按支出分组(元)	学生数
300以下	4	600~700	33
300~400	41	700以上	51
400~500	74	合计	265
500~600	62		

抽样结果使用95%的置信水平,置信区间为
$$\left(\overline{X}-t_{\frac{\alpha}{2}}(n-1)\frac{s}{\sqrt{n}},\ \overline{X}-t_{\frac{\alpha}{2}}(n-1)\frac{s}{\sqrt{n}}\right).$$

经计算，得到的估计结论是：全校学生的月生活费平均水平在520.79～554.31元之间；男生的月生活费平均水平在505.39～552.19元之间；女生的月生活费平均水平在522.04～570.44元之间.

调查还对生活费支出结构和生活费来源进行了分析. 结果表明，生活费的主要来源都集中在父母供给，其他来源依次是勤工俭学、助学贷款及其他. 生活费的主要支出集中在伙食费上，其他支出依次是衣着、娱乐休闲、学习用品、日化用品等.

案例 2 捕鱼问题

设湖中有鱼 N 条，现捕出 r 条，做上记号后放回湖中(设记号不消失)，一段时间后让湖中的鱼(做上记号的和没做记号的)混合均匀，再从湖中捞出 s 条($s \geqslant r$)，其中有 t 条($0 \leqslant t \leqslant r$)标有记号. 试根据这些信息，估计湖中鱼数 N 的值.

(1) 根据概率的统计定义.

湖中有记号的鱼的比例应是$\frac{r}{N}$(概率)，而在捕出的 s 条中有记号的鱼为 t 条，有记号的鱼的比例是$\frac{t}{s}$(频率). 设想捕鱼是完全随机的，每条鱼被捕到的机会都相等，于是根据用频率来近似概率的道理，便有

$$\frac{r}{N}=\frac{t}{s}, \text{即 } N=\frac{rs}{t},$$

故

$$\hat{N} \approx \frac{rs}{t} (\text{取最接近的整数}).$$

(2) 用矩估计法.

设捕出的 s 条鱼中，标有记号的鱼为 ξ_1，因为 ξ_1 是超几何分布，而超几何分布的数学期望是 $E(\xi_1)=\frac{rs}{N}$. 捕 s 条鱼得到有标记的鱼的总体平均数，而现在只捕一次，出现 t 条有标记的鱼，故由矩估计法，令总体一阶原点矩等于样本一阶原点矩，即$\frac{rs}{N}=t$，于是也得到 $\hat{N} \approx \frac{rs}{t}$(取最接近的整数).

(3) 根据二项分布与最大似然估计.

若再加上一个条件，即假定捕出的鱼数 s 与湖中的鱼数 N 的比很小，即 $s \ll N$，这样的假定对实际来说一般是可以满足的，这样我们可以认为每捕一条鱼出现有标记("成功")的概率为 $p=\frac{r}{N}$，且认为在 s 次捕鱼(每次捕一条)中 p 不变. 把捕 s 条鱼近似地看作 s 重伯努利试验，于是，根据二项分布，s 条鱼中有 t 条鱼有标记的，就相当于 s 次试验中有 t 次成功. 故

$$P_s(t)=\mathrm{C}_s^t p^t(1-p)^{s-t}=\mathrm{C}_s^t\left(\frac{r}{N}\right)^t\left(1-\frac{r}{N}\right)^{s-t}=\frac{1}{N^s}\mathrm{C}_s^t r^t(N-r)^{s-t}.$$

同样地,我们取 N 使概率 $P_s(t)$ 达到最大,为此我们将 N 作为非负实数看待,求 $P_s(t)$ 关于 N 的最大值. 为方便,求 $\ln P_s(t)$ 关于 N 的最大值,于是

$$\ln P_s(t) = -s\ln N + \ln C_s^t + t\ln r + (s-t)\ln(N-r),$$

令 $\dfrac{dP_s(t)}{dN} = -\dfrac{s}{N} + \dfrac{s-t}{N-r} = 0$,同样可得 $\hat{N} \approx \dfrac{rs}{t}$(取最接近的整数).

(4) 根据超几何分布与最大似然估计法.

设捕出的 s 条鱼中,标有记号的鱼有 ξ_1 条,则 ξ_1 是一个随机变量,显然 ξ_1 只能取 $0,1,2,\cdots,l(l=\min\{s,r\})$.

今先考虑 s 条中有 i 条有标记的鱼的概率,即 $P\{\xi_1 = i\}$. 因湖中鱼数设为 N 条,捕出 s 条,故

$$P\{\xi_1 = i\} = \frac{C_r^i C_{N-r}^{s-i}}{C_N^s}, i = 0,1,2,\cdots,l \quad (l = \min\{s,r\}),$$

因而捕出 s 条出现 t 条有标记的鱼的概率为

$$P\{\xi_1 = t\} = \frac{C_r^t C_{N-r}^{s-t}}{C_N^s} \equiv L(N).$$

根据最大似然估计法,今捕 s 条出现有标记的鱼 t 条,那么参数 N 应该使得 $P\{\xi_1 = t\} = L(N)$ 达到最大,即参数 N 的估计值 $\hat{N}$ 使得

$$L(\hat{N}) = \max_N L(N).$$

由比值

$$\begin{aligned} R(N) &= \frac{L(N)}{L(N-1)} = \frac{C_r^t C_{N-r}^{s-t}}{C_N^s} \frac{C_{N-1}^s}{C_r^t C_{N-1-r}^{s-t}} = \frac{C_{N-r}^{s-t} C_{N-1}^s}{C_N^s C_{N-1-r}^{s-t}} \\ &= \frac{\dfrac{(N-r)!}{(s-t)!(N-r-s+t)!} \dfrac{(N-1)!}{s!(N-1-s)!}}{\dfrac{N!}{s!(N-s)!} \dfrac{(N-1-r)!}{(s-t)!(N-1-r-s+t)!}} \\ &= \frac{(N-r)(N-s)}{N(N-r-s+t)} = \frac{N^2 - Nr - Ns + rs}{N^2 - Nr - Ns + Nt}, \end{aligned}$$

可知:当 $rs < Nt$ 时,$R(N) < 1$,这表明当 $t > 0, N > \dfrac{rs}{t}$ 时,$L(N)$ 是 N 的下降函数;当 $rs > Nt$ 时,$R(N) > 1$,这表明当 $t > 0, N < \dfrac{rs}{t}$ 时,$L(N)$ 是 N 的上升函数. 于是当 $N = \dfrac{rs}{t}$ 时,$L(N)$ 达到最大值. 但由于 N 是整数,故取

$$\hat{N} \approx \frac{rs}{t}\text{(取最接近的整数)}.$$

如果 $t = 0$,就加大 s,若仍有 $t = 0$,可认为 $\hat{N} = +\infty$.

附表 1　泊松分布表

$$P\{X \leqslant k\} = \sum_{i=0}^{k} \frac{\lambda^i}{i\,!} e^{-\lambda}$$

k \ λ	0.1	0.2	0.3	0.4	0.5	0.6	0.7	0.8	0.9	1.0
0	0.905	0.819	0.741	0.670	0.607	0.549	0.497	0.449	0.407	0.368
1	0.995	0.982	0.963	0.938	0.910	0.878	0.844	0.809	0.772	0.736
2	1.000	0.999	0.996	0.992	0.986	0.977	0.966	0.953	0.937	0.920
3		1.000	1.000	0.999	0.998	0.997	0.994	0.991	0.987	0.981
4				1.000	1.000	1.000	0.999	0.999	0.998	0.996
5							1.000	1.000	1.000	0.999
6										1.000

k \ λ	1.5	2.0	2.5	3.0	3.5	4.0	5.0	6.0	7.0
0	0.223	0.135	0.082	0.050	0.030	0.018	0.007	0.002	0.001
1	0.558	0.406	0.287	0.199	0.136	0.092	0.040	0.017	0.007
2	0.809	0.677	0.544	0.423	0.321	0.238	0.125	0.062	0.030
3	0.934	0.857	0.758	0.647	0.537	0.433	0.265	0.151	0.082
4	0.981	0.947	0.891	0.815	0.725	0.629	0.440	0.285	0.173
5	0.996	0.983	0.958	0.916	0.858	0.785	0.616	0.446	0.301
6	0.999	0.995	0.986	0.966	0.935	0.889	0.762	0.606	0.450
7	1.000	0.999	0.996	0.988	0.973	0.949	0.867	0.744	0.599
8		1.000	0.999	0.996	0.990	0.979	0.932	0.847	0.729
9			1.000	0.999	0.997	0.992	0.968	0.916	0.830
10				1.000	0.999	0.997	0.986	0.957	0.901

附表 2 标准正态分布函数数值表

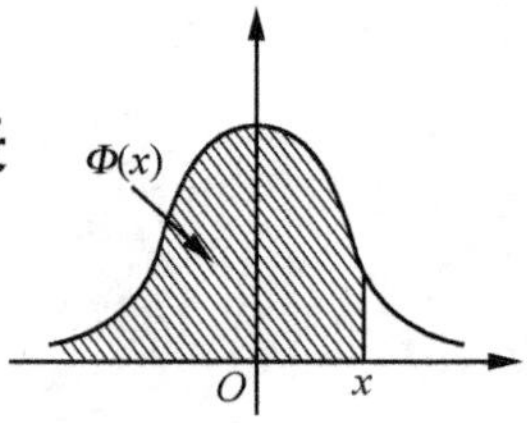

$$P\{X \leqslant x\} = \Phi(x) = \frac{1}{\sqrt{2\pi}}\int_{-\infty}^{x} \mathrm{e}^{-\frac{t^2}{2}}\,\mathrm{d}t$$

x	0.00	0.01	0.02	0.03	0.04	0.05	0.06	0.07	0.08	0.09
0.0	0.5000	0.5040	0.5080	0.5120	0.5160	0.5199	0.5239	0.5279	0.5319	0.5359
0.1	0.5398	0.5438	0.5478	0.5517	0.5557	0.5596	0.5636	0.5675	0.5714	0.5753
0.2	0.5793	0.5832	0.5871	0.5910	0.5948	0.5987	0.6026	0.6064	0.6103	0.6141
0.3	0.6179	0.6217	0.6255	0.6293	0.6331	0.6368	0.6406	0.6443	0.6480	0.6517
0.4	0.6554	0.6591	0.6628	0.6664	0.6700	0.6736	0.6772	0.6808	0.6844	0.6879
0.5	0.6915	0.6950	0.6985	0.7019	0.7054	0.7088	0.7123	0.7157	0.7190	0.7224
0.6	0.7257	0.7291	0.7324	0.7357	0.7389	0.7422	0.7454	0.7486	0.7517	0.7549
0.7	0.7580	0.7611	0.7642	0.7673	0.7703	0.7734	0.7764	0.7794	0.7823	0.7852
0.8	0.7881	0.7910	0.7939	0.7967	0.7995	0.8023	0.8051	0.8078	0.8106	0.8133
0.9	0.8159	0.8186	0.8212	0.8238	0.8264	0.8289	0.8315	0.8340	0.8365	0.8389
1.0	0.8413	0.8438	0.8461	0.8485	0.8508	0.8531	0.8554	0.8577	0.8599	0.8621
1.1	0.8643	0.8665	0.8686	0.8708	0.8729	0.8749	0.8770	0.8790	0.8810	0.8830
1.2	0.8849	0.8869	0.8888	0.8907	0.8925	0.8944	0.8962	0.8980	0.8997	0.9015
1.3	0.9032	0.9049	0.9066	0.9082	0.9099	0.9115	0.9131	0.9147	0.9162	0.9177
1.4	0.9192	0.9207	0.9222	0.9236	0.9251	0.9265	0.9278	0.9292	0.9306	0.9319
1.5	0.9332	0.9345	0.9357	0.9370	0.9382	0.9394	0.9406	0.9418	0.9430	0.9441
1.6	0.9452	0.9463	0.9474	0.9484	0.9495	0.9505	0.9515	0.9525	0.9535	0.9545
1.7	0.9554	0.9564	0.9573	0.9582	0.9591	0.9599	0.9608	0.9616	0.9625	0.9633
1.8	0.9641	0.9648	0.9656	0.9664	0.9671	0.9678	0.9686	0.9693	0.9700	0.9706
1.9	0.9713	0.9719	0.9726	0.9732	0.9738	0.9744	0.9750	0.9756	0.9762	0.9767
2.0	0.9772	0.9778	0.9783	0.9788	0.9793	0.9798	0.9803	0.9808	0.9812	0.9817
2.1	0.9821	0.9826	0.9830	0.9834	0.9838	0.9842	0.9846	0.9850	0.9854	0.9857
2.2	0.9861	0.9864	0.9868	0.9871	0.9874	0.9878	0.9881	0.9884	0.9887	0.9890
2.3	0.9893	0.9896	0.9898	0.9901	0.9904	0.9906	0.9909	0.9911	0.9913	0.9916
2.4	0.9918	0.9920	0.9922	0.9925	0.9927	0.9929	0.9931	0.9932	0.9934	0.9936
2.5	0.9938	0.9940	0.9941	0.9943	0.9945	0.9946	0.9948	0.9949	0.9951	0.9952
2.6	0.9953	0.9955	0.9956	0.9957	0.9959	0.9960	0.9961	0.9962	0.9963	0.9964
2.7	0.9965	0.9966	0.9967	0.9968	0.9969	0.9970	0.9971	0.9972	0.9973	0.9974
2.8	0.9974	0.9975	0.9976	0.9977	0.9977	0.9978	0.9979	0.9979	0.9980	0.9981
2.9	0.9981	0.9982	0.9982	0.9983	0.9984	0.9984	0.9985	0.9985	0.9986	0.9986
3.0	0.9987	0.9990	0.9993	0.9995	0.9997	0.9998	0.9998	0.9999	0.9999	1.0000

注：本表最后一行自左至右依次是 $\Phi(3.0),\cdots,\Phi(3.9)$ 的值.

附表 3　χ^2 分布临界值表

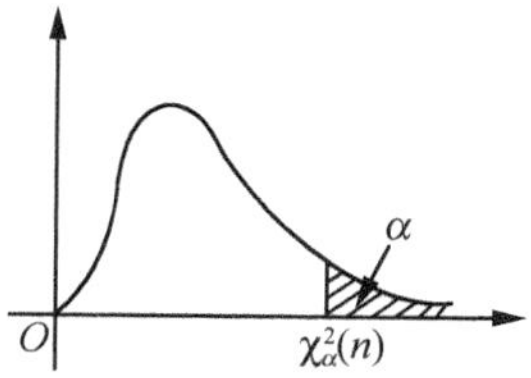

$$P\{\chi^2 \geqslant \chi^2_\alpha(n)\} = \alpha$$

n \ α	0.990	0.975	0.950	0.900	0.1	0.05	0.025	0.01
1	…	…	…	0.02	2.71	3.84	5.02	6.63
2	0.02	0.05	0.10	0.21	4.61	5.99	7.38	9.21
3	0.11	0.22	0.35	0.58	6.25	7.81	9.35	11.34
4	0.30	0.48	0.71	1.06	7.78	9.49	11.14	13.28
5	0.55	0.83	1.15	1.61	9.24	11.07	12.83	15.09
6	0.87	1.24	1.64	2.20	10.65	12.59	14.45	16.81
7	1.24	1.69	2.17	2.83	12.02	14.07	16.01	18.48
8	1.65	2.18	2.73	3.49	13.36	15.51	17.53	20.09
9	2.09	2.70	3.33	4.17	14.68	16.92	19.02	21.67
10	2.56	3.25	3.94	4.87	15.99	18.31	20.48	23.21
11	3.05	3.82	4.57	5.58	17.28	19.68	21.92	24.72
12	3.57	4.40	5.23	6.30	18.55	21.03	23.34	26.22
13	4.11	5.01	5.89	7.04	19.81	22.36	24.74	27.69
14	4.66	5.63	6.57	7.79	21.06	23.68	26.12	29.14
15	5.23	6.26	7.26	8.55	22.31	25.00	27.49	30.58
16	5.81	6.91	7.96	9.31	23.54	26.30	28.85	32.00
17	6.41	7.56	8.67	10.09	24.77	27.59	30.19	33.41
18	7.01	8.23	9.39	10.87	25.99	28.87	31.53	34.81
19	7.63	8.91	10.12	11.65	27.20	30.14	32.85	36.19
20	8.26	9.59	10.85	12.44	28.41	31.41	34.17	37.57
21	8.90	10.28	11.59	13.24	29.62	32.67	35.48	38.93
22	9.54	10.98	12.34	14.04	30.81	33.92	36.78	40.29
23	10.20	11.69	13.09	14.85	32.01	35.17	38.08	41.64
24	10.86	12.40	13.85	15.66	33.20	36.42	39.36	42.98
25	11.52	13.12	14.61	16.47	34.38	37.65	40.65	44.31
26	12.20	13.84	15.38	17.29	35.56	38.89	41.92	45.64
27	12.88	14.57	16.15	18.11	36.74	40.11	43.19	46.96
28	13.56	15.31	16.93	18.94	37.92	41.34	44.46	48.28
29	14.26	16.05	17.71	19.77	39.09	42.56	45.72	49.59
30	14.95	16.79	18.49	20.60	40.26	43.77	46.98	50.89
40	22.16	24.43	26.51	29.05	51.80	55.76	59.34	63.69
50	29.71	32.36	34.76	37.69	63.17	67.50	71.42	76.15

附表 4　t 分布临界值表

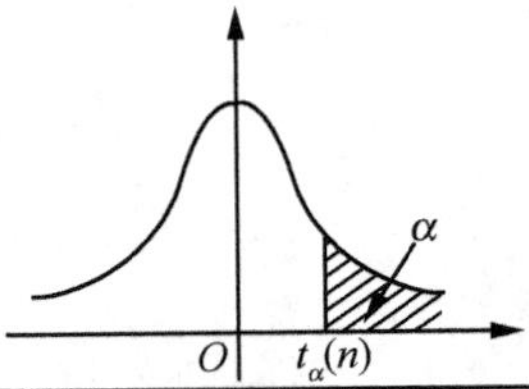

$$P\{t \geqslant t_\alpha(n)\} = \alpha$$

n \ α	0.25	0.10	0.05	0.025	0.01	0.005
1	1.0000	3.0777	6.3138	12.7062	31.8207	63.6574
2	0.8165	1.8856	2.9200	4.3207	6.9646	9.9248
3	0.7649	1.6377	2.3534	3.1824	4.5407	5.8409
4	0.7407	1.5332	2.1318	2.7764	3.7469	4.6041
5	0.7267	1.4759	2.0150	2.5706	3.3649	4.0322
6	0.7176	1.4398	1.9432	2.4469	3.1427	3.7074
7	0.7111	1.4149	1.8946	2.3646	2.9980	3.4995
8	0.7064	1.3968	1.8595	2.3060	2.8965	3.3554
9	0.7027	1.3830	1.8331	2.2622	2.8214	3.2498
10	0.6998	1.3722	1.8125	2.2281	2.7638	3.1693
11	0.6974	1.3634	1.7959	2.2010	2.7181	3.1058
12	0.6955	1.3562	1.7823	2.1788	2.6810	3.0545
13	0.6938	1.3502	1.7709	2.1604	2.6503	3.0123
14	0.6924	1.3450	1.7613	2.1448	2.6245	2.9768
15	0.6912	1.3406	1.7531	2.1315	2.6025	2.9467
16	0.6901	1.3368	1.7459	2.1199	2.5835	2.9028
17	0.6892	1.3334	1.7396	2.1098	2.5669	2.8982
18	0.6884	1.3304	1.7341	2.1009	2.5524	2.8784
19	0.6876	1.3277	1.7291	2.0930	2.5395	2.8609
20	0.6870	1.3253	1.7247	2.0860	2.5280	2.8453
21	0.6864	1.3232	1.7207	2.0796	2.5177	2.8314
22	0.6858	1.3212	1.7171	2.0739	2.5083	2.8188
23	0.6853	1.3195	1.7139	2.0687	2.4999	2.8073
24	0.6848	1.3178	1.7109	2.0639	2.4922	2.7969
25	0.6844	1.3163	1.7081	2.0595	2.4851	2.7874
26	0.6840	1.3150	1.7056	2.0555	2.4786	2.7787
27	0.6837	1.3137	1.7033	2.0518	2.4727	2.7707
28	0.6834	1.3125	1.7011	2.0484	2.4671	2.7633
29	0.6830	1.3114	1.6991	2.0452	2.4620	2.7564
30	0.6828	1.3104	1.6973	2.0423	2.4573	2.7500
32	0.6822	1.3086	1.6939	2.0369	2.4487	2.7385
34	0.6818	1.3070	1.6909	2.0322	2.4411	2.7284
36	0.6814	1.3055	1.6883	2.0281	2.4345	2.7195

附表 5　F 分布临界值表

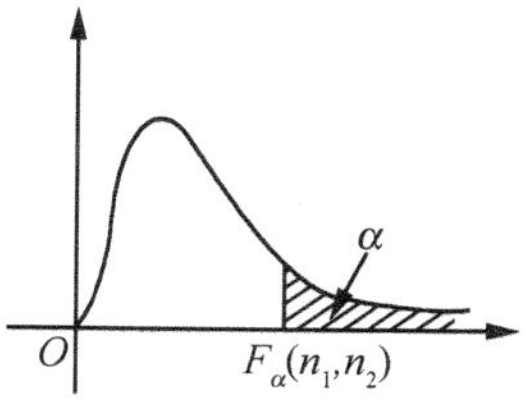

$$P\{F \geqslant F_{\alpha}(n_1, n_2)\} = \alpha$$

$\alpha = 0.005$

n_2 \ n_1	1	2	3	4	5	6	8	12	24	∞
1	16211	20000	21615	22500	23056	23437	23925	24426	24940	25465
2	198.5	199.0	199.2	199.2	199.3	199.3	199.4	199.4	199.5	199.5
3	55.55	49.80	47.47	46.19	45.39	44.84	44.13	43.39	42.62	41.83
4	31.33	26.28	24.26	23.15	22.46	21.97	21.35	20.70	20.03	19.32
5	22.78	18.31	16.53	15.56	14.94	14.51	13.96	13.38	12.78	12.14
6	18.63	14.45	12.92	12.03	11.46	11.07	10.57	10.03	9.47	8.88
7	16.24	12.40	10.88	10.05	9.52	9.16	8.68	8.18	7.65	7.08
8	14.69	11.04	9.60	8.81	8.30	7.95	7.50	7.01	6.50	5.95
9	13.61	10.11	8.72	7.96	7.47	7.13	6.69	6.23	5.73	5.19
10	12.83	9.43	8.08	7.34	6.87	6.54	6.12	5.66	5.17	4.64
11	12.23	8.91	7.60	6.88	6.42	6.10	5.68	5.24	4.76	4.23
12	11.75	8.51	7.23	6.52	6.07	5.76	5.35	4.91	4.43	3.90
13	11.37	8.19	6.93	6.23	5.79	5.48	5.08	4.64	4.17	3.65
14	11.06	7.92	6.68	6.00	5.56	5.26	4.86	4.43	3.96	3.44
15	10.80	7.70	6.48	5.80	5.37	5.07	4.67	4.25	3.79	3.26
16	10.58	7.51	6.30	5.64	5.21	4.91	4.52	4.10	3.64	3.11
17	10.38	7.35	6.16	5.50	5.07	4.78	4.39	3.97	3.51	2.98
18	10.22	7.21	6.03	5.37	4.96	4.66	4.28	3.86	3.40	2.87
19	10.07	7.09	5.92	5.27	4.85	4.56	4.18	3.76	3.31	2.78
20	9.94	6.99	5.82	5.17	4.76	4.47	4.09	3.68	3.22	2.69
21	9.83	6.89	5.73	5.09	4.68	4.39	4.01	3.60	3.15	2.61
22	9.73	6.81	5.65	5.02	4.61	4.32	3.94	3.54	3.08	2.55
23	9.63	6.73	5.58	4.95	4.54	4.26	3.88	3.47	3.02	2.48
24	9.55	6.66	5.52	4.89	4.49	4.20	3.83	3.42	2.97	2.43
25	9.48	6.60	5.46	4.84	4.43	4.15	3.78	3.37	2.92	2.38
26	9.41	6.54	5.41	4.79	4.38	4.10	3.73	3.33	2.87	2.33
27	9.34	6.49	5.36	4.74	4.34	4.06	3.69	3.28	2.83	2.29
28	9.28	6.44	5.32	4.70	4.30	4.02	3.65	3.25	2.79	2.25
29	9.23	6.40	5.28	4.66	4.26	3.98	3.61	3.21	2.76	2.21
30	9.18	6.35	5.24	4.62	4.23	3.95	3.58	3.18	2.73	2.18
40	8.83	6.07	4.98	4.37	3.99	3.71	3.35	2.95	2.50	1.93
60	8.49	5.79	4.73	4.14	3.76	3.49	3.13	2.74	2.29	1.69
120	8.18	5.54	4.50	3.92	3.55	3.28	2.93	2.54	2.09	1.43

$\alpha = 0.01$ (续表 1)

n_2 \ n_1	1	2	3	4	5	6	8	12	24	∞
1	4052	4999	5403	5625	5764	5859	5981	6106	6234	6366
2	98.49	99.01	99.17	99.25	99.30	99.33	99.36	99.42	99.46	99.50
3	34.12	30.81	29.46	28.71	28.24	27.91	27.49	27.05	26.60	26.12
4	21.20	18.00	16.69	15.98	15.52	15.21	14.80	14.37	13.93	13.46
5	16.26	13.27	12.06	11.39	10.97	10.67	10.29	9.89	9.47	9.02
6	13.74	10.92	9.78	9.15	8.75	8.47	8.10	7.72	7.31	6.88
7	12.25	9.55	8.45	7.85	7.46	7.19	6.84	6.47	6.07	5.65
8	11.26	8.65	7.59	7.01	6.63	6.37	6.03	5.67	5.28	4.86
9	10.56	8.02	6.99	6.42	6.06	5.80	5.47	5.11	4.73	4.31
10	10.04	7.56	6.55	5.99	5.64	5.39	5.06	4.71	4.33	3.91
11	9.65	7.20	6.22	5.67	5.32	5.07	4.74	4.40	4.02	3.60
12	9.33	6.93	5.95	5.41	5.06	4.82	4.50	4.16	3.78	3.36
13	9.07	6.70	5.74	5.20	4.86	4.62	4.30	3.96	3.59	3.16
14	8.86	6.51	5.56	5.03	4.69	4.46	4.14	3.80	3.43	3.00
15	8.68	6.36	5.42	4.89	4.56	4.32	4.00	3.67	3.29	2.87
16	8.53	6.23	5.29	4.77	4.44	4.20	3.89	3.55	3.18	2.75
17	8.40	6.11	5.18	4.67	4.34	4.10	3.79	3.45	3.08	2.65
18	8.28	6.01	5.09	4.58	4.25	4.01	3.71	3.37	3.00	2.57
19	8.18	5.93	5.01	4.50	4.17	3.94	3.63	3.30	2.92	2.49
20	8.10	5.85	4.94	4.43	4.10	3.87	3.56	3.23	2.86	2.42
21	8.02	5.78	4.87	4.37	4.04	3.81	3.51	3.17	2.80	2.36
22	7.94	5.72	4.82	4.31	3.99	3.76	3.45	3.12	2.75	2.31
23	7.88	5.66	4.76	4.26	3.94	3.71	3.41	3.07	2.70	2.26
24	7.82	5.61	4.72	4.22	3.90	3.67	3.36	3.03	2.66	2.21
25	7.77	5.57	4.68	4.18	3.86	3.63	3.32	2.99	2.62	2.17
26	7.72	5.53	4.64	4.14	3.82	3.59	3.29	2.96	2.58	2.13
27	7.68	5.49	4.60	4.11	3.78	3.56	3.26	2.93	2.55	2.10
28	7.64	5.45	4.57	4.07	3.75	3.53	3.23	2.90	2.52	2.06
29	7.60	5.42	4.54	4.04	3.73	3.50	3.20	2.87	2.49	2.03
30	7.56	5.39	4.51	4.02	3.70	3.47	3.17	2.84	2.47	2.01
40	7.31	5.18	4.31	3.83	3.51	3.29	2.99	2.66	2.29	1.80
60	7.08	4.98	4.13	3.65	3.34	3.12	2.82	2.50	2.12	1.60
120	6.85	4.79	3.95	3.48	3.17	2.96	2.66	2.34	1.95	1.38
∞	6.64	4.60	3.78	3.32	3.02	2.80	2.51	2.18	1.79	1.00

$\alpha = 0.025$　　（续表 2）

n_2 \ n_1	1	2	3	4	5	6	8	12	24	∞
1	647.8	799.5	864.2	899.6	921.8	937.1	956.7	976.7	997.2	1018
2	38.51	39.00	39.17	39.25	39.30	39.33	39.37	39.41	39.46	39.50
3	17.44	16.04	15.44	15.10	14.88	14.73	14.54	14.34	14.12	13.90
4	12.22	10.65	9.98	9.60	9.36	9.20	8.98	8.75	8.51	8.26
5	10.01	8.43	7.76	7.39	7.15	6.98	6.76	6.52	6.28	6.02
6	8.81	7.26	6.60	6.23	5.99	5.82	5.60	5.37	5.12	4.85
7	8.07	6.54	5.89	5.52	5.29	5.12	4.90	4.67	4.42	4.14
8	7.57	6.06	5.42	5.05	4.82	4.65	4.43	4.20	3.95	3.67
9	7.21	5.71	5.08	4.72	4.48	4.32	4.10	3.87	3.61	3.33
10	6.94	5.46	4.83	4.47	4.24	4.07	3.85	3.62	3.37	3.08
11	6.72	5.26	4.63	4.28	4.04	3.88	3.66	3.43	3.17	2.88
12	6.55	5.10	4.47	4.12	3.89	3.73	3.51	3.28	3.02	2.72
13	6.41	4.97	4.35	4.00	3.77	3.60	3.39	3.15	2.89	2.60
14	6.30	4.86	4.24	3.89	3.66	3.50	3.29	3.05	2.79	2.49
15	6.20	4.77	4.15	3.80	3.58	3.41	3.20	2.96	2.70	2.40
16	6.12	4.69	4.08	3.73	3.50	3.34	3.12	2.89	2.63	2.32
17	6.04	4.62	4.01	3.66	3.44	3.28	3.06	2.82	2.56	2.25
18	5.98	4.56	3.95	3.61	3.38	3.22	3.01	2.77	2.50	2.19
19	5.92	4.51	3.90	3.56	3.33	3.17	2.96	2.72	2.45	2.13
20	5.87	4.46	3.86	3.51	3.29	3.13	2.91	2.68	2.41	2.09
21	5.83	4.42	3.82	3.48	3.25	3.09	2.87	2.64	2.37	2.04
22	5.79	4.38	3.78	3.44	3.22	3.05	2.84	2.60	2.33	2.00
23	5.75	4.35	3.75	3.41	3.18	3.02	2.81	2.57	2.30	1.97
24	5.72	4.32	3.72	3.38	3.15	2.99	2.78	2.54	2.27	1.94
25	5.69	4.29	3.69	3.35	3.13	2.97	2.75	2.51	2.24	1.91
26	5.66	4.27	3.67	3.33	3.10	2.94	2.73	2.49	2.22	1.88
27	5.63	4.24	3.65	3.31	3.08	2.92	2.71	2.47	2.19	1.85
28	5.61	4.22	3.63	3.29	3.06	2.90	2.69	2.45	2.17	1.83
29	5.59	4.20	3.61	3.27	3.04	2.88	2.67	2.43	2.15	1.81
30	5.57	4.18	3.59	3.25	3.03	2.87	2.65	2.41	2.14	1.79
40	5.42	4.05	3.46	3.13	2.90	2.74	2.53	2.29	2.01	1.64
60	5.29	3.93	3.34	3.01	2.79	2.63	2.41	2.17	1.88	1.48
120	5.15	3.80	3.23	2.89	2.67	2.52	2.30	2.05	1.76	1.31
∞	5.02	3.69	3.12	2.79	2.57	2.41	2.19	1.94	1.64	1.00

$\alpha = 0.05$ (续表 3)

n_2 \ n_1	1	2	3	4	5	6	8	12	24	∞
1	161.4	199.5	215.7	224.6	230.2	234.0	238.9	243.9	249.0	254.3
2	18.51	19.00	19.16	19.25	19.30	19.33	19.37	19.41	19.45	19.50
3	10.13	9.55	9.28	9.12	9.01	8.94	8.84	8.74	8.64	8.53
4	7.71	6.94	6.59	6.39	6.26	6.16	6.04	5.91	5.77	5.63
5	6.61	5.79	5.41	5.19	5.05	4.95	4.82	4.68	4.53	4.36
6	5.99	5.14	4.76	4.53	4.39	4.28	4.15	4.00	3.84	3.67
7	5.59	4.74	4.35	4.12	3.97	3.87	3.73	3.57	3.41	3.23
8	5.32	4.46	4.07	3.84	3.69	3.58	3.44	3.28	3.12	2.93
9	5.12	4.26	3.86	3.63	3.48	3.37	3.23	3.07	2.90	2.71
10	4.96	4.10	3.71	3.48	3.33	3.22	3.07	2.91	2.74	2.54
11	4.84	3.98	3.59	3.36	3.20	3.09	2.95	2.79	2.61	2.40
12	4.75	3.88	3.49	3.26	3.11	3.00	2.85	2.69	2.50	2.30
13	4.67	3.80	3.41	3.18	3.02	2.92	2.77	2.60	2.42	2.21
14	4.60	3.74	3.34	3.11	2.96	2.85	2.70	2.53	2.35	2.13
15	4.54	3.68	3.29	3.06	2.90	2.79	2.64	2.48	2.29	2.07
16	4.49	3.63	3.24	3.01	2.85	2.74	2.59	2.42	2.24	2.01
17	4.45	3.59	3.20	2.96	2.81	2.70	2.55	2.38	2.19	1.96
18	4.41	3.55	3.16	2.93	2.77	2.66	2.51	2.34	2.15	1.92
19	4.38	3.52	3.13	2.90	2.74	2.63	2.48	2.31	2.11	1.88
20	4.35	3.49	3.10	2.87	2.71	2.60	2.45	2.28	2.08	1.84
21	4.32	3.47	3.07	2.84	2.68	2.57	2.42	2.25	2.05	1.81
22	4.30	3.44	3.05	2.82	2.66	2.55	2.40	2.23	2.03	1.78
23	4.28	3.42	3.03	2.80	2.64	2.53	2.38	2.20	2.00	1.76
24	4.26	3.40	3.01	2.78	2.62	2.51	2.36	2.18	1.98	1.73
25	4.24	3.38	2.99	2.76	2.60	2.49	2.34	2.16	1.96	1.71
26	4.22	3.37	2.98	2.74	2.59	2.47	2.32	2.15	1.95	1.69
27	4.21	3.35	2.96	2.73	2.57	2.46	2.30	2.13	1.93	1.67
28	4.20	3.34	2.95	2.71	2.56	2.44	2.29	2.12	1.91	1.65
29	4.18	3.33	2.93	2.70	2.54	2.43	2.28	2.10	1.90	1.64
30	4.17	3.32	2.92	2.69	2.53	2.42	2.27	2.09	1.89	1.62
40	4.08	3.23	2.84	2.61	2.45	2.34	2.18	2.00	1.79	1.51
60	4.00	3.15	2.76	2.52	2.37	2.25	2.10	1.92	1.70	1.39
120	3.92	3.07	2.68	2.45	2.29	2.17	2.02	1.83	1.61	1.25
∞	3.84	2.99	2.60	2.37	2.21	2.09	1.94	1.75	1.52	1.00

$\alpha = 0.10$　（续表 4）

n_2 \ n_1	1	2	3	4	5	6	8	12	24	∞
1	39.86	49.50	53.59	55.83	57.24	58.20	59.44	60.71	62.00	63.33
2	8.53	9.00	9.16	9.24	9.29	9.33	9.37	9.41	9.45	9.49
3	5.54	5.46	5.36	5.32	5.31	5.28	5.25	5.22	5.18	5.13
4	4.54	4.32	4.19	4.11	4.05	4.01	3.95	3.90	3.83	3.76
5	4.06	3.78	3.62	3.52	3.45	3.40	3.34	3.27	3.19	3.10
6	3.78	3.46	3.29	3.18	3.11	3.05	2.98	2.90	2.82	2.72
7	3.59	3.26	3.07	2.96	2.88	2.83	2.75	2.67	2.58	2.47
8	3.46	3.11	2.92	2.81	2.73	2.67	2.59	2.50	2.40	2.29
9	3.36	3.01	2.81	2.69	2.61	2.55	2.47	2.38	2.28	2.16
10	3.29	2.92	2.73	2.61	2.52	2.46	2.38	2.28	2.18	2.06
11	3.23	2.86	2.66	2.54	2.45	2.39	2.30	2.21	2.10	1.97
12	3.18	2.81	2.61	2.48	2.39	2.33	2.24	2.15	2.04	1.90
13	3.14	2.76	2.56	2.43	2.35	2.28	2.20	2.10	1.98	1.85
14	3.10	2.73	2.52	2.39	2.31	2.24	2.15	2.05	1.94	1.80
15	3.07	2.70	2.49	2.36	2.27	2.21	2.12	2.02	1.90	1.76
16	3.05	2.67	2.46	2.33	2.24	2.18	2.09	1.99	1.87	1.72
17	3.03	2.64	2.44	2.31	2.22	2.15	2.06	1.96	1.84	1.69
18	3.01	2.62	2.42	2.29	2.20	2.13	2.04	1.93	1.81	1.66
19	2.99	2.61	2.40	2.27	2.18	2.11	2.02	1.91	1.79	1.63
20	2.97	2.59	2.38	2.25	2.16	2.09	2.00	1.89	1.77	1.61
21	2.96	2.57	2.36	2.23	2.14	2.08	1.98	1.87	1.75	1.59
22	2.95	2.56	2.35	2.22	2.13	2.06	1.97	1.86	1.73	1.57
23	2.94	2.55	2.34	2.21	2.11	2.05	1.95	1.84	1.72	1.55
24	2.93	2.54	2.33	2.19	2.10	2.04	1.94	1.83	1.70	1.53
25	2.92	2.53	2.32	2.18	2.09	2.02	1.93	1.82	1.69	1.52
26	2.91	2.52	2.31	2.17	2.08	2.01	1.92	1.81	1.68	1.50
27	2.90	2.51	2.30	2.17	2.07	2.00	1.91	1.80	1.67	1.49
28	2.89	2.50	2.29	2.16	2.06	2.00	1.90	1.79	1.66	1.48
29	2.89	2.50	2.28	2.15	2.06	1.99	1.89	1.78	1.65	1.47
30	2.88	2.49	2.28	2.14	2.05	1.98	1.88	1.77	1.64	1.46
40	2.84	2.44	2.23	2.09	2.00	1.93	1.83	1.71	1.57	1.38
60	2.79	2.39	2.18	2.04	1.95	1.87	1.77	1.66	1.51	1.29
120	2.75	2.35	2.13	1.99	1.90	1.82	1.72	1.60	1.45	1.19
∞	2.71	2.30	2.08	1.94	1.85	1.17	1.67	1.55	1.38	1.00

附表 6 相关系数显著性检验表

$$P\{|r| > r_\alpha(k)\} = \alpha$$

k \ α	0.10	0.05	0.02	0.01	0.001	α / k
1	0.9877	0.9969	0.9995	0.9999	0.9999	1
2	0.9000	0.9500	0.9800	0.9900	0.9990	2
3	0.8054	0.8783	0.9343	0.9587	0.9912	3
4	0.7293	0.8114	0.8822	0.9172	0.9741	4
5	0.6694	0.7545	0.8329	0.8745	0.9507	5
6	0.6215	0.7067	0.7887	0.8343	0.9249	6
7	0.5822	0.6664	0.7498	0.7977	0.8982	7
8	0.5494	0.6319	0.7155	0.7646	0.8721	8
9	0.5214	0.6021	0.6851	0.7348	0.8471	9
10	0.4973	0.5760	0.6581	0.7079	0.8233	10
11	0.4762	0.5529	0.6339	0.6835	0.8010	11
12	0.4575	0.5324	0.6120	0.6614	0.7800	12
13	0.4409	0.5139	0.5923	0.6411	0.7603	13
14	0.4259	0.4973	0.5742	0.6226	0.7420	14
15	0.4124	0.4821	0.5577	0.6055	0.7246	15
16	0.4000	0.4683	0.5425	0.5897	0.7084	16
17	0.3887	0.4555	0.5285	0.5751	0.6932	17
18	0.3783	0.4438	0.5155	0.5614	0.6787	18
19	0.3687	0.4329	0.5034	0.5487	0.6652	19
20	0.3598	0.4227	0.4921	0.5368	0.6524	20
25	0.3233	0.3809	0.4451	0.4869	0.5974	25
30	0.2960	0.3494	0.4093	0.4487	0.5541	30
35	0.2746	0.3246	0.3810	0.4182	0.5189	35
40	0.2573	0.3044	0.3578	0.3932	0.4896	40
45	0.2428	0.2875	0.3384	0.3721	0.4648	45
50	0.2306	0.2732	0.3218	0.3541	0.4433	50
60	0.2108	0.2500	0.2948	0.3248	0.4078	60
70	0.1954	0.2319	0.2737	0.3017	0.3799	70
80	0.1829	0.2172	0.2565	0.2830	0.3568	80
90	0.1726	0.2050	0.2422	0.2673	0.3375	90
100	0.1638	0.1946	0.2301	0.2540	0.3211	100

参考答案

第五章　行列式与矩阵

知识演练

1. (1) 1；(2) -11；(3) 14；(4) 0；(5) 0；(6) 0　**2.** (1) $x_1=3, x_2=-4, x_3=-1, x_4=1$；(2) $x_1=-2, x_2=\frac{35}{3}, x_3=\frac{10}{3}, x_4=-20$；(3) $x_1=4, x_2=-6, x_3=4, x_4=-1$　**3.** $\lambda=4$ 或 $\lambda=-1$　**4.** $a_{12}=-2, a_{32}=5, a_{22}=0$　**5.** $x=-1, y=5, z=3$　**6.** 同阶方阵　**7.** A　**8.** $\begin{pmatrix}0&1\\2&0\\0&2\end{pmatrix}$　**9.** (1) (10)；(2) $\begin{pmatrix}3&6&9\\2&4&6\\1&2&3\end{pmatrix}$；(3) (5)；(4) $\begin{pmatrix}4&3&1\\3&-6&2\\1&5&-1\end{pmatrix}$；(5) $\begin{pmatrix}2&16&5\\-9&-18&-8\\1&22&3\end{pmatrix}$；(6) $(a_{11}x_1^2+a_{22}x_2^2+a_{33}x_3^2+(a_{12}+a_{21})x_1x_2+(a_{13}+a_{31})x_1x_3+(a_{23}+a_{32})x_2x_3)$　**10.** (1) 2；(2) 3；(3) 3；(4) 2　**11.** $\lambda=\frac{9}{4}$　**12.** $\begin{pmatrix}0&-\frac{1}{3}\\\frac{1}{2}&\frac{1}{6}\end{pmatrix}$

13. $\begin{pmatrix}0&0&1\\4&1&-1\\-1&0&1\end{pmatrix}$　**14.** $\begin{pmatrix}-1&3&0\\2&-7&-1\\0&1&2\end{pmatrix}$　**15.** $\boldsymbol{A}=\frac{1}{3}\begin{pmatrix}8&-1&12\\-2&1&-3\\-1&-1&-3\end{pmatrix}$　**16.** $\boldsymbol{X}=\begin{pmatrix}1&0\\-1&1\end{pmatrix}$

17. $\boldsymbol{X}=\begin{pmatrix}6&-5\\9&-16\\-\frac{7}{2}&\frac{13}{2}\end{pmatrix}$

复习题

1. 4　**2.** -6　**3.** 18　**4.** $a\neq-3$　**5.** $\begin{pmatrix}-1&-6\\2&5\end{pmatrix}$　**6.** $\begin{pmatrix}1&0&0\\0&\frac{1}{3}&0\\0&0&-1\end{pmatrix}$　**7.** $a=0$　**8.** (1) -2；(2) 0；(3) 0　**9.** (1) $\begin{pmatrix}-8&-1&-5\\-2&-7&2\end{pmatrix}$；(2) $\begin{pmatrix}4&5\\8&5\end{pmatrix}$；(3) $\begin{pmatrix}-3&0&-1\\-3&9&-4\\-2&1&-1\end{pmatrix}$　**10.** (1) 2；(2) 2；(3) 4

11. (1) $\begin{pmatrix}-6&2&1\\7&-2&-1\\-5&1&1\end{pmatrix}$；(2) $-\frac{1}{5}\begin{pmatrix}-3&4&2\\1&2&1\\-5&5&0\end{pmatrix}$；(3) $\begin{pmatrix}-1&3&0\\2&-7&-1\\0&1&2\end{pmatrix}$　**12.** $x_1=3, x_2=4, x_3=-\frac{3}{2}$

第六章 线性方程组

知识演练

1. (1) $\boldsymbol{A}=\begin{pmatrix}1 & -3 & 2 & 1\\ -1 & 2 & -1 & 2\\ 1 & -2 & 3 & -2\end{pmatrix}$；$\boldsymbol{B}=\begin{pmatrix}1 & -3 & 2 & 1 & 0\\ -1 & 2 & -1 & 2 & -1\\ 1 & -2 & 3 & -2 & 1\end{pmatrix}$；(2) $\boldsymbol{A}=\begin{pmatrix}1 & 0 & 2 & -1\\ -1 & 1 & -3 & 2\\ 2 & -1 & 5 & -3\end{pmatrix}$，$\boldsymbol{B}=\begin{pmatrix}1 & 0 & 2 & -1 & 0\\ -1 & 1 & -3 & 2 & 0\\ 2 & -1 & 5 & -3 & 0\end{pmatrix}$；(3) $\boldsymbol{A}=\begin{pmatrix}1 & 1 & 0 & 0\\ 0 & 0 & 1 & 1\end{pmatrix}$，$\boldsymbol{B}=\begin{pmatrix}1 & 1 & 0 & 0 & 0\\ 0 & 0 & 1 & 1 & 0\end{pmatrix}$　**2.** (1) 一般解为 $\begin{cases}x_1=4x_3-5x_4,\\ x_2=7x_3-6x_4\end{cases}$ （x_3,x_4 为自由未知元）；(2) 一般解为 $\begin{cases}x_1=-2x_3+x_4\\ x_2=x_3-x_4\end{cases}$ （x_3,x_4 为自由未知元）；(3) 一般解为 $\begin{cases}x_1=2x_4+1,\\ x_2=\frac{1}{5}x_4-\frac{2}{5},\\ x_3=\frac{3}{5}x_4-\frac{1}{5}\end{cases}$ （x_4 为自由未知元）；(4) 一般解为 $\begin{cases}x_1=-\frac{1}{5}x_3-\frac{6}{5}x_4+\frac{4}{5},\\ x_2=\frac{3}{5}x_3-\frac{7}{5}x_4+\frac{3}{5}\end{cases}$ （x_3,x_4 为自由未知元）　**3.** 当 $c=0$ 时，方程组有解. 一般解为 $\begin{cases}x_1=-\frac{1}{5}x_3+\frac{3}{5},\\ x_2=\frac{3}{5}x_3+\frac{1}{5}\end{cases}$ （x_3 为自由未知元）　**4.** 当 $a=3$ 且 $b=1$ 时，有无穷多解；　当 $a\neq 3$ 时，有唯一解；　当 $a=3$ 且 $b\neq 1$ 时，无解

复习题

1. (1) $a=0,b\neq 0$；(2) $a=0,b=0$；(3) $a\neq 0$，b 为任意常数　**2.** 只有零解　**3.** $a_3-a_1-a_2=0$

4. $\begin{cases}x_1=\frac{11}{2}x_3+x_4-\frac{1}{2},\\ x_2=\frac{7}{2}x_3+x_4-\frac{1}{2}\end{cases}$ （其中 x_3,x_4 为自由未知元）　**5.** $\begin{cases}x_1=4,\\ x_2=-\frac{3}{2},\\ x_3=\frac{1}{2}\end{cases}$　**6.** 无解　**7.** 只有 0 解　**8.** 当 $a=1,b=-1$ 时，解为 $\begin{cases}x_1=x_3+x_4-2,\\ x_2=-2x_3-2x_4+3\end{cases}$ （其中 x_3,x_4 为自由未知元）

第七章 线性规划

知识演练

1. 设投资在项目 A 的资金为 x_1 万元，投资在项目 B 的资金为 x_2 万元，年收益为 z，则该问题的线性规划模型为：$\max z=0.3x_1+0.05x_2$；$\begin{cases}x_1+x_2\leqslant 30,\\ x_1\leqslant 0.6(x_1+x_2),\\ x_2\geqslant 0.2(x_1+x_2),\\ x_1\geqslant 2x_2,\\ x_1,x_2\geqslant 0\end{cases}$　**2.** 设该大学生每周做家教的时间为 x_1 小时，做收银员的时间为 x_2 小时，做促销员的时间为 x_3 小时，每周的报酬为 z，则该问题的线性规划模型为：

$\max z=15x_1+10x_2+12x_3$；$\begin{cases}x_1+x_2+x_3\leqslant 10,\\ x_1\leqslant 2,\\ x_3\geqslant 3,\\ x_1,x_2,x_3\geqslant 0\end{cases}$　**3.** 设房产开发商开发住宅 x_1 套，开发商铺 x_2 套，年利

润为 z. 则该问题的线性规划模型为：$\max z=80\times1000x_1+60\times1200x_2$；$\begin{cases}80x_1+60x_2\leqslant70000,\\80x_1\geqslant60x_2,\\x_1\leqslant1000,\\x_2\leqslant1200,\\x_1,x_2\geqslant0\end{cases}$ **4.** 设四种广告宣传方式做宣传的月数分别为 x_1,x_2,x_3,x_4，每年吸引的客户人数为 z，则该问题的线性规划模型为：$\max z=100x_1+70x_2+130x_3+40x_4$，$\begin{cases}3000x_1+2000x_2+5000x_3+1000x_4\leqslant50000,\\x_2\geqslant4,\\x_1,x_2,x_3,x_4\geqslant0\end{cases}$ **5.** (1) $\max z=x_1+3x_2+4x_3+0x_4+0x_5$，$\begin{cases}2x_1+x_2+3x_3+x_4=12,\\3x_1+x_2+4x_3-x_5=25,\\x_1,x_2,x_3,x_4,x_5\geqslant0;\end{cases}$

(2) $\max z=-2x_1-7x_2+4x_3+0x_4+0x_5$，$\begin{cases}6x_1+x_2+3x_3+x_4=32,\\4x_1+x_2+4x_3-x_5=27,\\x_1,x_2,x_3\geqslant0;\end{cases}$

(3) $\max z=8x_1+5x_2+0x_3+0x_4+0x_5$，$\begin{cases}2x_1+3x_2+x_3=30,\\4x_1+x_2-x_4=6,\\5x_1+x_2+x_5=34,\\x_j\geqslant0,j=1,2,\cdots,5;\end{cases}$ (4) $\max z'=-16x_1-15x_2-4x_3-3x_4+0x_5+0x_6+0x_7$，$\begin{cases}1200x_1+1000x_2+900x_3+200x_4-x_5=3500,\\60x_1+80x_2+20x_3+10x_4-x_6=60,\\400x_1+300x_2+300x_3+200x_4-x_7=900,\\x_j\geqslant0,j=1,2,\cdots,7\end{cases}$ **6.** (1) 无可行解；(2) 唯一最优解 $z^*=27$，$x_1=0,x_2=9$；(3) 无界解；(4) 无穷多最优解 $z^*=15$；(5) 无穷多最优解 $z^*=18$；(6) 唯一最优解 $z^*=23,x_1=5,x_2=4$；(7) 无可行解；(8) 无界解 **7.** (1) 最优解 $\boldsymbol{X}^*=(3,1,0,0,0)^{\mathrm{T}}$，最优值 $z^*=7$；(2) 最优解 $\boldsymbol{X}^*=(0,6,16,0,0)^{\mathrm{T}}$，最优值 $z^*=10$；(3) 最优解 $\boldsymbol{X}^*=(6,2,0,2,0)^{\mathrm{T}}$，最优值 $z^*=36$；(4) 最优解 $\boldsymbol{X}^*=(2,1,0,0,0)^{\mathrm{T}}$，最优值 $z^*=8$；(5) 最优解 $\boldsymbol{X}^*=(0,2,1,0,0)^{\mathrm{T}}$，最优值 $z^*=8$；(6) 最优解 $\boldsymbol{X}^*=(3,3,0,0,1)^{\mathrm{T}}$，最优值 $z^*=15$ **8.** 设每天编织儿童长裤、裙子和短裤分别为 x_1 条、x_2 条和 x_3 条，每天的利润为 z，则该问题的线性规划模型为：$\max z=5x_1+3x_2+2x_3$；$\begin{cases}x_1+3x_2\leqslant50,\\2x_1+x_2+2x_3\leqslant60,\\x_1,x_2\geqslant0\end{cases}$ 每天编织 26 条儿童裙子和 8 条长裤，可使每天的利润最大，最大利润是 154 美元

复习题

1. C **2.** A **3.** B **4.** D **5.** $\max z=(0.145x_1+0.12x_2+0.135x_3+0.155x_4)-(0.06x_1+0.03x_2+0.04x_3+0.08x_4)=0.085x_1+0.09x_2+0.095x_3+0.075x_4$；

$$\begin{cases}x_1+x_2+x_3+x_4\leqslant2000,\\x_3\geqslant0.3(x_1+x_2+x_3+x_4),\\x_4\leqslant0.15(x_1+x_2+x_3+x_4),\\x_1\leqslant x_2,\\0.06x_1+0.03x_2+0.04x_3+0.08x_4\leqslant0.03(x_1+x_2+x_3+x_4),\\x_1,x_2,x_3,x_4\geqslant0\end{cases}$$

6. $\max z=1000x_1+1100x_2+950x_3$；$\begin{cases}(500+200)x_1+(600+180)x_2+(450+220)x_3\leqslant 150000,\\ x_1+x_2+x_3\leqslant 200,\\ x_2\geqslant 0.3(x_1+x_2+x_3),\\ x_1,x_2,x_3\geqslant 0\end{cases}$ 7. $-3,1,-2,2,\frac{5}{3},3,x_2,x_5$ 8. $\max z'=2x_1+x_2'-(x_3'-x_3'')+0x_4+0x_5$；$\begin{cases}2x_1+x_2'-2(x_3'-x_3'')-x_4=3,\\ x_1+2x_2'-x_5=2,\\ x_1-x_2'+(x_3'-x_3'')=6,\\ x_2'\geqslant 0,x_3'\geqslant 0,x_3''\geqslant 0,x_i\geqslant 0,i=1,4,5\end{cases}$

9. $\max z=4x_1+3x_2+0x_3+0x_4+0x_5$；$\begin{cases}3x_1+5x_2+x_3=45,\\ -x_1+x_2-x_4=1,\\ x_1-x_5=1,\\ x_i\geqslant 0,i=1,2,3,4,5\end{cases}$

10. $\max z=9x_1-3x_2'+0x_3+0x_4+0x_5$；$\begin{cases}2x_1+3x_2'+x_4=23,\\ 4x_1+x_2'-x_5=6,\\ 5x_1-x_2'+x_6=15,\\ x_1\geqslant 0,x_2'\geqslant 0,x_3\geqslant 0,x_4\geqslant 0,x_5\geqslant 0\end{cases}$

11. 最优解 $\boldsymbol{X}^*=(5,15,0,10,0,0)^{\mathrm{T}}$，最优值 $z^*=25$ 12. 最优解 $\boldsymbol{X}^*=\left(\frac{3}{2},3,0,0,\frac{1}{2}\right)^{\mathrm{T}}$，最优值 $z^*=15$ 13. 最优解 $\boldsymbol{X}^*=(25,25,0,0,20)^{\mathrm{T}}$，最优值 $z^*=175$ 14. 设生产 A 产品 x_1 千克，B 产品 x_2 千克，每日的利润为 z，则该问题的线性规划模型为： $\max z=400x_1+500x_2$；$\begin{cases}4x_1+6x_2\leqslant 24,\\ 2x_1+x_2\leqslant 6,\\ x_1-x_2\leqslant 1,\\ x_1\leqslant 2,\\ x_1,x_2\geqslant 0,\end{cases}$ 生产 A 产品 1.5 千克，B 产品 3 千克，可使每日的利润达到最大，最大利润是 2100 元.

第八章　概率论基础知识

知识演练

1. $\Omega_1=\{$(红,红)，(红,绿)，(红,蓝)，(绿,红)，(绿,绿)，(绿,蓝)，(蓝,红)，(蓝,绿)，(蓝,蓝)$\}$；$\Omega_2=\{$(红,绿)，(红,蓝)，(绿,红)，(绿,蓝)，(蓝,红)，(蓝,绿)$\}$ 2. $\Omega=\{(1,1),(1,2),\cdots(1,6),\cdots,(6,1),(6,2),\cdots,(6,6)\}$； $A=\{(1,6),(2,5),(3,4),(4,3),(5,2),(6,1)\}$； $B=\{(1,2),(1,4),(1,6),(2,1),(4,1),(6,1)\}$ 3. (1) 共有 3^2 个基本事件，它们是：$A_1=(0,0),A_2=(0,1),A_3=(0,2),A_4=(1,0),A_5=(1,1),A_6=(1,2),A_7=(2,0),A_8=(2,1),A_9=(2,2)$； (2) $A_1\cup A_2\cup A_3$； (3)$A_2\cup A_5\cup A_8$； (4)$A_3\cup A_6\cup A_7\cup A_8\cup A_9$ 4. (1) $A\overline{B}\,\overline{C}$；(2) $A\cup B\cup C$；(3)ABC；(4)$\overline{ABC}$或$\overline{A\cup B\cup C}$；(5) $\overline{A}\cup\overline{B}\cup\overline{C}$或$\overline{ABC}$ (6) $AB\cup AC\cup BC$ 5. (1) 至少有一次未击中靶子；(2)三次都未击中靶子；(3)恰好连续两次击中靶子 6. (1) 成立；(2)不成立，当 A,B 互不相容时，成立；(3)成立 7. 380 8. 120 9. (1) 120；(2)24；(3)96；(4)24 10. (1) $(a,b),(a,c),(a,d),(b,c),(b,d),(c,d)$；(2)56 11. (1)30240；(2)1320；(3)362880；(4)1140；(5)1711 12. 0.5 13. $\frac{11}{12}$ 14. $\frac{8}{15}$ 15. 0.25 16. $\frac{14}{15}$ 17. (1) $\frac{8}{21}$；(2)$\frac{13}{21}$ 18. $\frac{A_{20}^{10}}{20^{10}}$ 19. $\frac{1}{3}$ 20. $\frac{1}{5}$ 21. 0.3 22. (1) $\frac{28}{45}$；(2)$\frac{1}{45}$ 23. 0.93 24. 0.95 25. $\frac{8}{9}$ 26. (1)0.943；(2)0.85 27. 0.63 28. $\frac{3}{5}$ 29. 0.059 30. (1) 0.0512；(2) 0.99328 31. 至少 11 次 32. 0.8021 33. $\omega=\begin{cases}0,\text{号码小于 }5,\\ 1,\text{号码等于 }5,\\ 2,\text{号码大于 }5,\end{cases}$ $P\{\omega=$

$0\}=\frac{1}{2}, P\{\omega=1\}=\frac{1}{10}, P\{\omega=2\}=\frac{2}{5}$ **34.** (1) $C=1$；(2) $C=1$；(3) $C=\frac{27}{38}$ **35.** (1) $\frac{1}{5}$；(2) $\frac{2}{5}$；(3) $\frac{3}{5}$

36. $P\{X=3\}=\frac{1}{10}, P\{X=4\}=\frac{3}{10}, P\{X=5\}=\frac{6}{10}$ **37.** $P\{X=k\}=(1-p)^{k-1}p+p^{k-1}(1-p), k=2,3,\cdots$

38. (1) $P\{X=0\}=0.1, P\{X=1\}=0.6, P\{X=2\}=0.3$；(2) 0.9 **39.** 0.0047 **40.** 9. **41.** (1) $\frac{6}{29}$；(2) $\frac{1}{2}$

42. (1) 4；(2) 0.998 **43.** $\frac{1}{2}\ln 2$ **44.** $\frac{8}{27}$ **45.** 0.0272 **46.** (1) $P\{X=k\}=C_5^k e^{-2k}(1-e^{-2})^{5-k}, k=0,1,2,3,4,5$；(2) 0.516 7 **47.** (1) $F(1-0)-F(-1)$；(2) $F(5-0)-F(-3)$；(3) $1-F(2)$；(4) $F(2)-F(-2-0)$.

48. (1) $F(x)=\begin{cases}0, & x<0,\\ \frac{1}{3}, & 0\leqslant x<1,\\ \frac{11}{24}, & 1\leqslant x<2,\\ \frac{5}{8}, & 2\leqslant x<3,\\ 1, & x\geqslant 3;\end{cases}$ (2) $P\{0<X\leqslant 2\}=\frac{7}{24}$；$P\{X\geqslant 2\}=\frac{13}{24}$ **49.** $P\{X=-1\}=0.4, P\{X=1\}=0.4, P\{X=3\}=0.2$ **50.** (1) $F(x)=\begin{cases}0, & x<0,\\ \frac{x^2}{2}, & 0\leqslant x<1,\\ -\frac{x^2}{2}+2x-1, & 1\leqslant x<2,\\ 1, & x\geqslant 2;\end{cases}$ (2) $P\left\{X<\frac{1}{2}\right\}=0.125, P\{0.2<X\leqslant 1.5\}=0.855$ **51.** (1) $C=1$；(2) $f(x)=\begin{cases}2e^{-2x}, & x\geqslant 0,\\ 0, & x<0\end{cases}$ **52.** (1) 0.4707；(2) 0.4718；(3) 0.1336 **53.** (1) 0.5328；(2) 0.9996；(3) 0.6977 **54.** (1) 0.9886；(2) $a=111.84$；(3) $b=57.5$ **55.** (1) 应走第二条路；(2) 应走第一条路 **56.**

Y	−5	−3	−1	1	3
P	0.15	0.2	0.3	0.2	0.15

Z	0	1	4
P	0.3	0.4	0.3

57. $k=0.71$ **58.** $f_Y(y)=\begin{cases}\frac{1}{2\sqrt{y}}e^{-\sqrt{y}}, & y>0,\\ 0, & y\leqslant 0\end{cases}$ **59.** $E(X)=1.2$ **60.** $E(X)=-0.2$ **61.** $a=3, b=2$

62. $E(X)=1$ **63.** 1.0556 **64.** $E(2X+1)=3.6, E(X^2)=4.3$ **65.** $E(e^{-2X})=\frac{1}{3}, E(X^2)=2$ **66.** $E(Y)=11.67$

67. 因为 $E(X)=E(Y)=1000$，而 $D(X)>D(Y)$，故乙厂生产的灯泡质量较好 **68.** $D(X)=\frac{2}{9}$ **69.** $P\{X=k\}=C_9^k\left(\frac{1}{3}\right)^k\left(\frac{2}{3}\right)^{9-k}, k=0,1,2,\cdots,9$ **70.** $E(X)=D(X)=1$ **71.** 数学期望为 1000 克，标准差为 100 克 **72.** $E(X)=7, D(X)=37.25$ **73.** $Z\sim N(1504,4255)$

复习题

1. $\subset$ **2.** 0.6 **3.** 0.829；0.988 **4.** $\frac{2}{3}$ **5.** a，d **6.** $\frac{2}{3}e^{-2}$ **7.** 6 **8.** 0.7612 **9.** $\frac{7}{4}$ **10.** 0.975

11. $\frac{3}{5}$ **12.** $\frac{41}{90}$ **13.** (1) $\frac{A_{365}^5}{365^5}$;(2)$\frac{334^4}{365^5}$;(3)$\frac{31^5}{365^5}$ **14.** $1-\frac{13}{6^4}$ **15.** 0.8630 **16.** $\frac{12}{25}$

17. (1) 0.504;(2)0.902 **18.** (1) $\frac{1}{32}$;(2)$\frac{13}{20}$;(3)$\frac{17}{125}$;(4)$\frac{24}{125}$;(5)$\frac{1}{64}$ **19.** $\frac{4}{5}$ **20.** 设投篮终止时甲、乙两人投篮次数分别表示为随机变量 X,Y,则 $P\{X=k\}=0.76\times0.24^{k-1},k=1,2,\cdots$; $P\{Y=0\}=0.4$,$P\{Y=k\}=1.9\times0.24^k,k=1,2,\cdots$ **21.** 0.6 **22.** 108 **23.** (1)$\frac{1}{70}$;(2)确实有区分能力 **24.** (1) $A=1$;(2) $f(x)=\begin{cases}3x^2, & 0<x\leqslant1,\\ 0, & \text{其他};\end{cases}$ (3) 0.875 **25.** $\frac{9}{64}$ **26.** (1) $a=\frac{1}{10}$;(2) 下表

Y	−1	0	3	8
P	3/10	1/5	3/10	1/5

(3) $F(y)=\begin{cases}0, & y<-1,\\ \frac{3}{10}, & -1\leqslant y<0,\\ \frac{1}{2}, & 0\leqslant y<3,\\ \frac{4}{5}, & 3\leqslant y<8,\\ 1, & y\geqslant8\end{cases}$ **27.** $f_Y(y)=\begin{cases}\frac{1}{2\sqrt{y+1}}, & -1<y<0\\ 0, & \text{其他}\end{cases}$ **28.** 0.2 **29.** 0.9544

30. $\frac{33}{8}$ **31.** $X\sim B(3,0.4)$,(1)$P\{X=k\}=C_3^k(0.4)^k(0.6)^{3-k},k=0,1,2,3$;

(2) $F(x)=\begin{cases}0, & x<0,\\ 0.216, & 0\leqslant x<1,\\ 0.648, & 1\leqslant x<2,\\ 0.936, & 2\leqslant x<3,\\ 1, & x\geqslant3;\end{cases}$ (3)$E(X)=1.2,D(X)=0.72$ **32.** $a=\frac{1}{4},b=1,c=-\frac{1}{4}$ **33.** (1) 21 件;(2)9332.5;23 件 **34.** 5.209 万元

第九章 数理统计基础知识

知识演练

1. (1) 60;(2) 1;(3) $\overline{X}\sim N(60,1)$;(4) $S^2\sim\chi^2(99)$ **2.** (1)28.85;(2)43.77;(3)2.17;(4)1.7341;(5)2.2622;(6)2.7874;(7)2.51;(8)0.40 **3.** (1)100,0.548;(2)0.305 **4.** 0.0002 **5.** 0.9183 **6.** 35 **7.** 略 **8.** (1) 都是无偏估计量;(2)$\hat{\mu}_3$ 最有效 **9.** 166,33.78 **10.** 0.42,0.41 **11.** $\hat{\mu}=3.49\%$,$\hat{\sigma}^2=3.433\times10^{-5}$ **12.** (1) $\hat{\theta}=2\overline{X}$;(2) 无偏;(3) 0.9633 **13.** (1)$\hat{\theta}=\frac{2\overline{X}-1}{1-\overline{X}}$;(2)0.5;(3) $\hat{\theta}=-1-\frac{1}{\frac{1}{n}\sum_{i=1}^{n}\ln X_i}$ **14.** 0.499 **15.** (1)(21.137,21.663); (2)(20.335 5,22.464 5) **16.** 279.2,320.87 **17.** (18.11%,27.89%),(17.17%,28.834%) **18.** (0.088,0.232) **19.** $\hat{\mu}=\overline{X}=126$,$\hat{\sigma}^2=s^2=\frac{100}{9}$,(123.62,128.38),(5.2576,37.0370) **20.** (158.8,181.2),(23.89,40.33) **21.** 271 **22.** 拒绝,认为这天包装机工作不正常 **23.** 接受,可认为辐射量无明显改变 **24.** 拒绝 H_0,认为该生产商的说法不符合实际 **25.** 接受,认为 $\mu=0.618$ **26.** 接受,可以认为该地区家庭每天的上网时间平均为 3 小时 **27.** (1)接受 H_0,认为全体考生的平均成绩为 70 分;(2) 接受 H_0 认为这次考试考生的成绩的方差为 16^2 **28.** 接受,无显著差异 **29.** 拒绝,有差异 **30.** 接受 H_0,认为两人加工精度无显著差异 **31.** 不显著 **32.** 显著 **33.** (1) $\hat{y}=$

$-29.8002+0.0182x$;(2) 0.8856;显著;(3) 略 **34.** $\overline{x}=59.5$,$\overline{y}=64.5$,$\hat{y}=32.27+0.54x$,显著,65

复习题

1. D **2.** D **3.** C **4.** A **5.** B **6.** 小概率 **7.** 相关,一元线性回归分析 **8.** $\overline{X}\sim N\left(\mu,\frac{\sigma^2}{n}\right)$ **9.** $\frac{1}{4}$

10. 无偏,$\overline{X}=\frac{1}{3}X_1+\frac{1}{3}X_2+\frac{1}{3}X_3$ **11.** 4.7 **12.** (0.49,0.68) **13.** 385 人 **14.** 今年的平均月生活费支出较去年有显著变化 **15.** $Q=-334.818+61.72727p$,显著